高职高专"十一五"规划教材

★ 农林牧渔系列

设 施 园 艺

张庆霞　金伊洙　主编

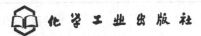

化学工业出版社

·北京·

内 容 提 要

本书是高职高专"十一五"规划教材★农林牧渔系列之一。本书以培养从事设施园艺生产,适应设施园艺职业岗位要求的高等职业技术应用型人才为目标,以设施园艺基本理论和生产实践技能为重点。全书兼顾南北方设施园艺的特点,分为园艺设施、设施环境的特点及调控、现代设施园艺技术基础、设施栽培技术共四章,主要介绍了简易设施、塑料拱棚、温室、夏季设施、灌溉设施、无土栽培常用设施的类型、结构、性能及应用;设施内温、光、湿、气及土壤条件的综合调控和设施灾害性天气及预防对策;设施内各种育苗技术及设施栽培中化控技术的应用;设施蔬菜、花卉、果树的高产优质栽培技术。每章设有知识目标、技能目标、本章小结、复习思考题,并在书后设置了需要学生重点掌握的实训内容。

本书可作为高职高专园林、园艺类等专业的教材,同时可供广大园艺工作者及相关人员参考。

图书在版编目(CIP)数据

设施园艺/张庆霞,金伊洙主编.—北京:化学工业出版社,2009.8(2023.1重印)
高职高专"十一五"规划教材★农林牧渔系列
ISBN 978-7-122-05959-8

Ⅰ.设… Ⅱ.①张…②金… Ⅲ.园艺-保护地栽培-高等学校:技术学院-教材 Ⅳ.S62

中国版本图书馆CIP数据核字(2009)第101465号

责任编辑:李植峰 梁静丽 郭庆睿　　　　装帧设计:史利平
责任校对:陈 静

出版发行:化学工业出版社(北京市东城区青年湖南街13号 邮政编码100011)
印　　装:涿州市般润文化传播有限公司
787mm×1092mm 1/16 印张15 字数373千字 2023年1月北京第1版第11次印刷

购书咨询:010-64518888　　　　　　　　　　　售后服务:010-64518899
网　　址:http://www.cip.com.cn
凡购买本书,如有缺损质量问题,本社销售中心负责调换。

定　　价:36.00元　　　　　　　　　　　　　　　　　　版权所有　违者必究

"高职高专'十一五'规划教材★农林牧渔系列"
建设委员会成员名单

主任委员 介晓磊
副主任委员 温景文 陈明达 林洪金 江世宏 荆 宇 张晓根
窦铁生 何华西 田应华 吴 健 马继权 张震云

委　　员（按姓名汉语拼音排列）

边静玮	陈桂银	陈宏智	陈明达	陈 涛	邓灶福	窦铁生	甘勇辉	高 婕	耿明杰
官麟丰	谷凤柱	郭桂义	郭永胜	郭振升	郭正富	何华西	胡繁荣	胡克伟	胡孔峰
胡天正	黄绿荷	江世宏	姜文联	姜小文	蒋艾青	介晓磊	金伊洙	荆 宇	李 纯
李光武	李彦军	梁学勇	梁运霞	林伯全	林洪金	刘俊栋	刘 莉	刘 蕊	刘淑春
刘万平	刘晓娜	刘新社	刘奕清	刘 政	卢 颖	马继权	倪海星	欧阳素贞	潘开宇
潘自舒	彭 宏	彭小燕	邱运亮	任 平	商世能	史延平	苏允平	陶正平	田应华
王存兴	王 宏	王秋梅	王水琦	王晓典	王秀娟	王燕丽	温景文	吴昌标	吴 健
吴郁魂	吴云辉	武模戈	肖卫苹	肖文左	解相林	谢利娟	谢拥军	徐苏凌	徐作仁
许开录	闫慎飞	颜世发	燕智文	杨玉珍	尹秀玲	于文越	张德炎	张海松	张晓根
张玉廷	张震云	张志轩	赵晨霞	赵 华	赵先明	赵勇军	郑继昌	朱学文	

"高职高专'十一五'规划教材★农林牧渔系列"
编审委员会成员名单

主任委员 蒋锦标
副主任委员 杨宝进 张慎举 黄 瑞 杨廷桂 胡虹文 张守润
宋连喜 薛瑞辰 王德芝 王学民 张桂臣

委　　员（按姓名汉语拼音排列）

艾国良	白彩霞	白迎春	白永莉	白远国	柏玉平	毕玉霞	边传周	卜春华	曹 晶
曹宗波	陈传印	陈杭芳	陈金雄	陈 璟	陈盛彬	陈现臣	程 冉	褚秀玲	崔爱萍
丁玉玲	董义超	董曾施	段鹏慧	范洲衡	方希修	付美云	高 凯	高 梅	高志花
弓建国	顾成柏	顾洪娟	关小变	韩建强	韩 强	何海健	何英俊	胡凤新	胡虹文
胡 辉	胡石柳	黄 瑞	黄修奇	吉 梅	纪守学	纪 瑛	蒋锦标	鞠志新	李碧全
李 刚	李继连	李 军	李雷斌	李林春	梁本国	梁称福	梁俊荣	林 纬	林仲桂
刘革利	刘广文	刘丽云	刘贤忠	刘晓欣	刘振华	刘振湘	刘宗亮	柳遵新	龙冰雁
罗 玲	潘 琦	潘一展	邱深本	任国栋	阮国荣	申庆全	石冬梅	史兴山	史雅静
宋连喜	孙克威	孙雄华	孙志浩	唐建勋	唐晓玲	陶令霞	田 伟	田伟政	田文儒
汪玉琳	王爱华	王朝霞	王大来	王道国	王德芝	王 健	王立军	王孟宇	王双山
王铁岗	王文焕	王新军	王 星	王学民	王艳立	王云惠	王中华	吴俊琢	吴琼峰
吴占福	吴中军	肖尚修	熊运海	徐公义	徐占云	许美解	薛瑞辰	羊建平	杨宝进
杨平科	杨廷桂	杨卫韵	杨学敏	杨 志	杨治国	姚志刚	易 诚	易新军	于承鹤
于显威	袁亚芳	曾饶琼	曾元根	战忠玲	张春华	张桂臣	张怀珠	张 玲	张庆霞
张慎举	张守润	张响英	张 欣	张新明	张艳红	张祖荣	赵希彦	赵秀娟	郑翠芝
周显忠	朱雅安	卓开荣							

"高职高专'十一五'规划教材★农林牧渔系列"建设单位

（按汉语拼音排列）

安阳工学院	河西学院	
保定职业技术学院	黑龙江农业工程职业学院	青海畜牧兽医职业技术学院
北京城市学院	黑龙江农业经济职业学院	曲靖职业技术学院
北京林业大学	黑龙江农业职业技术学院	日照职业技术学院
北京农业职业学院	黑龙江生物科技职业学院	三门峡职业技术学院
本钢工学院	黑龙江畜牧兽医职业学院	山东科技职业学院
滨州职业学院	呼和浩特职业学院	山东理工职业学院
长治学院	湖北生物科技职业学院	山东省贸易职工大学
长治职业技术学院	湖南怀化职业技术学院	山东省农业管理干部学院
常德职业技术学院	湖南环境生物职业技术学院	山西林业职业技术学院
成都农业科技职业学院	湖南生物机电职业技术学院	商洛学院
成都市农林科学院园艺研究所	吉林农业科技学院	商丘师范学院
重庆三峡职业学院	集宁师范高等专科学校	商丘职业技术学院
	济宁市高新技术开发区农业局	深圳职业技术学院
重庆水利电力职业技术学院	济宁市教育局	
重庆文理学院	济宁职业技术学院	沈阳农业大学
德州职业技术学院	嘉兴职业技术学院	苏州农业职业技术学院
福建农业职业技术学院	江苏联合职业技术学院	乌兰察布职业学院
抚顺师范高等专科学校	江苏农林职业技术学院	温州科技职业学院
甘肃农业职业技术学院	江苏畜牧兽医职业技术学院	厦门海洋职业技术学院
广东科贸职业学院	江西生物科技职业学院	仙桃职业技术学院
广东农工商职业技术学院	金华职业技术学院	咸宁学院
广西百色市水产畜牧兽医局	晋中职业技术学院	咸宁职业技术学院
广西大学	荆楚理工学院	信阳农业高等专科学校
广西农业职业技术学院	荆州职业技术学院	延安职业技术学院
广西职业技术学院	景德镇高等专科学校	杨凌职业技术学院
广州城市职业学院	丽水学院	宜宾职业技术学院
海南大学应用科技学院	丽水职业技术学院	永州职业技术学院
海南师范大学	辽东学院	玉溪农业职业技术学院
海南职业技术学院	辽宁科技学院	岳阳职业技术学院
杭州万向职业技术学院	辽宁农业职业技术学院	云南农业职业技术学院
河北北方学院	辽宁医学院高等职业技术学院	
	辽宁职业学院	云南热带作物职业学院
河北工程大学	聊城大学	云南省曲靖农业学校
河北交通职业技术学院	聊城职业技术学院	云南省思茅农业学校
河北科技师范学院	眉山职业技术学院	张家口教育学院
河北省现代农业高等职业技术学院		
	南充职业技术学院	漳州职业技术学院
河南科技大学林业职业学院	盘锦职业技术学院	郑州牧业工程高等专科学校
河南农业大学	濮阳职业技术学院	郑州师范高等专科学校
河南农业职业学院	青岛农业大学	中国农业大学

本书编写人员名单

主　　编　张庆霞（甘肃农业职业技术学院）
　　　　　　金伊洙（吉林农业科技学院）

副 主 编　李名钢（咸宁职业技术学院）
　　　　　　梁称福（湖南环境生物职业技术学院）
　　　　　　高晓蓉（济宁职业技术学院）

参编人员（按姓名汉语拼音排列）
　　　　　　陈　慧（宜宾职业技术学院）
　　　　　　高晓蓉（济宁职业技术学院）
　　　　　　金伊洙（吉林农业科技学院）
　　　　　　李彩虹（山西林业职业技术学院）
　　　　　　李名钢（咸宁职业技术学院）
　　　　　　梁称福（湖南环境生物职业技术学院）
　　　　　　梁　丁（信阳农业高等专科学校）
　　　　　　林月芳（广东科贸学院）
　　　　　　刘美琴（福建农业职业技术学院）
　　　　　　刘　洋（沈阳农业大学高等职业技术学院）
　　　　　　逯　昀（商丘职业技术学院）
　　　　　　孟长军（荆楚理工学院）
　　　　　　武旭霞（呼和浩特职业学院）
　　　　　　徐志献（濮阳职业技术学院）
　　　　　　张庆霞（甘肃农业职业技术学院）
　　　　　　赵素芳（长治职业技术学院）

序

当今，我国高等职业教育作为高等教育的一个类型，已经进入到以加强内涵建设，全面提高人才培养质量为主旋律的发展新阶段。各高职高专院校针对区域经济社会的发展与行业进步，积极开展新一轮的教育教学改革。以服务为宗旨，以就业为导向，在人才培养质量工程建设的各个方面加大投入，不断改革、创新和实践。尤其是在课程体系与教学内容改革上，许多学校都非常关注利用校内、校外两种资源，积极推动校企合作与工学结合，如邀请行业企业参与制定培养方案，按职业要求设置课程体系；校企合作共同开发课程；根据工作过程设计课程内容和改革教学方式；教学过程突出实践性，加大生产性实训比例等，这些工作主动适应了新形势下高素质技能型人才培养的需要，是落实科学发展观，努力办人民满意的高等职业教育的主要举措。教材建设是课程建设的重要内容，也是教学改革的重要物化成果。教育部《关于全面提高高等职业教育教学质量的若干意见》（教高［2006］16号）指出"课程建设与改革是提高教学质量的核心，也是教学改革的重点和难点"，明确要求要"加强教材建设，重点建设好3000种左右国家规划教材，与行业企业共同开发紧密结合生产实际的实训教材，并确保优质教材进课堂。"目前，在农林牧渔类高职院校中，教材建设还存在一些问题，如行业变革较大与课程内容老化的矛盾、能力本位教育与学科型教材供应的矛盾、教学改革加快推进与教材建设严重滞后的矛盾、教材需求多样化与教材供应形式单一的矛盾等。随着经济发展、科技进步和行业对人才培养要求的不断提高，组织编写一批真正遵循职业教育规律和行业生产经营规律、适应职业岗位群的职业能力要求和高素质技能型人才培养的要求、具有创新性和普适性的教材将具有十分重要的意义。

化学工业出版社为中央级综合科技出版社，是国家规划教材的重要出版基地，为我国高等教育的发展做出了积极贡献，曾被新闻出版总署领导评价为"导向正确、管理规范、特色鲜明、效益良好的模范出版社"，2008年荣获首届中国出版政府奖——先进出版单位奖。近年来，化学工业出版社密切关注我国农林牧渔类职业教育的改革和发展，积极开拓教材的出版工作，2007年底，在原"教育部高等学校高职高专农林牧渔类专业教学指导委员会"有关专家的指导下，化学工业出版社邀请了全国100余所开设农林牧渔类专业的高职高专院校的骨干教师，共同研讨高等职业教育新阶段教学改革中相关专业教材的建设工作，并邀请相关行业企业作为教材建设单位参与建设，共同开发教材。为做好系列教材的组织建设与指导服务工作，化学工业出版社聘请有关专家组建了"高职高专农林牧渔类'十一五'规划教材建设委员会"和"高职高专农林牧渔类'十一五'规划教材编审委员会"，拟在"十一五"

期间组织相关院校的一线教师和相关企业的技术人员,在深入调研、整体规划的基础上,编写出版一套适应农林牧渔类相关专业教育的基础课、专业课及相关外延课程教材——"高职高专'十一五'规划教材★农林牧渔系列"。该套教材将涉及种植、园林园艺、畜牧、兽医、水产、宠物等专业,于2008~2009年陆续出版。

该套教材的建设贯彻了以职业岗位能力培养为中心,以素质教育、创新教育为基础的教育理念,理论知识"必需"、"够用"和"管用",以常规技术为基础,关键技术为重点,先进技术为导向。此套教材汇集众多农林牧渔类高职高专院校教师的教学经验和教改成果,又得到了相关行业企业专家的指导和积极参与,相信它的出版不仅能较好地满足高职高专农林牧渔类专业的教学需求,而且对促进高职高专专业建设、课程建设与改革、提高教学质量也将起到积极的推动作用。希望有关教师和行业企业技术人员,积极关注并参与教材建设。毕竟,为高职高专农林牧渔类专业教育教学服务,共同开发、建设出一套优质教材是我们共同的责任和义务。

介晓磊

2008年10月

根据教育部《关于全面提高高等职业教育教学质量的若干意见》(教高［2006］16号)及专业培养目标的要求，结合各地设施园艺生产现状以及现代设施园艺的发展趋势，本教材的编写以培养从事设施园艺生产，适应设施园艺职业岗位要求的高素质技能型人才为目标，以设施园艺基本理论和生产实践技能为重点，突出了教材的科学性、先进性和实用性。

全书分为园艺设施、设施环境的特点及调控、现代设施园艺技术基础、设施栽培技术四章，主要介绍了简易设施、塑料拱棚、温室、夏季设施、灌溉设施、无土栽培常用设施的类型、结构、性能及应用；设施内温、光、湿、气及土壤条件的综合调控和设施灾害性天气及预防对策；设施内各种育苗技术及设施栽培中化控技术的应用；设施蔬菜、花卉、果树的高产优质栽培技术。每章都编写了知识目标、技能目标、本章小结、复习思考题，并在书后设置了实训内容。教材图文并茂，适用面广，南北方皆宜。

教材编写分工如下。绪论由张庆霞编写；第一章由张庆霞、金伊洙、李彩虹、高晓蓉、刘洋、刘美琴编写；第二章由孟长军、梁称福、梁丁编写；第三章由陈慧、李名钢、张庆霞、林月芳、梁丁编写；第四章由梁称福、徐志献、赵素芳、李名钢、武旭霞、逯昀编写。实训一由高晓蓉编写，实训二、实训三由金伊洙编写，实训四由李彩虹编写，实训五由孟长军编写，实训六、实训十一由陈慧编写，实训七、实训八、实训十五、实训十六由李名钢编写，实训九、实训十、实训十二由张庆霞编写，实训十三、实训十四由梁称福编写，实训十七、实训十八、实训十九由逯昀编写，实训二十由梁丁编写。张庆霞负责全书统稿。

在教材编写过程中，参阅了大量的学术专著、科技书刊和许多专家、学者及设施园艺工作者的科研、劳动成果，在此一并表示衷心感谢！

设施园艺是一门新兴学科，并且涉及了设施工程、生物（蔬菜、果树、花卉）技术、环境等多门学科，教材虽几经易稿，但由于编者水平有限，书中难免存在着不足、不妥之处，恳请使用本教材的各院校广大师生提出宝贵意见，以便再版时修改。

编者

2009年4月

绪论 ··· 1
 一、设施园艺的概念 ··· 1
 二、设施园艺的主要内容与特点 ······································· 1
 三、我国设施园艺的发展现状及展望 ································ 2
 四、设施园艺课程的学习任务和学习方法 ························ 5
 本章小结 ·· 6
 复习思考题 ·· 6

第一章　园艺设施 ·· 7

 第一节　简易设施 ·· 7
  一、风障畦 ··· 7
  二、阳畦 ··· 9
  三、电热温床 ··· 10
  四、地膜覆盖 ··· 12
  五、简易覆盖 ··· 17
 第二节　塑料拱棚 ·· 18
  一、塑料棚膜的种类与特性 ·· 18
  二、塑料棚的类型、结构、性能与应用 ······················· 21
 第三节　温室 ··· 30
  一、温室的类型 ··· 30
  二、日光温室 ··· 31
  三、加温温室 ··· 41
 第四节　夏季设施 ·· 48
  一、遮阳网覆盖 ··· 48
  二、防虫网覆盖 ··· 51
  三、防雨棚 ·· 53
 第五节　灌溉设施 ·· 54
  一、滴灌 ·· 54
  二、微喷灌 ·· 60
 第六节　无土栽培常用设施 ·· 63
  一、无土栽培概述 ··· 63

二、无土栽培的基质 ································· 65
　　三、营养液的配置与管理 ··························· 71
　　四、常见无土栽培的设备 ··························· 76
本章小结 ··· 82
复习思考题 ·· 82

第二章 设施环境的特点及调控 ··························· 84

第一节 设施内的环境特点及调控 ························ 84
　　一、光照及其调控 ···································· 84
　　二、温度及其调控 ···································· 89
　　三、湿度及其调控 ···································· 94
　　四、气体及其调控 ···································· 96
　　五、土壤及其调控 ··································· 100
第二节 设施环境综合调控 ································ 102
　　一、设施环境综合调控的概念及意义 ············ 102
　　二、设施环境综合调控的发展 ····················· 103
　　三、设施环境综合调控的方式及设备 ············ 103
　　四、设施环境综合调控的措施 ····················· 105
第三节 设施灾害性天气及预防对策 ···················· 107
　　一、大风 ··· 107
　　二、大雪 ··· 107
　　三、强降温 ·· 108
　　四、连续阴天 ······································· 108
本章小结 ·· 109
复习思考题 ··· 110

第三章 现代设施园艺技术基础 ·························· 111

第一节 设施育苗技术 ···································· 111
　　一、苗床育苗 ······································· 111
　　二、穴盘育苗 ······································· 118
　　三、嫁接育苗 ······································· 122
　　四、扦插育苗 ······································· 133
第二节 化控技术 ·· 138
　　一、化控技术的概念 ······························· 138
　　二、常用化控剂的种类及性能 ···················· 139
　　三、化控技术在设施园艺中的应用 ·············· 141
本章小结 ·· 145
复习思考题 ··· 145

第四章 设施栽培技术 ····································· 147

第一节 设施蔬菜栽培技术 ······························· 147

一、瓜类蔬菜 …………………………………………………………… 147
　　二、茄果类蔬菜 ………………………………………………………… 156
　　三、叶菜类蔬菜 ………………………………………………………… 165
　第二节　设施花卉栽培技术 ……………………………………………… 171
　　一、切花类花卉 ………………………………………………………… 171
　　二、盆栽花卉 …………………………………………………………… 183
　第三节　设施果树栽培技术 ……………………………………………… 194
　　一、葡萄 ………………………………………………………………… 195
　　二、桃 …………………………………………………………………… 198
　　三、草莓 ………………………………………………………………… 201
　本章小结 …………………………………………………………………… 204
　复习思考题 ………………………………………………………………… 204

实训指导 …………………………………………………………………… 205

　实训一　园艺设施类型的调查和结构观察 ……………………………… 205
　实训二　电热温床的铺设 ………………………………………………… 206
　实训三　地膜覆盖技术 …………………………………………………… 207
　实训四　扣棚技术 ………………………………………………………… 208
　实训五　设施内小气候观测与调控 ……………………………………… 209
　实训六　设施苗床的准备和播种技术 …………………………………… 211
　实训七　设施花卉的扦插繁殖 …………………………………………… 211
　实训八　设施果树的扦插繁殖 …………………………………………… 213
　实训九　设施花卉嫁接育苗技术 ………………………………………… 214
　实训十　设施蔬菜嫁接育苗技术 ………………………………………… 215
　实训十一　设施容器育苗技术 …………………………………………… 215
　实训十二　营养液的配制 ………………………………………………… 217
　实训十三　设施蔬菜的植株调整 ………………………………………… 218
　实训十四　设施蔬菜的整地定植技术 …………………………………… 219
　实训十五　设施花卉的上盆、换盆技术 ………………………………… 220
　实训十六　设施花卉培养土的配制技术 ………………………………… 221
　实训十七　设施葡萄的整形修剪 ………………………………………… 222
　实训十八　设施桃的整形修剪 …………………………………………… 223
　实训十九　设施果树人工辅助授粉技术 ………………………………… 224
　实训二十　植物生长调节剂的应用 ……………………………………… 225

参考文献 …………………………………………………………………… 227

绪 论

知识目标

理解设施园艺的特点及我国设施园艺发展的现状与趋势；掌握设施园艺的概念及主要内容。

一、设施园艺的概念

设施园艺是指在不适宜园艺作物（主要指蔬菜、花卉、果树）生长发育的寒冷或炎热季节，采用防寒保温或降温防雨等设施、设备，人为地创造适宜园艺作物生长发育的小气候环境，不受或少受自然季节的影响而进行的园艺作物生产。用作栽培的场地和设备称为园艺设施（即在不适宜园艺作物生长的季节，提供栽培和育苗场所的设施）。

设施园艺又称设施栽培，这是与露地栽培相对应的一种生产方式。由于生产的季节往往是在露地自然环境下难以生产的时节，又称"反季节栽培"。设施中的环境可以人为调控，与露地栽培相比，能大幅提高产量，增进品质，延长生长季节和实行反季节栽培，从而获得更高的经济效益，已成为农业中的重要产业和农民致富的主要途径之一。

设施园艺是我国农业领域一个重要的方面，涵盖了建筑、机械自动控制、品种、栽培、管理等多种系统，科技含量高。目前，我国在农业现代化建设过程中，出现的高科技示范园区主要以设施园艺工程为主，因此设施园艺是设施农业的重要组成部分，设施园艺的发达程度，往往是衡量一个国家或地区农业现代化水平的重要标志之一。

二、设施园艺的主要内容与特点

1. 设施园艺的主要内容

设施园艺是园艺学的重要分支，也是一门学科交叉的科学，涉及三个主要学科，即工程科学、环境科学和生物科学。

工程科学是指设计和建造出满足多种园艺作物生长发育的设施。建造设施需要进行总体规划、结构优化设计、环境调控设计、建筑材料选择以及建造施工技术等。

环境科学主要指光照、温度、湿度、气体、土壤五个方面。设施栽培中首先要了解设施环境特点，最重要的是掌握各种设施环境的调控手段。

生物科学是指设施中栽培的作物（主要指蔬菜、花卉、果树等）包含许多种类和品种，充分反映了设施园艺生物科学内容之丰富。我国现有设施栽培主要有设施蔬菜、设施花卉、设施果树、设施药用植物和设施种苗业等。

在实际生产中，设施园艺主要包括两方面的内容：①设计和建造适合于多种园艺作物生长发育要求的园艺设施；②在人工小气候条件下进行栽培管理，以获得优质高产的产品，解决季节性生产和经营性消费淡旺季之间的矛盾，做到周年生产、周年均衡供应。

2. 设施园艺的特点

设施园艺即设施栽培，它与露地栽培相比具有以下特点。

(1) 选用必要的园艺设施　发展设施园艺，首先应选择建造适宜的园艺设施，选择设施类型必须因地制宜。现今生产中应用的园艺设施大体可分为：大型设施（塑料大棚、单栋或连栋温室等）、中小型设施（中小棚、改良阳畦等）、简易设施（风障、阳畦、简易覆盖、地膜覆盖等）。设施的结构不同，性能不同，其作用也不同。生产者应根据当地的自然条件、市场需要、栽培季节以及自己的资金、技术力量等加以选择应用。

(2) 要求较高的生产技术水平　设施园艺必须要求较高的生产技术措施相配套，如科学安排茬口、增加品种、适当间作套种、根据市场需求扩大设施园艺种类、调整并延长产品的供应期等，以便提高设施生产的经济效益。在某一种园艺作物的设施生产过程中，应把重点放在温度管理、通风排湿、施肥灌溉、植株调整、病虫害防治等方面。

(3) 设施园艺类型和规格具有地域性　我国各地区由于自然条件不同，在发展设施园艺的过程中，形成了具有地域特色的不同设施类型，如华北地区以大棚、温室、风障、阳畦为主，东北地区以温床、温室、塑料拱棚为主，西北地区以塑料拱棚和日光温室为主，而南方地区以塑料拱棚和夏季设施如防雨棚、遮阳网等为主。因此，各地应根据当地的自然气候条件，因地制宜，采用相适宜的园艺设施进行设施栽培。

(4) 生产专业化、多样化　随着设施园艺的发展，园艺设施面积的逐年扩大，设施内基本达到了全年生产。但要进行产业化生产，必须建立专业组织，进行专业化生产，如专门进行育苗、种植、养殖等，提高栽培管理技术水平，从而获得较高的经济效益。

园艺设施最初的栽培作物主要是蔬菜，随着人民生活水平的不断提高，对设施园艺提出了更高的要求，除供应新鲜蔬菜外，还要提供花卉等观赏植物和新鲜水果，这就促使园艺设施的类型和面积不断增加，设施内的主要种植品种也发展为蔬菜（以果菜类、叶菜类为主）、花卉和特种水果，进而发展到食用菌、林业苗木、药用植物栽培和养殖业等，形成了设施栽培多样化的格局。

(5) 设施管理水平要求高　设施栽培较之露地栽培更要求严格、复杂的管理技术，首先必须了解不同园艺作物在不同的生育阶段对外界环境条件的要求，并掌握设施的性能及其变化的规律，协调好两者之间的关系，从而创造适宜作物生育的环境条件。设施园艺涉及多学科知识，所以要求生产者素质高，知识全面；不但懂得生产技术，还要善于经营管理，有市场意识。

三、我国设施园艺的发展现状及展望

1. 我国设施园艺的发展现状

我国设施园艺的发展有悠久的历史，已经走过了近半个世纪的发展历程，成绩巨大，特别是改革开放以来，受国家整体经济环境的影响，我国设施园艺得到了空前的发展。近年来设施园艺的发展最为迅速，已成为农业产业化的一个新的增长点，对于解决北方地区蔬菜冬淡季供应、增加农民收入、促进农业产业结构调整、提高城乡居民的生活水平做出了历史性的贡献。主要表现在以下几个方面。

(1) 设施园艺以蔬菜栽培为主体　目前全国园艺设施的面积已超过250万公顷，约占世界园艺设施总面积的80%，居世界首位。设施中大多数栽培园艺作物，主要种植品种是蔬菜（以果菜类、叶菜类为主）、花卉，其次是特种水果。设施园艺的发展基本上解决了我国长期以来蔬菜供应不足的问题，并实现了周年均衡供应，达到了淡季不淡，周年有余的要求。

（2）形成了以节能为中心的园艺设施生产体系　经过几十年的发展，我国设施园艺初步形成了具有中国特色的、符合中国国情的、以节能为中心的园艺设施生产体系，设施类型主要以塑料拱棚和日光温室为主。就全国而言，园艺设施的类型大、中、小型并举。北方广大地区大力推广高效、节能、简易、实用的地膜覆盖、塑料拱棚、日光温室等；南方地区更注重于遮阳网、防虫网、防雨棚等夏季设施的开发应用；在条件较好的大中城市郊区，大力推广科技含量高的现代化连栋温室，逐步发展都市型农业。设施园艺分布的地域也不断扩大，20世纪80年代设施园艺主要在"三北"地区发展，而现正向南方迅速扩展，发展势头已超过北方，尤其在东南沿海经济发达地区的发展更为迅速。

（3）设施园艺的总体生产水平明显提高　经过多年的发展，我国设施园艺的总体水平也有了明显提高。园艺设施逐步向大型化发展，小型简易类型比重下降约20%，科技含量逐渐增加，通过大型现代化温室及配套设施的引进，促进了我国温室产业的发展，新型优化节能日光温室和国产连栋塑料温室得到进一步推广。设施结构的设计建筑更加科学合理，使得设施内的光、温、水、气等环境得以优化，有利园艺作物的生长发育，为高产优质奠定了基础。例如我国日光温室黄瓜的最高亩产已达到每年2.5万千克，接近或达到设施园艺发达的荷兰、日本等国的水平。设施内栽培作物的种类也不断增加，除蔬菜外，花卉已占有相当比重，果树设施栽培正在迅速发展，设施林业苗木、中药材、养殖业等也在发展。

（4）设施园艺与观光旅游相结合　随着城市建设的发展，大中城市近郊区的耕地面积不断减少，近年来又提出了"都市农业"的概念。其定位是在城市周边，与大都市的第二、第三产业密切结合，融合服务于大都市，保证都市的多元化、高质量消费的需要。要做到可持续发展，且有利于生态环境的优化，往往把设施园艺作为首选项目，将现代化的设施园艺与观光旅游、向青少年进行农业科普教育等内容结合起来，一举多得，拓展了设施园艺的功能。据统计，仅在北京地区就有十多处都市农业园区，成为大城市周边的新景观。

（5）通过提高设施园艺水平来加快我国实现农业现代化的进程　近年来全国各地乃至县乡等基层单位，都在积极探索农业现代化的道路。北京市以示范农场引进的现代化温室于1995年建成投产后，吸引了全国各地的参观者。不少农业主管部门也纷纷效仿，引进国外温室设备、专用品种以及专家，希望在自己管辖的范围内，建立起现代化农业的样板。据不完全统计，全国引进的现代化温室已达170多公顷，其中1995年以后引进的，占总面积的83.4%。通过对国外高科技设施园艺技术的引进、消化、吸收，也全面提高了我国设施园艺的学科水平。更值得一提的是，近年来，我国小型简易类型园艺设施比重下降了20%，第三代日光节能温室已在北方部分地区推广、运作，现代化温室的引进工作也被提到日程上来。在设施园艺的科学研究方面，我国已经形成了一支具有很强科技能力的专业队伍，为设施园艺的宏观决策、生产、科研、教学和推广做了大量工作。这些都在一定程度上促进了设施园艺的发展速度，加快了我国实现农业现代化的进程。

我国设施园艺虽然取得了很大的进步，但与发达国家相比，还有较大差距。我国设施园艺发展总体水平还很低。我国园艺设施的类型绝大部分是各类塑料棚和日光温室，且多为结构简单、农民自行建造的简易设施，只能起到一定的保温作用，只有部分采用工厂化生产的钢结构骨架，大型现代温室所占比例小，设施环境可控程度低，抗御自然灾害的能力差，市场供应波动较大。我国设施园艺科技含量较低，缺乏设施栽培的专用品种，栽培技术不配套，量化指标少，不规范，无法形成规范化、标准化的生产体系。

从业人员科技文化素质不高、管理技术落后，致使产品的产量低、品质差、经济效益不好。劳动生产率低下，大量各类塑料棚和日光温室的生产主要靠经验，作业主要靠人力，缺乏专用小型作业机具。

针对上述差距和不足，我国应根据各地的气候特点和资源，发展不同类型的设施和栽培模式，引进国外先进的设施和栽培技术经验；制定和推行栽培技术规范、产品质量标准，不断提高栽培技术水平和产品质量；大力培养专业技术人才，提高从业人员的整体素质，不断完善设施园艺生产体系，提高设施园艺的整体水平。

2. 我国设施园艺的展望

（1）设施园艺的发展前景　随着科技的发展，人民生活水平的不断提高，对园艺产品周年供应提出了越来越高的要求。现今人们对蔬菜、花卉、果品供应的要求，不但要满足数量，而且要求质量高、花色种类多，这就使设施园艺的作用显得更加重要。

另一方面，随着城市人口的增加、生活水平的提高，城市居民对回归自然、观光休闲、体验绿色空间的精神需求日益增加。近年来，在我国北京、上海、天津、广州、深圳等一些大城市的郊区，都市型设施园艺产业不仅成为都市农业最大的亮点，也逐渐成为这些城市经济新的增长点。因为它不仅为市民和游客提供了良好的农业观光景点，而且还为生产经营者提供了丰厚的农产品销售收入及游览门票收入，经济效益极为可观。

我国加入世界贸易组织后，面对国外农产品进入的压力，中国农业面临着从传统农业向现代化农业、从粗放式向集约化经营方式转化的严峻挑战，设施园艺产业具有高投入、高技术、高品质、高效益等特点，大力发展设施园艺是中国农业增强国际竞争力的一条重要途径。

鉴于上述原因，我国设施栽培在今后一个时期，仍将是主要发展的趋势，将在总结调整、完善提高中稳步快速发展，设施园艺市场前景非常广阔。

（2）设施园艺的发展趋势　现代化园艺设施应用先进的科学技术，采用连续生产方式提高土地产出率、劳动生产率和社会效率、经济效率，高效、均衡地生产各种园艺产品。它可以不受地点和气候的影响，四季稳定生产，在寒冷地带、沙漠地带甚至在宇宙空间和地下空间也能提供新鲜的植物，有效地改善农业生态、生产条件，促进农业资源的合理利用和科学开发。这就要求设施园艺朝以下方向发展。

①设施向区域化、规模化、大型化方向发展。我国北方仍将以发展高效节能日光温室为主，南方则以塑料大棚多重覆盖和夏季设施栽培为主，城市周边地区发展都市农业以现代化加温自控温室为主。不论日光温室还是现代化加温温室，都要向高大化、装备化、提高土地利用率等方向改进并实现结构性能的标准化，温室的配套设备将随着科技的发展不断完善和提高。在市场经济导向下，小农分散经营的设施逐步向企业带动农户的规模化方向转变。我国设施园艺今后的长远发展则必将随着世界设施园艺发展的潮流，使设施结构不断优化，设施类型逐渐向大型化发展。

②设施环境调控向自动化方向发展。现代园艺设施内环境条件的调控向自动化方向发展，计算机自动调控能有效地控制环境因素，便于机械化与自动化生产，营造适于园艺作物生长发育的最佳环境条件。计算机智能化调控装置系统采用不同功能的传感器探测头，准确采集设施内的气温、地温、室内湿度、土壤含水量、溶液浓度、CO_2浓度等参数，通过数字电路转换后传回计算机，并对数据进行统计分析和智能化处理后显示出来。同时根据园艺作物生长所需的最佳条件，由计算机智能系统发出指令，使有关系统、装置及设备有规律运作，将室内温、光、水、肥、气等诸因素综合协调到最佳状态，确保一切生产活动科学、有

序、规范、持续地进行。计算机有记忆功能、查询功能、决策功能，可为种植者全天候提供帮助。采用智能化温室综合环境控制系统还可节能15%~50%，节水、节肥、节省农药，提高作物抗病性。

③ 设施生产技术向专业化、标准化、高新化方向发展。从整个设施生产技术体系来说，今后设施生产技术必须有大的突破和创新，向专业化、标准化、高新化方向发展。

随着市场化的进程，设施生产的专业化比如工厂化育苗技术、无土栽培技术、立体栽培技术、节水灌溉技术和机械化作业等会有较快的发展。

中国设施生产在借鉴国外先进技术、总结国内经验的基础上，已经研究制定了一些温室行业标准，还需要进一步制定一些设施行业标准、栽培管理模式、产品加工标准等，促使生产过程的标准化和产品的标准化。生产中注意制定栽培技术规范和标准，从播种到收获、到消费，可以全程控制，能够充分注意资源的循环利用，节省投资，保护生态环境等，向人们提供健康、无公害的园艺产品，使设施园艺成为环保型可持续农业的有效方式。

设施生产应不断引入高新化技术，发展设施栽培作物种类和利用方式多样化，缩小与先进国家的差距。利用基因工程技术，改良和培育适于温室种植的优良作物品种；生物农药（除虫剂、除草剂）、生物肥料（微生物肥、生长调节剂）的广泛应用，可以减少化学药品的使用，实现设施产品的绿色化、安全化。

④ 设施经营向管理技术现代化方向发展。设施园艺是一种高投入、高产出、高科技、高效益，但又是高风险的劳动科技密集型产业，若经营管理不善，则损失巨大。随着园艺设施面积的增大和规模的扩大，设施管理逐步向现代化发展。园艺设施内的各项环境要素如温度、湿度、光照等均由计算机控制和调节；各项生产措施如耕作、灌溉、施肥、农药的使用等都实行机械化和自动化操作；为适应园艺作物的要求，克服连作障碍，进行无土栽培；充分利用设施空间，实行立体种植等现代化管理措施，保证园艺产品的优质高产和周年均衡供应。

提高设施园艺的效益，要实行高水平的现代农业企业经营管理制度，生产、经营、销售一体化；建立计算机决策支持系统，进行现代化管理，以最少的投入，获得最佳的效益。

四、设施园艺课程的学习任务和学习方法

设施园艺是园艺技术专业和园林技术专业的必修课程。本课程的主要学习任务是使学生能够较为全面、系统地掌握园艺设施的类型与结构特点、设施内环境调控技术及设施内园艺作物（蔬菜、花卉、果树）的栽培技术三大部分的基础理论知识和基本操作技术，并能够在农业生产实践中初步运用所学知识解决一些相关问题。

设施园艺是一门实践性、应用性很强的技术学科。在学习的过程中，必须以有关学科的理论和技能为基础，注重理论联系实际，既要认真学习设施园艺的基本理论知识，更要联系当地的生产实际，通过实际观察和操作，掌握不同设施内园艺作物的栽培技术等基本技能操作。同时应经常阅读有关资料，了解设施园艺学科的新发展、新技术，不断提高自己的专业技术水平。

设施栽培过程中，经常会遭遇逆境，如低温、寡照或高温、高湿等，所以除掌握一般的植物生理学知识外，对逆境生理的有关理论，应特别注意学习掌握，使环境调控做到有的放矢，保证园艺作物的正常生产。

本 章 小 结

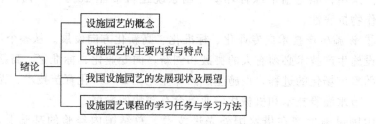

复习思考题

1. 简述设施园艺的概念。
2. 设施园艺的主要内容与特点有哪些?
3. 简述我国设施园艺的发展现状与趋势。
4. 结合实际谈谈如何学好设施园艺课程?

第一章 园艺设施

知识目标

了解各种园艺设施的类型、性能、作用及应用；掌握电热温床的铺设及地膜覆盖技术、塑料拱棚的结构及建造、日光温室的结构及建造、连栋温室的结构组成及附属设备；掌握遮阳网、防虫网、防雨棚等夏季设施的作用、覆盖方式及应用领域；掌握无土栽培基质和营养液的配制、节水灌溉系统的组成及设备。

技能目标

掌握电热温床的铺设技术、地膜覆盖技术；掌握塑料大棚、小拱棚、中棚的建造技术；熟悉日光温室的建造技术，现代化连栋温室中主要配套设备的使用技术；掌握基质的混合与消毒技术，营养液配制与管理技术；掌握遮阳网、防虫网、防雨棚等夏季设施的覆盖技术。

第一节 简 易 设 施

一、风障畦

风障畦是一种简易的园艺设施。风障是在冬春季节与季候风成垂直方向在栽培畦的北侧竖起一排篱笆挡风屏障，风障与栽培畦配合使用即称为风障畦。

1. 风障畦的类型与结构

风障畦是由风障和栽培畦组成。风障按篱笆高度的不同可分为小风障和大风障两种，大风障又可分为简易风障和完全风障。

（1）小风障畦　结构比较简单，风障高度为1~1.5m，风障间距较近，约2~4m。在春季每排风障只能保护相当于风障高度的2~3倍的栽培畦（图1-1）。

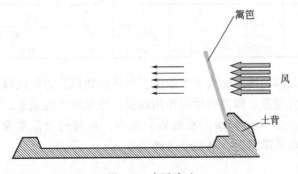

图1-1 小风障畦

（2）简易风障畦　用玉米秆、高粱秆、芦苇等材料设1.5~2m高的篱笆，密度较稀，风障之间距离在8~10m，栽培畦位于风障的南侧（图1-2）。

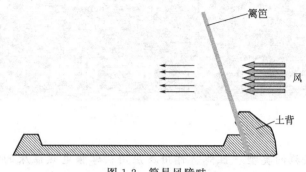

图 1-2　简易风障畦

(3) 完全风障畦　由篱笆、披风和土背构成，用玉米秆、高粱秆、芦苇等材料设1.5～2m高的篱笆，篱笆的北侧用稻草、草包片或旧塑料薄膜等作披风，对栽培畦防风增温效果明显（图1-3）。

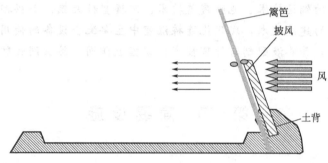

图 1-3　完全风障畦

2. 风障畦的性能

(1) 防风效应　风障具有减弱风速、稳定畦面气流的作用。风障一般可减弱风速10%～50%，距风障越近或风速越大，防风效果越显著。有效的防风距离为风障高度的1.5～8倍，最有效的防风距离是1.5～2倍，其防风效果主要受风障的类型、风障与风向的角度、设置的风障排数等因素有关。防风区与无防风区气候的比较见表1-1。

表 1-1　防风区和无防风区气候的比较

项目 区别	风速		气温		地表温度		蒸发量	
	m/s	%	℃	%	℃	%	g	%
防风区	2.4	37.5	27.1	120.4	31.4	161.8	69.8	96.1
无防风区	6.4	100	22.5	100	19.4	100	72.6	100

(2) 增温效应　风障的增温能力主要取决于风障的防风能力和风障面对太阳辐射的反射作用，风障的防风能力越强，障面的反射作用越强，增温效果越显著。晴天可使风障前畦面的太阳辐射增加10%～30%，畦面的有效辐射减少。风障的增温效果以有风晴天最显著，无风阴天不显著；距离风障越近，增温效果越明显。

3. 风障畦的应用

我国北方应用风障畦栽培园艺作物的历史较长。小风障畦主要用于瓜类、豆类春季提早直播或定植，进行早熟栽培；简易风障用于小白菜、小萝卜、油菜、茴香等半耐寒蔬菜提早播种，或提早定植夏季叶菜及果菜类；完全风障用于耐寒园艺植物越冬栽培、种苗防寒越冬及春早熟栽培。

二、阳畦

1. 阳畦的类型与结构

（1）普通阳畦　也称冷床，是由风障畦发展而来的，由风障、畦框、透明覆盖物、不透明覆盖物组成。阳畦一般长 8.0～10.0m，宽 1.7m，畦框分四个帮，均呈梯形，用砖砌成。北框高 35～60cm，南框高 25～45cm，东西两框为南低北高，与南北两框紧密相连。这样可使整个畦面倾斜，角度较大有利于接受阳光，提高畦温。风障竖在畦的北面，与畦面呈 75°的角，基部培土，分为抢阳畦和槽子畦两种（图1-4）。框顶覆盖透明覆盖物，如玻璃或塑料薄膜。不透明覆盖物，多用蒲草、稻草、芦苇或谷草编织而成。取材时应以防寒、保温、轻便、就地为原则。

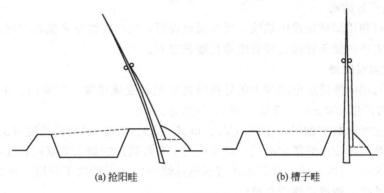

(a) 抢阳畦　　　(b) 槽子畦

图1-4　普通阳畦

（2）改良阳畦　在阳畦的基础上发展而来，由土墙或砖墙（包括后墙及山墙）、骨架、透明覆盖物、不透明覆盖物所组成。后墙高 1～1.2m，厚 50cm，不设屋顶，透光屋面呈斜面或拱形，有 1 或 2 排支柱，前排柱高 0.7m，中柱高 1～1.1m，骨架上覆盖透明覆盖物，晚上覆盖不透明覆盖物（图1-5）。

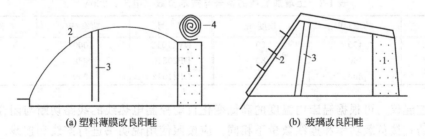

(a) 塑料薄膜改良阳畦　　　(b) 玻璃改良阳畦

图1-5　改良阳畦

1—后墙；2—拱杆；3—支柱；4—草帘等

2. 阳畦的性能

（1）普通阳畦的性能　除具有风障畦的性能外，它的防寒保温性能比风障畦更为优越和突出。由于阳畦是利用太阳光增温的保护设施，因此畦内温度易受天气状况的影响，阳畦昼夜温差较大，靠近南框和东西框处温度低，靠近北框处温度较高。普通阳畦因有透明覆盖物、不透明覆盖物，在一定范围内能够调节温度、湿度、气体及光照。

（2）改良阳畦的性能　其性能优于普通阳畦及小拱棚，由于改良阳畦空间比普通阳畦大，采光好，所以，管理方便、易操作，畦内冬季低温持续时间较短，温度变化缓慢，与普通阳畦相比，较易调节畦内温度、湿度、气体及光照等小气候，利于各种作物生长。

3. 阳畦的应用

（1）普通阳畦的应用　主要用于各种蔬菜、花卉、果树等园艺作物的育苗；叶菜类的提早和延后栽培。

（2）改良阳畦的应用　在生产上的应用基本上同普通阳畦。但由于其性能优于普通阳畦，因此可春提前更早些，秋延后更晚些。

三、电热温床

电热温床是指在畦土内或畦面上铺设电热线，进行防寒保温，利用太阳能和电热加温的方法来创造各种秧苗生长发育条件的设施。

1. 电热温床的结构

电热温床可利用阳畦铺设电热线，可在露地设置，也可在温室和塑料大棚中设置。设置在温室或塑料大棚内便于管理、节省电能且铺设方便。

2. 电热线加温原理

电热线是利用电流通过电阻较大的导线时将电能转变成热能，对室内、土壤进行加温。1千瓦·时电可产生860kcal（3.598×10^6J）的热量。

电热线的主要参数有型号、电压（V）、电流（A）、功率（W）、长度（m）、使用温度等。电压为电热线所使用的额定电压；电流则表示允许通过的最大电流；长度表示每根电热线的长度，有80m、100m等；使用温度表示电热线应在该温度以下使用，以防电热线的塑料外套老化或熔化，造成短路或事故。

3. 电热线温床加温设备

（1）电热线　电热线为电阻较大、发热适中、耗电少的金属合金线，外包塑料绝缘层。电热线分土壤加热线和空气加热线，电热温床使用的是土壤加热线。土壤加热线的型号与技术参数见表1-2。

表1-2　土壤加热线的型号与技术参数（电压：220V）

型号	功率/W	长度/m	型号	功率/W	长度/m
DV20406	400	60	DV21012	1000	120
DV20608	600	80	DP20810	800	100
DV20810	800	100	DP21012	1000	120

（2）控温仪　可根据温床内温度的高低变化自动控制电热线的线路切断与闭合。不同型号控温仪的直接负载功率和连线数量不相同，应按照使用说明书进行配线和连线。控温仪的型号与技术参数见表1-3。

表1-3　控温仪的型号与技术参数

型号	控温范围/℃	负载电流/A	负载功率/kW	供电形式
BKW-5	10～50	5×2	2	单相
KWD	10～50	10	2	单相
WKQ-1	10～50	5×2	2	单相
WK-1	0～50	5	1	单相
WK-2	0～50	5×2	2	单相
WK-10	0～50	15×3	10	三相四线制

（3）交流接触器　其主要作用是扩大控温仪的控温容量。一般当电热线的总功率小于 2000W（电流 10A 以下）时，可不用交流接触器，而将电热线直接连接到控温仪上。当电热线的总功率大于 2000W（电流 10A 以上）时，应将电热线连接到交流接触器上，再由交流接触器与控温仪连接。

（4）电源　生产上多用 220V 的交流电源。当使用功率较大时，可用 380V 电源，并选择与负载电压相同的交流接触器连接电热线。

4. 电热温床的铺设

电热线的铺设方法以 DV20810 型为例，每根电热线长为 100m，额定功率为 800W，设苗床面积为 8m²（长 5m，宽 1.6m），用一根电热线，每平方米要求的功率为 100W。

(1) 确定所用电热线根数

$$温床需要总功率(P) = 温床面积 \times 单位面积设定功率$$

单位面积设定功率主要是根据育苗期间的苗床温度要求来确定的。一般冬春季播种床的设定功率以 $80 \sim 120 W/m^2$ 为宜，分苗床以 $50 \sim 100 W/m^2$ 为宜。

$$电热线根数(n) = 温床总功率 \div 单根电热的额定功率$$

(2) 确定电热线行数

$$电热线行数(d) = (电热线长 - 床宽) \div 床长$$

为使电热线的两端位于温床的一端，计算出的行数应取偶数。

(3) 确定电热线行间距

$$电热线行间距(h) = 床面宽 \div (布线行数 - 1)$$

由于床面的中央温度较高、两侧温度偏低，布线时可适当减少两侧实际布线距离，增加中间布线距离。

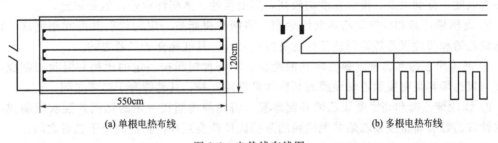

图 1-6　电热线布线图

(4) 布线方法　将床底搂平、踏实，在床底铺一层稻草等隔热层，然后在床的两端按计算要求，插上短竹竿，将电热线绕短竹竿布线，电热线要拉紧、拉直，防止电热线交叉。注意将电热线接头设在苗床的一端（接线方法见图 1-6），在布好的电热线上，覆盖 2~3cm 厚的过筛炉灰（图 1-7），在其上可以摆苗，也可以铺床土播种、移苗。

5. 注意事项

① 电热线的电阻是额定的，使用时只能并联，不能串联，不能接长或剪短，否则改变了电阻及电流量，使温度不能升高或电热线被烧断。

② 电热线不能交叉、重叠、结扎，成盘或成卷的电热线不得在空气中通电使用，以免积热

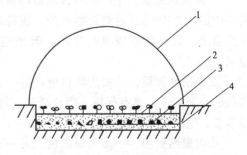

图 1-7　电热温床横断面

1—塑料薄膜；2—床土；3—电热线；4—隔热层

烧结、短路、断线。

③ 布线和收线时，不要硬拔、强拉，不能用锹、铲挖掘，不能形成死结，以免造成断线或破坏绝缘层。

④ 在对苗床进行管理时，要切断电源。

6. 应用

电热温床主要应用于温度较低（尤其是地温较低）的冬春季节，用来培育蔬菜、花卉、果树等秧苗。

四、地膜覆盖

地膜通常是指厚度为 0.005～0.015mm，专门用来覆盖地面，保护作物根系的一种农用薄膜的总称。地膜覆盖是当前农业生产中比较简单有效的增产措施之一。

1. 地膜的种类及功能

（1）普通地膜　普通地膜是指无色透明的聚乙烯薄膜，透明的聚乙烯薄膜透光率高，土壤增温效果好。

① 高压低密度聚乙烯（LDPE）地膜。用 LDPE 树脂经挤压吹塑成型的。为园艺生产上最常用的地膜。该种地膜透光性好，地温高，容易与土壤黏着，适用于北方。

② 低压高密度聚乙烯（HDPE）地膜。用 HDPE 树脂经挤压吹塑成型的。用于蔬菜、棉花、玉米、小麦等作物。该种地膜强度高，光滑，但柔软性差，不易黏着土壤，不适于沙土地覆盖，其增温保水效果与 LDPE 地膜基本相同，但透明性及耐候性稍差。

③ 线型低密度聚乙烯（LLDPE）地膜。用 LLDPE 树脂经挤压吹塑成型的。用于蔬菜、棉花等作物。其特点除了具有 LDPE 地膜的特性外，机械性能良好，伸长率提高50%以上，耐冲击强度、穿刺强度、撕裂强度均较高，其耐候性、透明性均好，但易粘连。

④ 高压聚乙烯和线性聚乙烯共混地膜。将两种树脂按一定的比例共混吹塑制成，以使高压聚乙烯和线性聚乙烯地膜的某些优良性能互补，其性能介于二者之间。

⑤ 高压聚乙烯和高密度聚乙烯共混地膜。将两种树脂按一定的比例共混吹塑制成，以使高压聚乙烯和高密度聚乙烯地膜的某些优良性能互补，其性能介于二者之间。

⑥ 线性聚乙烯和高密度聚乙烯共混地膜。将两种树脂按一定的比例共混吹塑制成，以使线性聚乙烯和高密度聚乙烯共混地膜的某些优良性能互补，其性能介于二者之间。

（2）有色地膜　在聚乙烯树脂中加入有色物质制成的。

① 黑色膜。在聚乙烯树脂中加入2%～3%的炭黑制成的。透光率仅10%，地膜覆盖下的杂草因光弱而黄化死亡。黑色地膜增温效果差，因此黑色地膜适宜于夏季高温季节使用。

② 银灰色地膜。生产中将银灰粉的薄层粘连在聚乙烯的两面制成夹层膜，或在聚乙烯树脂中加入2%～3%的铝粉制成的。该种地膜具有隔热和反光作用，能提高植株株丛内的光照强度，具有驱避蚜虫的作用，但增温效果差，因此银灰色地膜适宜于夏季高温季节使用。

③ 黑白两面膜。一面为乳白色，另一面为黑色的复合地膜。覆膜时乳白色的一面向上，黑色的一面向下。具有保墒、阻止透光、增加反射、降低地温和除草的功能，多用于夏季高温季节，生产成本较高。

④ 银黑两面膜。一面为银灰色，另一面为黑色的复合地膜。覆膜时银灰色的一面向上，黑色的一面向下。具有反光、降低地温、驱避蚜虫、减轻病毒病危害和抑制作物徒长的功能，生产成本较高。

⑤ 绿色地膜。树脂中添加绿色颜料制成。能阻止植物作用所必需的可见光的透过，具有除草和抑制地温升高的功能，适用于夏季地面覆盖栽培。

(3) 特殊功能地膜

① 除草膜。在地膜制作过程中加入除草剂，地面覆盖后，薄膜凝聚的水滴溶解膜内的除草剂，而后滴入土壤，或在杂草触及薄膜时被除草剂杀死，起到除草作用。在国外已大量使用，我国已试产使用，但目前用于园艺作物上的除草剂种类较少，而且专用性很强，使用时应特别注意。

② 有孔膜及切口膜。为了方便覆盖薄膜及播种、定植，在生产地膜时按照栽培的要求，在膜上打出3.5~4.5cm直径的播种孔，或打出10~15cm间距的定植孔，孔间距也可根据作物的要求而定。但因园艺作物的种植方式不同、作物种类不同，其株行距的差异较大，难以全部满足需要。

③ 降解膜。到目前为止，可降解膜有三种类型，即光降解膜、生物降解膜、光生降解膜。

光降解膜是在聚乙烯树脂中添加光敏剂，在自然光的照射下，加速降解，老化崩裂。

生物降解膜是在聚乙烯树脂中添加高分子有机物如淀粉、纤维素和甲酸酯或乳酸酯，借助于土壤中的微生物将塑料彻底分解重新进入生物圈。

光生降解膜是在聚乙烯树脂中既添加了光敏剂，又添加了高分子有机物，从而具备光降解和生物降解的双重功能。

2. 地膜覆盖的作用

(1) 提高温度 露地栽培由于地面裸露，表土吸收的太阳辐射能有90%左右随土壤水分汽化蒸发，其余的分别以传导和对流等方式交换到空气中，只有很少一部分贮存到土壤中，所以春季地温回升缓慢。地膜覆盖减少了地面的蒸发、对流和散热，土温显著提高，一般透明地膜覆盖，能使0~20cm厚的土壤日平均地温提高3~6℃，晴天增温明显，阴天增温不明显；作物生育前期增温明显，后期增温效果不明显。

(2) 改善光照条件 覆盖透明地膜，由于地膜和其内表面水滴的反射作用，可使近地面的反射和散射光强度增加50%~70%，晴天更为明显，气温也相应提高1~3℃。光照条件的改善，有利于促进光合作用，加速园艺作物的生长发育，促进早熟和高产。

(3) 保水提墒 覆盖地膜，一方面促进深层土壤毛细管水分向上运动；另一方面，由于地膜在土壤和空气间构成一个密闭的冷暖界面，使汽化了的土壤水分在地膜下表面凝结成水滴再被土壤吸收；土壤水分在膜下形成循环，大大减少了地面蒸发，使深层土壤水分在上层积累，所以产生了明显的保水提墒作用。另外，在雨季或遇到暴雨时，地膜覆盖还具有利于排水、防止涝灾的作用（表1-4）。

表1-4 干旱和降雨对地膜下土壤湿度的影响

处理 \ 项目	干旱		降雨			
	0~5cm 土层湿度	5~10cm 土层湿度	雨后1h		雨后2h	
			0~5cm 土层湿度	5~10cm 土层湿度	0~5cm 土层湿度	5~10cm 土层湿度
覆盖地膜	12.3%	19.2%	13.4%	18.3%	25.5%	29.7%
不覆盖地膜	4.15%	8.7%	39.8%	37.9%	27.2%	32.1%
湿度差值	+8.15%	+10.5%	-26.4%	-19.6%	-1.7%	-2.45%

注：徐凤珍. 蔬菜栽培学. 中国科学文化出版社，2003。

(4) 防止肥土流失　覆盖地膜能有效地防止由于地表径流和地下径流造成的肥土流失，并能使土壤反硝化细菌造成的铵态氮挥发损失量减少90%左右，从而提高土壤中肥料的利用率。

(5) 抑制盐碱害　盐碱性的土壤往往因地表蒸发，使土壤中的盐分随水分上升，并滞留在地表和浅层中，严重影响各种作物的生长。地膜覆盖，不仅抑制了地面蒸发，阻止了土壤深层盐分的上升，而且还在土壤水分内循环的作用下产生淋溶，使土壤耕作层的含盐量得到有效控制，可使耕层含盐量降低53%～89%。因此，地膜覆盖是盐碱地园艺作物高产稳产的技术措施。

(6) 优化土壤理化性状　地膜覆盖能防止土壤因雨水冲刷而板结，使土壤容重减轻，空隙度增加，固相、气相、液相比例适宜，水、肥、气、热协调；能保持膜下的土壤疏松、透气，土壤微生物活动旺盛，加速土壤有机物的分解，提高肥料的利用率，有利于园艺作物根系生长发育，增强根系的吸收能力（表1-5）。

表1-5　地膜覆盖对土壤养分的影响

养分 \ 种类	辣椒		番茄		茄子		豇豆	
	覆膜	露地	覆膜	露地	覆膜	露地	覆膜	露地
全氮/%	0.129	0.128	0.165	0.155	0.177	0.111	0.139	0.135
硝态氮/%	87.5	62.7	91.5	82.8	59.5	58.3	65.5	51.5
铵态氮/%	36.6	29.0	34.9	33.9	32.1	26.4	42.4	27.6
有效磷/%	45.9	32.3	51.3	42.4	32.0	29.7	42.0	40.1

注：徐凤珍. 蔬菜栽培学. 中国科学文化出版社，2003。

(7) 减轻病虫草害

① 避免了雨水冲刷和地面径流，对各种土传病害和风雨传播的病害以及对部分害虫有显著的防效。

② 减少地面蒸发，降低空气湿度，对多种侵染性病害有抑制作用。

③ 有综合改善环境条件的生态效应，使园艺作物生长健壮，抗病能力加强。

④ 功能性地膜可以起到防虫、除草的作用。如银灰色地膜有强烈的避蚜作用；银黑双色地膜既避蚜又除草；化学除草地膜则可以使附着的水滴溶解除草剂，并渗入土层，杀死刚萌芽的杂草。

3. 地膜覆盖的方式及应用

(1) 平畦覆盖　畦面宽80～100cm，畦埂宽20cm，高8～10cm。特点是可直接在畦面上浇水，并能通过畦埂蒸发，使土壤盐分向畦埂上运动，有利于盐碱地园艺作物的保苗及生育，但增温效果不明显，适于浅根性作物栽培。可先铺地膜后种植，也可以先栽菜后盖地膜（图1-8）。

图1-8　平畦覆盖

(2) 高畦覆盖　高畦的畦背宽60～80cm，略呈龟背形，畦底宽100～110cm，覆盖80～100cm幅宽的地膜。依据土质、地势、灌溉条件、气候等条件确定畦高，一般在10～20cm，沙性土及干旱的区域，地势高燥，灌溉条件较差，畦宜低些；黏土及多雨湿润区域，灌溉条件较好,畦宜高些(图1-9)。

图 1-9　高畦覆盖

　　高畦地膜覆盖应用最多的是茄果类、瓜类、豆类、甘蓝、草莓等园艺作物的早熟栽培,要求施足基肥,深翻细耙,按规格做畦后,稍加拍打畦面,使畦面平整。可先覆盖地膜后定植,也可以先定植后再盖地膜。

　　(3) **高畦小拱棚覆盖**　畦高 10～20cm,畦宽 100～110cm,畦背宽 60cm,用小竹竿或竹片插成高 30～50cm、宽 70cm 左右的小拱棚,覆盖地膜。这种方式可以天膜、地膜同时覆盖,也可以先盖天膜后铺地膜,或先铺地膜后盖天膜。芋芳和马铃薯地膜栽培,一般先用地膜覆盖地面,随着幼芽的生长,可将地膜用小竹竿或竹片撑起成小拱棚覆盖,一方面可以防止幼苗日灼,另一方面可继续发挥地膜的保温作用;也可破膜直接将幼芽引出膜外,使地膜继续覆盖地面(图1-10)。此种覆盖方式,早熟增产效果明显,但投资较多,而且不宜在春季风大地区或风口地带使用,以免遭受风灾。

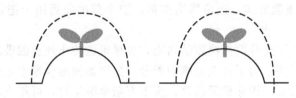

图 1-10　高畦地膜小拱棚覆盖

　　(4) **高垄覆盖**　地块经施肥整后起垄,垄宽 50～60cm,垄高在 20～25cm,垄面上覆盖地膜。高垄地膜覆盖的增温效果优于高畦和平畦地膜覆盖,适于园艺作物的早熟栽培(图1-11)。

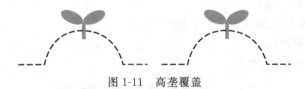

图 1-11　高垄覆盖

　　(5) **高垄沟栽覆盖**　施基肥深翻后,按行距 60～70cm 做成高垄,垄高 20～25cm,垄背宽 35～45cm,在垄背中央开定植沟,定植沟上口宽 20cm 左右,底宽 15cm,沟深 15～20cm。幼苗在沟内生长,待幼苗长至膜面时,戳孔放风,晚霜过后,将地膜掀起,填平定植沟,破膜放苗,将天膜落为地膜,所谓"先盖天后盖地"。此种覆盖方式,可提早定植园艺作物 10d 左右,但较费工,气温高时易烤苗,要求精心管理(图1-12)。

图 1-12　高垄沟栽地膜覆盖

4. 地膜覆盖的技术

（1）园地准备　包括精细整地、增施底肥、保证底墒、化学除草四项工作。

① 精细整地。可使土壤疏松、细碎，畦面平整，无砖头、瓦块，无大的土块，使地膜紧贴畦面，防止透气、漏风，充分发挥保温、保水的作用。

② 增施底肥。地膜覆盖的地块，因温湿度适宜，土壤中有机肥分解快并且不易追肥，所以结合整地须增施充分腐熟的有机肥，防止出现生育后期脱肥现象。

③ 保证底墒。保证底墒是覆膜条件下夺取全苗、苗齐、苗壮的重要措施。底墒足时可以在较长时间内不必灌水，底墒不足时可以先灌水后覆膜。底墒足时整地后立即覆膜，防止土壤水分蒸发。

④ 化学除草。覆膜质量差或地膜出现破损时，会造成杂草丛生，争夺土壤中养分的情况，并且覆膜后田间除草困难，因此，应选用除草剂。

（2）覆膜方式

① 采用先覆膜后播种或定植方法时，可同时完成做畦、喷除草剂、铺膜、压膜四项作业。膜要铺紧、边要压实。

② 采用先播种后覆膜方式。覆膜后要经常检查幼苗出土情况，发现幼苗出土时，及时破膜使幼苗露出地膜外，防止烤苗。

③ 采用先定植后覆膜方式。边覆膜边掏苗，膜全部铺完后用土把定植孔压严，否则覆膜的效果会降低。

（3）田间管理　为了充分发挥覆膜的功能，应尽可能防止地膜的破裂，遇有裂口或压膜不严之处应及时用土压实。为补充土壤中养分，生育期间结合灌水进行追肥。地膜覆盖后不需中耕，但要经常检查，拔除根际杂草，膜下有杂草滋生时，可用土压草，以防草害。

采收结束后，及时清除残膜，防止造成土壤被碎膜污染。

5. 地膜覆盖的应用

（1）地膜用量的计算　应用地膜覆盖时计算地膜用量的公式如下。

$$M = Q \cdot B \cdot S$$

式中　M——地膜用量，kg；
　　　Q——每亩[1]地膜质量（表1-6），kg；
　　　B——地膜覆盖率；
　　　S——种植土地面积，亩。

表1-6　地膜厚度与每亩地膜质量对照表

地膜厚度/mm	单位质量/(g/cm²)	每亩地膜质量/kg	地膜厚度/mm	单位质量/(g/cm²)	每亩地膜质量/kg
0.009	0.83	5.80	0.015	1.38	9.66
0.010	0.92	6.44	0.020	1.84	12.88
0.012	1.10	7.70			

注：徐凤珍. 蔬菜栽培学. 中国科学文化出版社，2003.

（2）地膜覆盖的应用　可用于塑料大棚、温室内果菜类蔬菜、花卉及果树栽培，以提高地温和降低空气湿度。一般冬、春季应用较多。地膜覆盖还可用于叶菜类、草莓及其他果树的春早熟栽培和播种育苗。

---

[1] 1亩=666.7m²。

五、简易覆盖

1. 概述

简易覆盖是设施栽培中的一种简单覆盖栽培形式,即在植株或栽培畦面上用各种防护材料进行覆盖生产。如我国北方地区越冬菜(如韭黄等)的生产;我国西北干旱地区的"砂田栽培";还有夏季播种或对浅播的小粒种子,如芹菜,用稻草或秸秆覆盖,促使幼苗出土和生长等,都是传统的简易覆盖栽培形式。

生产中所称简易覆盖即指简易覆盖栽培,它的特点是覆盖材料可因地制宜,就地取材;覆盖操作简便易行。根据不同覆盖材料所形成的小气候条件,采用相应的栽培技术,如早熟、延后、越夏等栽培技术,获得优质高产的蔬菜产品。

2. 简易覆盖的材料

简易覆盖所用材料可分为三类,即不透明覆盖物、半透明覆盖物和透明覆盖物。不透明覆盖物多采用在农村易得的作物秸秆(麦草、稻草或草帘等)、落叶、牲畜粪、苇毛、铺席、瓦盆、瓦片、砂石等。半透明覆盖物主要有油纸或油蜡纸、遮阳网、防虫网、无纺布等。透明覆盖物有塑料薄膜、玻璃等,透明覆盖物是简易覆盖栽培的改进类型。

3. 常见简易覆盖栽培方式

(1) 砂田栽培　砂田是指地表覆盖一层 7~15cm 厚粗砂(或卵石加粗砂)的农田,常用来栽培蔬菜和瓜果作物,是西北地区特有的一种抗旱栽培方式。

砂田起源于甘肃省中部地区,按有无灌溉条件可分为旱砂田和水砂田两种。旱砂田主要分布于无灌溉条件的高原或沟谷中,铺砂的目的是为了保墒,铺砂厚度为 10~16cm,砂田寿命 40~60 年。水砂田分布于有水源的地方,驰名国内外的"白兰瓜"和"黄河蜜"绝大部分是在水砂田上栽培的,铺砂的目的主要是为提高地温,铺砂厚度为 7~10cm,寿命 4~5 年。

铺设砂田的要求如下:

① 底田平整。水砂田的底田必须平整,以便灌水均匀;旱砂田的底田也忌坡度大和高低不平。通常的做法是"三犁三耙、镇压、封冻后铺砂"。

② 施足底肥。一般有机肥每亩施用量为 2500~5000kg,无机肥氮磷钾肥合肥效果较好。

③ 砂石的选用。选用的砂石应含土量少、卵石表面圆滑,砂与卵石的比例为 6:4 或 5:5,卵石直径在 8cm 以下。

④ 铺砂均匀。铺砂厚度要均匀一致。

⑤ 排灌渠道畅通。在整地的同时,修好排灌渠道,使其坚固畅通。

(2) 软化栽培　软化栽培是将某一生长阶段的蔬菜栽植在黑暗(或弱光)和温暖潮湿的环境中,生产出具有独特风味产品的一种保护栽培方法。软化栽培的产品含有少量叶绿素,大多呈现白绿、黄白等颜色,组织柔软脆嫩,具有较高的商品价值。

适宜软化栽培的蔬菜种类很多,主要是葱蒜类蔬菜,如韭黄、蒜黄、大葱等;其次是叶菜类,如芹菜、苦苣、芽苗菜等;另外还有石刁柏、食用大黄、姜、芋等。

中国蔬菜软化栽培的历史悠久,传统著名产品很多,栽培方法包括根株培养和软化技术两部分。

根株指供做软化栽培的植株。软化前培养健壮的根株,是软化产品得以优质高产的前提。根株培养主要是加强肥水管理,使肉质根(石刁柏、芹菜)、根茎(韭菜、姜)或鳞茎

（大蒜）等器官充分肥大。

软化技术主要是利用不透光（或半透光）材料或地窖等造成黑暗或弱光环境。传统的方法有以下几点。

① 培土软化法。此法应用最普遍，即在根株生长的末期，把土壤培壅在根基或叶柄、叶鞘的基部，使后来的嫩茎或嫩叶在无光或弱光环境下生长，培土常分几次进行。主要用于软化韭菜、芦笋、芹菜、大葱等。著名的山东章丘大葱就用此法进行软化栽培。

② 沟、窖软化法。即将根株栽种在黑暗的软化沟、窖中。也可在沟或窖内加酿热物或电热线，以加快软化物的生长。常用于生产芹黄、蒜黄、食用大黄、蒲菜等。

③ 瓦筒覆盖软化法。如广州郊区的瓦筒软化，是对每一丛韭菜盖一个顶部有一小孔的瓦筒，白天将小孔覆盖，保持黑暗环境，夜间揭开以利通风。多用于生产韭黄。

④ 水层软化法。即在根株生长末期灌水，使新出的嫩茎生长在水中。多用于软化水芹菜、茭白等水生蔬菜。

此外，还可利用阳畦、塑料大棚、温室等，以黑色塑料薄膜（或遮阳网、草帘等）覆盖和电热加温，造成黑暗而温度适宜的环境条件进行软化栽培。

不论采取何种软化方法，都要有一定的温度和水分条件相配合。适宜的温度因蔬菜种类而异，一般为20～25℃，高于30℃时茎叶细长瘦弱；低于15℃则生长缓慢而不整齐，产量也低。空气湿度不宜过高，并需注意通风，以免因湿度过大而造成腐烂。

第二节　塑料拱棚

塑料拱棚是一种简易实用的保护地栽培设施，通常指不用砖石围护，只以竹、木、水泥或钢材等杆材作为骨架，用塑料薄膜覆盖于骨架之上而形成的简易的不加温的设施栽培空间。随着塑料工业的不断发展，由于其结构简单、建造和拆装容易、使用方便、一次性投入较少的特点，现今塑料拱棚已被世界各国普遍采用。

一、塑料棚膜的种类与特性

塑料棚膜是设施生产上主要的透明覆盖材料，要求选择无毒、无味、无滴性好、透光率高、抗拉、使用寿命长、保温性能好的薄膜。目前市场上使用的塑料棚膜种类繁多、性能各异，但就其基础母料而言，主要是聚氯乙烯（PVC）、聚乙烯（PE）、乙烯-醋酸乙烯（EVA）三大类。

1. 聚氯乙烯（PVC）薄膜

聚氯乙烯薄膜是以聚氯乙烯树脂为主原料，添加增塑剂、稳定剂经压延成膜。这种膜较厚，一般厚度为0.1～0.15mm，其特点是新膜透光率较高，能较好地阻隔远红外线，夜间保温性比聚乙烯膜好、耐高温日晒、耐老化，柔软易造型、薄膜撕裂后易粘补，防雾滴效果较好。

其缺点一是随着使用时间延长，薄膜中的增塑剂会缓慢析出，使得聚氯乙烯薄膜的透光率下降迅速，并由于静电作用而较易吸附灰尘；二是耐低温性能较差，低温脆化温度为－50℃，硬化温度为－30℃，不宜应用在高寒地区；三是密度大，聚氯乙烯薄膜密度为1.3g/cm³，相同厚度、相同重量的覆盖面积约为聚乙烯膜的2/3～3/4，因此提高了成本。

聚氯乙烯薄膜根据其添加辅料的不同，还可以分为以下几种。

（1）聚氯乙烯长寿无滴膜　该膜是在聚氯乙烯树脂中，添加一定比例的增塑剂，受阻胺光稳定剂或紫外线吸收剂等防老化助剂和聚多元醇酯类或胺类等复合型防雾滴助剂压延而成。其有效使用期由普通聚氯乙烯膜的 4~6 个月提高到 8~10 个月。添加的防雾滴助剂能增加薄膜的临界湿润能力，使薄膜表面有水分凝结时不形成露珠附着于薄膜表面，而形成一层均匀的水膜，由于重力作用，水膜顺倾斜膜面流入土壤，因此增大了透光率。由于没有水滴落到植株上，可减少病害发生。由于聚氯乙烯分子具有极性，防雾滴剂也具有极性，因此分子间形成弱的结合键，使薄膜中的防雾滴剂不易迁徙至表面乃至脱落，保持防雾滴性能。由于在成膜过程中加入大量的增塑剂，可使防雾滴剂分散均匀，所以聚氯乙烯长寿无滴膜流滴的均匀性好且持久，流滴持效期可达 4~6 个月。这种薄膜厚度为 0.12mm 左右，在日光温室果菜类越冬生产上应用比较广泛。

（2）聚氯乙烯长寿无滴防尘膜　该膜是在聚氯乙烯长寿无滴膜的基础上，增加一道表面涂敷防尘工艺，使薄膜外表面附着一层均匀的有机涂料。该层涂料的主要作用是防止增塑剂、防雾滴剂向外表面析出。由于阻止了增塑剂向外表面析出，使薄膜表面的静电性减弱，从而起到防尘、提高透光率的作用。由于阻止了防雾滴剂向外表面析出，从而延长了薄膜的无滴持效期。另外在表面敷料中还加入了抗氧化剂，从而进一步提高了薄膜的防老化性能。

2. 聚乙烯（PE）薄膜

聚乙烯薄膜是由低密度聚乙烯（LDPE）树脂或线型低密度聚乙烯（LLDPE）树脂吹塑而成。其特点是：耐酸、耐碱、耐盐，喷上化肥后不易变性；透光性好，无增塑剂释放，新膜透光率在 80% 左右；耐低温性强；质地轻（密度为 0.92g/cm³）、柔软、易造型；无毒。其缺点是：耐候性差，使用周期 4~5 个月，保温性差，不易黏结。普遍应用于长江中下游地区覆盖塑料大棚，厚度为 0.05~0.08mm；而厚度为 0.03~0.05mm 的普通聚乙烯薄膜，则广泛应用于覆盖中、小拱棚。

聚乙烯薄膜根据其添加辅料的不同，还可以分为以下几种。

（1）聚乙烯长寿膜　以聚乙烯为基础树脂，加入一定比例的紫外线吸收剂、防老化剂和抗氧化剂后吹塑而成。厚度 0.08~0.12mm，使用期 12~18 个月，可用于栽培 2~4 茬作物，不仅可延长使用期，降低成本，节省能源，而且使产量、产值大幅增加，与普通聚乙烯膜相比较为经济。

（2）聚乙烯长寿无滴膜　以聚乙烯为基础树脂，加入防老化剂和防雾滴助剂后吹塑而成，不仅延长使用寿命，而且因薄膜具有流滴性而提高了透光率。防雾滴效果可保持 2~4 个月，耐老化寿命达 12~18 个月。

（3）聚乙烯多功能复合膜　以聚乙烯为基础树脂，加入耐老化剂（最外层）、保温剂（中层）、流滴剂（内层）等多种功能性助剂，通过三层共挤加工工艺生产的多功能复合膜，同时具有无滴、保温、耐候等多种功能。该膜覆盖的棚室内散射光比例占棚室内总光量的 50%，使得棚室内光照均匀，减轻了骨架材料的遮荫影响；有的可阻隔紫外光，抑制菌核病子囊盘和灰霉菌分生孢子的形成，在东北、华北和西北地区广泛应用棚室覆盖，使用期可达 12~18 个月。

3. 乙烯-醋酸乙烯（EVA）多功能复合膜

该膜是以乙烯-醋酸乙烯共聚物为主原料，添加紫外线吸收剂、保温剂和防雾滴助剂等制造而成的多层复合薄膜。其外表层一般以 LLDPE、LDPE 或 EVA 树脂为主，添加耐候、防尘等助剂，使其具有较强的耐候性，并可阻止防雾滴剂等的渗出，在中层和内层以不同 EVA 含量的 EVA 为主并添加保温和防雾滴剂以提高其保温性能和防雾滴性能。因此，乙烯-醋酸乙烯复合膜具有质轻、使用寿命长（3~5 年）、透明度高、防雾滴剂渗出率低等特点。EVA 膜的红外线区域的透过率介于 PVC 膜和 PE 膜之间，故保温性显著高于 PE 膜，夜间的温度一般要比普通 PE 膜高出 2~3℃，对光合有效辐射的透过率也高于 PVC 膜和 PE 膜。因此，EVA 多功能复合膜既克服了 PE 膜无滴持效期短和保温性差的缺点，也克服了 PVC 膜密度大、幅窄、易吸尘和耐候性差的缺点，适用于高寒地区，具有很好的应用前景。下面就 PVC 膜、PE 膜、EVA 膜的性能做简要比较。

(1) 透光性　透明覆盖材料的透光特性通常表现为：在紫外线区，PE 膜的透过率高于 PVC 膜，EVA 膜最小；在可见光区域 PVC 膜和 EVA 膜高于 PE 膜；而在中远红外区域（热辐射部分）PVC 膜的透过率远低于 PE 膜和 EVA 膜（表 1-7），这表明 PVC 膜对光合有效辐射的透过率高，增温性强、保温性强。

表 1-7　三种塑料薄膜在不同光波区的透光率　　单位：%

薄膜种类	PVC 膜（厚 0.10mm）	PE 膜（厚 0.10mm）	EVA 膜（厚 0.10mm）
紫外线（≤300nm）	20	55~60	76~80
可见光（450~650nm）	86~88	71~80	85~86
近红外线（1500nm）	93~94	88~91	90~91
中红外线（5000nm）	72	85	85
远红外线（9000nm）	40	84	70

PVC 膜的初始透光性能优于 PE 膜和 EVA 膜，但 PVC 膜使用一段时间以后，薄膜中的增塑剂会慢慢析出，使其透明度迅速降低，加上 PVC 膜表面的静电性较强，容易吸附尘土，因此 PVC 膜的透光率衰减得很快。而 PE 膜和 EVA 膜由于抗静电性能好，吸尘少，无增塑剂析出，透光率下降较慢。根据测定，新 PVC 膜使用半年后，透光率由 80% 下降到 50%，使用一年后下降到 30% 以下，失去使用价值；新 PE 膜使用半年后，透光率由 75% 下降到 65%，使用一年后仍在 50% 以上；新 EVA 膜连续使用 18 个月后，棚内透光率仍高达 77%。

(2) 保温性　PVC 膜在长波热辐射区域的透过率比 PE 膜低得多，从而可以有效抑制棚室内的热量以热辐射的方式向棚室外散逸，由此可知 PVC 膜的保温性能优于 PE 膜；而 EVA 膜的阻隔率介于两者之间，保温性能也比 PE 膜好，同时 EVA 多功能复合膜的中层和内层添加了保温剂，其红外阻隔率还要高，有的可超过 70%，在夜间表现出良好的保温性。

(3) 强度和耐候性　由表 1-8 可知，从总体上看，PVC 膜的强度优于 PE 膜，又由于 PE 膜对紫外线的吸收率较高，容易引起聚合物的光氧化，从而加速老化（自然破裂），普通 PE 膜的连续使用寿命仅 3~6 个月，普通 PVC 膜则可连续使用 6 个月以上，所以 PVC 膜的耐老化性能也优于 PE 膜。EVA 多功能复合膜添加耐候、防尘等助剂，使其机械性能良好，耐候性强，能防止防雾滴助剂析出，强度优于 PE 膜，总体强度指标不如 PVC 膜。由于 EVA 膜树脂本身阻隔紫外线的能力较强，加之在成膜过程中又在其外表面添加了防老化助剂，所以其耐候性也较强，经实际扣棚 13 个月和 18 个月后伸长率均高于 50%，使用期一般可达 18~24 个月。

表 1-8　三种薄膜的强度指标

强度指标	PVC 膜	EVA 膜	PE 膜
拉伸强度/MPa	19~23	18~19	<17
伸长率/%	250~290	517~673	493~550
直角撕裂/(N/cm)	810~877	301~432	312~615
冲击强度/(N/cm^2)	14.5	10.5	7.0

（4）其他性能　EVA树脂有弱的极性，因而与添加的防雾滴剂有较好的相容性，有效防止防雾滴助剂向表面迁移析出，延长了无滴持效期；PE膜表面与水分子的亲和性较差，表面易附着水滴。

PE膜耐寒性强，其脆化温度为-70℃，PVC膜脆化温度较高，为-50℃，而在温度为20~30℃时则表现出明显的热胀性，所以往往表现出昼松夜紧，在高温强光下薄膜容易松弛，易受风害。此外，PVC膜可以粘合、铺张、修补都比较容易，但燃烧时有毒性气体放出，在使用时应注意。

4. 调光薄膜

应用不同质地薄膜对光线选择性透过的原理，使其具有不同的特性。

（1）漫反射膜　在聚乙烯母料中添加调光物质，使直射光进入大棚后形成均匀的散射光，减少直射光的透过率，使作物受光一致，设施中的温度变化减小。漫反射膜还具有一定的光转化能力，能把部分紫外线吸收转变成能级较低的可见光，紫外线透过率减少，可见光透过率略有增加，有利于植物的光合作用，减少病害的发生。

（2）转光膜　在聚乙烯等母料中添加光转化物质和助剂，使太阳光中的能量相对较大的紫外线转换成能量较小有利于植物光合作用的橙红光，增强光合作用。转光膜比同质的功能性PE膜透光率高出8%左右；许多实验表明，转光膜还具有较普通薄膜更优越的保温性能，可提高设施中的温度，尤其在严寒的12月份和翌年1月份更显著，最低气温可提高2~4℃。

（3）有色膜　在母料中添加一定的颜料以改变设施中光环境，创造更适合光合作用的光谱，从而达到促进植物生长的目的。如在红色膜下，胡萝卜长得特别快，甜菜特别甜；黄瓜在黄色膜下，可以起到明显的增产作用。有色膜还可以调节控制环境，抑制杂草，减少病虫害的发生，从而达到增产增收的效果。但假如选择不当，将作物需要的光反射回去，造成作物光合作用减弱，作物本身得不到所需的充足养分，生长发育受到限制，则使作物减产。因此，有色膜的选择一定要依据作物的特点而科学地决定。

5. 氟素膜（ETFE）

以四氟乙烯为基础母料。这种膜的特点是高透光和具有极强的耐候性，其可见光透过率在90%以上，而且透光率衰减很慢，经使用10~15年，透光率仍在90%，抗静电性强，尘染轻。

二、塑料棚的类型、结构、性能与应用

塑料棚按大小可分为大棚、中棚和小棚。大、中、小棚目前尚无严格的区分界线，中小棚是南方设施栽培的重要形式，主要用于春提前、秋延后栽培，夏季高温栽培及防雨、防虫网栽培，也可以用来培育秧苗。

（一）塑料大棚

1. 塑料大棚的结构组成

大棚的结构可大体分为骨架和棚膜，骨架由立柱、拱杆、拉杆（纵梁）、压杆（压膜线）等部件组成，俗称"三杆一柱"（图1-13）。此外，为便于出入，应在棚的一端或两端设立棚门。

（1）立柱　它是大棚的主要支柱，承受棚架、棚膜的重量以及雨、雪、风的负荷。立柱要垂直、或倾向于引力，可采用竹竿、木柱、钢筋水泥混凝土柱等，使用的立柱不必太粗，但立柱的基部应设柱脚石，以防大棚下沉或被拔起。立柱埋植的深度要在40~50cm。

（2）拱杆　它是塑料薄膜大棚的骨架，决定大棚的形状和空间组成，还起支撑棚膜的作

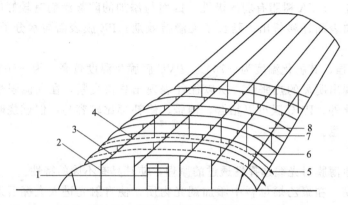

图1-13 塑料大棚骨架各部位名称
1—棚门；2—立柱；3—拉杆；4—吊柱；5—地锚；6—压杆；7—拱杆；8—棚膜

用。拱杆横向固定在立柱上，两端插入地下，呈自然拱形，间距为0.8~1.2cm。拱杆由竹片、竹竿或钢材、钢管等材料焊接而成。

（3）拉杆 纵向连接拱杆和立柱，固定压杆，使大棚骨架成为一个整体，提高了其稳定性和抗负荷能力。通常用较粗的竹竿、木杆或钢材作为拉杆，距立柱顶端30~40cm，紧密固定在立柱上，拉杆长度和棚体长度一致。

（4）压杆 位于棚膜之上两根拱架中间，起压平、压实、绷紧棚膜的作用。压杆两端用铁丝与地锚相连，固定后埋入大棚两侧的土壤中。压杆可用细竹竿为材料，也可用8#铁丝、尼龙绳或塑料压膜线为材料。

（5）棚膜 这是覆盖在棚架上的塑料薄膜。棚膜可采用0.1~0.12mm厚的PVC膜或PE膜以及0.08~0.1mm的EVA膜，这些专用于覆盖塑料薄膜大棚的棚膜，其耐候性及其他性能均与非棚膜有一定差别。除了普通PVC膜和PE膜外，目前生产上多使用无滴膜、长寿膜、耐低温防老化膜等多功能膜作为覆盖材料。

（6）门窗 大棚两端各设供出入用的大门，门的大小要考虑作业方便，太小不利于进出；太大不利于保温。塑料薄膜大棚顶部可设出气天窗，两侧设进气侧窗，也就是通风口。

（7）天沟 连栋大棚应在两栋大棚连接处设立天沟。主要用于排除雨、雪、水。天沟多用水泥或薄铁皮制成落水槽。

2. 常见塑料大棚的结构类型

（1）单栋大棚 以竹木、混凝土构件、钢材及薄壁钢管等材料组装或焊接而成。一般棚高2~3m，宽8~15m，长30~60m，占地面积1亩左右。棚向以南北延长者居多，其特点是采光性好，但保温性较差，各地建造形式多种多样，有拱圆形或屋脊形两种，以拱圆形为多。根据骨架材料的不同，单栋大棚主要有以下几种。

① 竹木结构大棚。这种结构的大棚各地区不尽相同，但其主要参数和棚形基本一致。主要以竹木材料作支撑结构的塑料大棚，拱杆用竹竿或毛竹片，屋面纵向拉杆和室内柱用竹竿或圆木，跨度6~12m，长度30~60m，脊高1.8~2.5m。按棚宽（跨度）方向每2m设一立柱，立柱粗6~8cm，顶端形成拱形，拱架间距1m，并用纵拉杆连接。其优点是取材方便，造价较低，且容易建造；缺点是棚内立柱多，遮光严重，作业不方便，不便于在大棚内挂天幕保温，立柱基部易朽，抗风雪能力较差等。为减少棚内立柱，建造了"悬梁吊柱"形式竹木结构大棚，即在拉杆上设置小吊柱，用小吊柱代替部分立柱。小吊柱用20cm长、4cm粗的木杆，两端钻孔，穿过铁丝，下端拧在拉杆上，上端支撑拱杆，一般可使立柱减少

2/3，大大减少立柱形成的阴影，有利于光照，同时也便于作业（图1-13）。

② 钢架结构大棚。这种大棚的骨架是用钢筋或钢管焊接而成，其特点是坚固耐用，中间无柱或只有少量支柱，空间大，透光好，便于作物生育和人工作业，但一次性投入较大。大棚南北向延长，棚内无立柱，跨度8~10m，中高2.5~3m。骨架用水泥预制件或钢管及钢筋焊接而成，宽20~25cm。骨架的上弦用16mm的钢筋或25mm的钢管，下弦用10mm的钢筋，斜拉用6mm的钢筋。骨架间距1m。下弦处用5道12mm的钢筋作纵向拉杆，拉杆上用14mm的钢筋焊接两个斜向小支柱，支撑在骨架上，以防骨架扭曲。现在已在生产上广泛推广应用。

③ 混合结构大棚。棚形与竹木结构大棚相同，使用的材料有竹木、钢材、水泥构件等多种。这种结构的大棚是每隔3m左右设一平面钢筋拱架，用钢筋或钢管作为纵向拉杆，每隔约2m一道，将拱架连接在一起。在纵向拉杆上每隔1~1.2m焊一短的立柱，在短立柱顶上架设竹拱杆，与钢拱架相间排列。其他如棚膜、压杆及门窗等均与竹木结构大棚或钢筋结构大棚相同。其特点是用钢量少，棚内无柱，既可降低建造成本，又可改善作业条件，避免支柱的遮光，同时又较竹木大棚坚固、耐久、抗风雪能力强，在生产上应用较多。

④ 镀锌钢管装配式大棚。由工厂按照标准规格生产的组装式大棚，材料多采用热浸镀锌的薄壁钢管。一般跨度6~10m，高度2.5~3.0m，长20~60m，拱架间距50~60cm。所有部件用承插、螺钉、卡槽或弹簧卡具连接。用镀锌卡槽和钢丝弹簧压固棚膜，用手摇式卷膜机卷膜通风，保温幕保温，遮阳网遮阳和降温。这种大棚造价较高，但具有质量轻、强度好、耐锈蚀、易于安装拆卸、中间无柱、采光好、作业方便等特点，同时其结构规范、标准，可大批量生产，所以在经济条件允许的地区，可大面积推广应用。

(2) 连栋大棚 由两栋或两栋以上的拱圆形或屋脊形单栋大棚连接而成。其特点是棚体大，覆盖面积大，土地利用率高，棚温高而稳定，但连栋大棚往往因通风条件不良，而造成高温多湿的危害，且两栋连接处易漏水。

3. 塑料大棚的性能

(1) 大棚内的温度 大棚的热量主要来自太阳能，由于覆盖大棚的塑料薄膜具有易透过短波辐射而不易透过长波辐射的特性，棚内土壤白天吸收大量的短波辐射，而发出的长波辐射又被棚膜反射回来，使棚内的净辐射量高于露地。同时，大棚又是个半封闭系统，在密闭条件下，棚内空气与棚外空气很少交换。因此，晴天棚内温度迅速上升，而晚间也有一定的保温作用，这种效应称为"温室效应"。同时，地面热量也向地中传导，使土壤贮热。

① 棚温的日变化与季节变化。大棚内气温的日变化与外界基本相同，即白天气温高、夜间气温低，但比外界剧烈，在晴天或多云天气日出前出现最低温度的时间迟于露地，且持续时间短；日出后1~2h气温迅速升高，7时至10时气温回升最快，在不通风的情况下平均每小时升温5~8℃；每天最高温出现在12时至13时，比露地出现高温的时间要早，15时前后温度开始下降，平均每小时下降5℃左右，夜间下降缓慢，平均每小时降温1℃左右，到黎明前降至最低，但比外界气温高1~3℃。说明大棚内仍存在低温霜冻和高温危害的危险。

塑料大棚在夜间有时会出现棚温低于外界温度的"逆温现象"。据介绍，这种现象多发生在晴天的夜晚，由于大气的"温室效应"所致。晴天，大气逆辐射使近地面的空气层增温，而大棚内由于塑料薄膜的阻隔，使大气逆辐射热无法进入棚内，而棚内的热量却大量向外界散失，造成了棚温低于外界温度的逆温现象。

在北方地区，大棚内存在着明显的季节性变化。大棚内气温的季节变化规律和露地相同。

②棚内温度的分布。大棚内的不同部位由于受外界环境条件的影响不同,因此存在着一定的温差,一般白天大棚南、中部气温偏高,北部偏低,相差约2.5℃。夜间大棚中部略高,南北两侧偏低。在放风时,放风口附近温度较低,中部较高。在没有作物时,地面附近温度较高;在有作物时,上层温度较高,地面附近温度较低。

③棚内的地温。棚内地温也存在着明显的日变化和季节变化,与气温相似,但滞后于气温。从地温的日变化看,晴天上午太阳出来后,地表温度迅速升高,14时左右达到最高值,15时温度开始下降。随着土层深度的增加,日最高地温出现的时间逐渐延后,一般距地表5cm深处的日最高地温出现在15时左右,距地表10cm深处的日最高地温出现在17时左右,而距地表20cm以下深层土壤温度的日变化则很小。从地温的分布看,大棚周边的地温低于中部地温,而且地表的温度变化大于地中温度变化,随着土层深度的增加,地温的变化越来越小。从大棚内地温的季节变化看,在4月中下旬的增温效果最大;夏、秋季因有作物遮光,棚内外地温基本相等或棚内温度稍低于露地1~3℃,秋、冬季节则棚内地温又略高于露地2~3℃。

(2) 大棚内的湿度 由于塑料薄膜覆盖,大棚内空气的绝对湿度和相对湿度均显著高于露地,通常大棚内的空气绝对湿度随着棚内温度的升高而增加,随着温度的降低而减小;而相对湿度则是随着棚内温度的降低而升高,随着温度的升高而降低。大棚内的空气湿度也存在着季节变化和日变化,早晨日出前棚内相对湿度达100%,随着日出后棚内温度的升高,空气相对湿度逐渐下降,12时至13时为一天内空气相对湿度最低的时刻,在密闭的大棚内达70%~80%,在通风条件下,可降到50%~60%;午后随着气温逐渐降低,空气相对湿度又逐渐增加,午夜可达100%。大棚内的绝对湿度则是随着午前温度的逐渐升高,棚内蒸发和作物蒸腾的增大而逐渐增加,在密闭条件下,中午达到最大值,随后逐渐降低,早晨降至最低。从大棚湿度的季节性变化看,一年中大棚内空气相对湿度以早春和晚秋最高,夏季空气相对湿度低。

(3) 大棚内的光照 大棚内的光照强度与薄膜的透光率、太阳高度、天气状况、覆盖方式、大棚方位及大棚结构等有关,同时大棚内光照也存在季节变化和光照不均的现象。

①光照的季节变化。由于不同季节的太阳高度角不同,因此大棚内的光照强度和透光率也不同。一般南北延长(东西朝向)的大棚,其光照强度由冬→春→夏的变化是不断增强,透光率也不断提高;而随着季节由夏→秋→冬,其棚内光照则不断减弱,透光率也降低。

②大棚方位和结构与光照。大棚方位不同,太阳直射光线的入射角也不同,因此透光率不同。一般东西延长的大棚比南北延长的大棚的透光率要略高,但南北延长的大棚与东西延长的大棚相比,在光照分布方面南北延长的大棚要均匀。

大棚的结构不同,其骨架材料的截面积不同,因此形成阴影的遮光程度也不同,一般大棚骨架的遮光率达5%~8%。从大棚内光照来考虑,应尽量采用坚固而截面积小的材料做骨架,以尽可能减少遮光。

③透明覆盖材料与光照。不同透明覆盖材料的透光率不同,而且由于不同透明覆盖材料的耐老化性、无滴性、防尘性不同,使用后的透光率也有很大差别。目前生产上使用的PVC膜、PE膜、EVA膜等薄膜,无水滴并清洁时的可见光透光率均在90%左右,但使用后透光率衰减很快,尤其是PVC膜,防尘性差,透光率下降更快。

④大棚内的光照分布。大棚内的光照存在垂直变化和水平变化。从垂直方向看,上部

照度强，下部照度弱，棚架越高，下层的光照强度越弱。水平方向看，南北延长的大棚棚内的水平照度比较均匀，水平光差一般只有1%左右，但东西延长的大棚，不如南北延长的大棚光照均匀。

(4) 大棚内的气体

① 有益气体。大棚中对植物生长的有益气体主要指的是植物光合作用的重要原料CO_2，大气中的CO_2平均浓度大约为$300\mu l/L(0.65g/m^3)$，而白天植物光合作用吸收量为$4\sim5g/(m^2\cdot h)$，因此在无风或风力较小的情况下，植物群体内部的CO_2浓度常常低于平均浓度，特别是在半封闭的系统内，如果不进行通风换气或增施CO_2，就会使植物处于长期的饥饿状态，从而严重影响植物的光合作用和生长发育。

大棚内CO_2的浓度分布不均匀，白天气体交换率低且光照强的部位，CO_2浓度低；但夜间或光照很弱的时刻，由于植物和土壤呼吸作用释放CO_2，植物群体内部气体交换率低的区域CO_2浓度高。一般而言，中午时刻，植物群体进行旺盛的光合作用，消耗大量的CO_2，密闭条件下，群体内CO_2的浓度最低；日出通风前，植物群体不进行光合作用，植物和土壤呼吸释放的CO_2使设施内的CO_2浓度达最大值。

② 有害气体。由于塑料大棚是半封闭系统，如果施肥不当或使用的覆盖材料不合格，就会释放有毒气体。大棚中常见的有害气体主要有NH_3、NO_2、C_2H_4、Cl_2等，其中NH_3、NO_2气体产生的主要原因是一次性使用大量的有机肥、铵态氮肥或尿素，尤其是土壤表面施用大量的未腐熟有机肥或尿素；而C_2H_4、Cl_2主要是从不合格的农用塑料制品中挥发出来的。

4. 塑料大棚的建造

(1) 竹木结构大棚

① 埋立柱。立柱分中柱、侧柱、边柱三种。选直径4~6cm的圆木或方木为柱材。立柱基部可用砖、石或混凝土墩，也可用木柱直接插入土中30~40cm。上端锯成"U"形或"V"形缺刻，缺刻下钻孔，用于固定棚架。立柱下端成十字形定两个横木，以固定立柱防风拔起。埋入地下的部分最好用熔化的沥青处理一下，增强其耐腐性。以南北延长的大棚为例，东西跨度一般是10~14m，两排相距1.5~2.0m，边柱距棚边1m左右，同一排柱间距离为1.0~1.2m，棚长根据大棚面积需要和地形灵活确定。施工时，先按设计要求在地面上确定埋柱位置，然后挖35~40cm深的坑，坑底应设基石，以防柱下沉。要先埋中柱，再埋侧柱和边柱，根据立柱的承受能力埋南北向立柱4~5道，东西向为一排，每排间隔3~5m。柱子的高度要不断调整。

② 上拱杆。把立柱埋好后，把拱杆放入立柱上端"V"形槽内，具体绑法如图1-14所示，通过事先在立柱上钻好的孔，用铁丝固定牢固，立柱和拱杆都是木杆的情况下，也可以用锔钉在拱杆与立柱连接处固定。固定好后，用布条或湿稻草绳将连接的部位缠好，以防止有棱角的部位刺破或磨坏棚膜。拱杆的两端要埋入事先挖好的30~50cm深的坑里，拱杆、立柱组合好后，横向都应在一个平面上，并与地面垂直。每一组拱架高低大小应相同，这就要求立柱高度一致，

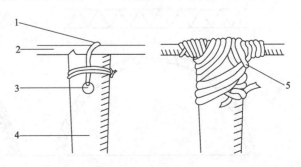

图1-14 大棚立柱拱杆连接处示意图
1—铁丝；2—拱杆；3—钻孔；4—支柱；5—缠布或湿稻草

拱杆所形成圆拱的形状、大小要相同。

③ 绑拉杆。纵拉杆一般采用直径5~6cm、长2~3cm的竹竿或木杆，绑在距立柱顶端20~30cm处，通过事先钻好的孔，用铁丝把拉杆与立柱固定牢固即可。也可以不钻孔，利用8#铁丝，采用建筑上绑脚手架的方法，使之与立柱垂直交叉固定，但一定要绑牢，否则将上下滑动。

④ 扣棚膜。薄膜幅宽不足时，可用电熨斗加热黏接。为了以后放风方便，也可将棚膜分成三四大块，相互搭接在一起（重叠处宽要大于20cm，每块棚膜边缘烙成筒状，内可穿绳），以便从接缝处扒开缝隙放风。接缝位置通常是在棚顶部及两侧距地面约1m处。若大棚宽度小于10m，顶部可不留通风口；若大于10m，难以靠侧风口对流通风，就需在棚顶设通风口。扣膜时应选晴朗无风天气一次扣完。薄膜要拉紧、拉正，不出皱褶，棚四周塑料薄膜埋入土中约30cm左右并踩实。

⑤ 上压膜线。扣膜后，用专用压膜线、木杆、竹竿或8#铁丝于两排拱架间压紧棚膜，两端固定在地锚上。地锚用砖或石块做成，上面绑一根8#铁丝，埋在距离大棚两侧0.5cm处，埋深40cm左右。目前有专用的塑料压膜线，截面为宽约1cm，厚2~3cm的扁平形的塑料带状长条，内镶有细钢丝和尼龙丝，即柔韧又结实，压在大棚上面，与棚膜贴得牢，还不易损坏棚膜，是最理想的大棚压线，特别是用在钢架大棚上更加理想。

⑥ 安门窗。大棚在扣棚时将门窗都先扣在里面，将要使用前，才在棚门处将大棚膜按"丁"字形剪开，分别固定在两侧和上方的门框上，这称为"开棚门"。

(2) 混合结构大棚 大棚立柱全部用含钢筋的水泥预制柱代替，但拱杆仍是竹竿，骨架比纯竹木结构大棚坚固、耐久、抗风雪能力强，一般可用5年以上。一般棚长40m以上，宽12~16m，棚高2.2m左右。水泥预制立柱，柱体断面为10cm×8cm，顶端制成凹形，以便承担拱架。立柱对称或不对称排列，两排柱间距3m，中柱总长2.6m，腰柱2.2m，边柱1.7m，分别埋入土中40cm。钢筋焊成的单片花梁，上弦用直径8mm钢筋，下弦及中间的拉花用直径6mm钢筋，中间拉花焊成直角三角形。花梁上部每隔1m焊接1个用钢筋弯成的马鞍形的拱杆支架，高15cm。

(3) 钢架无柱大棚 因骨架结构不同可分为单梁拱架、双梁平面拱架、三角架（由三根钢筋组成）拱架三种。通常大棚跨度10~15m，高2.5~3.0m，长50~60m，单栋面积多为1亩。

钢架大棚的拱架多用直径12~16mm圆钢或直径相当的金属管材为材料；双梁平面拱架由上弦、下弦及中间的拉花连成桁架结构；三角形拱架则由三根钢筋及拉花连成桁架结构（图1-15）。这类大棚的特点是强度大，钢性好，耐用年限可长达10年以上；缺点是用钢材

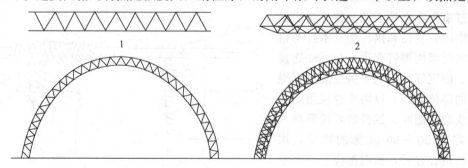

图1-15 钢架单栋大棚的桁架结构
1—平面拱架；2—三角拱架

较多，成本较高。钢架大棚需注意维修、保养，每隔2～3年应涂防锈漆，防止锈蚀。

平面拱架大棚是用钢筋焊成的拱形桁架，棚内无立柱，跨度一般在10～12m，脊高2.5～3.0m，每隔1.0～1.2m设一拱形桁架，桁架上弦用直径14～16mm钢筋、下弦用直径12～14mm钢筋、其间用直径10mm或8mm钢筋做拉花连接。上弦与下弦之间的距离在最高点的脊部为25～30mm，两个拱脚处逐渐缩小为15cm左右，桁架底脚最好焊接一块带孔钢板，以便与基础上的预埋螺栓相互连接。拱架横向每隔2m用一根纵向拉杆相连，拉杆与平面桁架下弦焊接，将拱架连为一体。在拱架与桁架的连接处，应自上弦向下弦上的拉梁处焊一根小斜撑，以防桁架扭曲变形，其结构如图1-16所示。单栋钢骨架大棚扣塑料棚膜及固定方式与竹木结构大棚相同。大棚两端也有门，同时也应有天窗和侧窗通风。

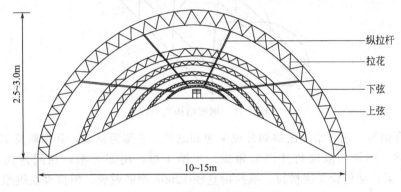

图1-16　钢筋桁架大棚示意图

5. 塑料大棚的应用

塑料大棚在园艺作物的生产中应用非常普遍。

（1）育苗　应用塑料大棚可进行早春果菜类蔬菜育苗、花卉和果树的育苗。

（2）蔬菜栽培　应用大棚可进行蔬菜春季早熟栽培，在早春利用温室育苗，大棚定植，一般果菜类蔬菜可比露地提早上市20～40d；进行果菜类蔬菜秋季延后栽培，一般可使果菜类蔬菜采收期延后20～30d；在气候冷凉的地区还可以采取春到秋的越夏栽培。

（3）花卉、某些果树栽培　可利用大棚进行各种草花、盆花和切花栽培。也可利用大棚进行草莓、葡萄、樱桃、猕猴桃、柑橘、桃等果树栽培。

（二）中棚

中棚的面积和空间比大棚小，是小棚和大棚的中间类型，中棚由于跨度较小，高度也不很高，可以加盖防寒覆盖物，这样可以大大提高其防寒保温能力。常用的中棚为拱圆形结构。

1. 拱圆形中棚的结构

拱圆形中棚的跨度一般为3～6m，在跨度6m时，以高度2.0～2.3m、肩高1.1～1.5m为宜；在跨度4.5m时，以高度1.7～1.8m、肩高1.0m为宜；在跨度3.0m时，以高度1.5m、肩高0.8m为宜；长度可根据需要及地块长度确定。另外，可根据中棚跨度的大小和拱架材料的强度，来确定是否需要设立柱。用竹木或钢筋做骨架时，需设立柱；而用钢管作拱架则不需设立柱。

（1）竹木结构　棚架所采用的材料与大棚相同，只是规格适当变小。按棚的宽度将拱架插入土中25～30cm深。拱架间距1m左右，各拱架间用拉杆相连，共设置三道，绑在拱架的下面，每隔两道拱架用立柱或斜支棍支撑在横拉杆上。

(2) 钢架结构 跨度较小的钢骨架中棚，两侧棚肩部以下直立，上部拱圆形；跨度较大的可以仿钢架大棚。材料用钢筋或管材均可，拱圆部分用桁架结构或双弦结构均可。如果做成每三个拱架一组（图1-17），使用时可以对齐排列，根据需要确定长度，不用时就撤掉，非常有利于整地和换茬。

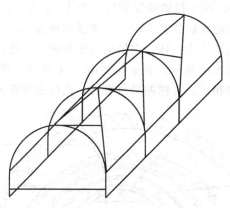

图1-17 钢架结构式中棚

(3) 混合结构 混合结构的拱架分成主架和副架。主架为钢架，其用料及制作与钢架结构的主架相同，副架用双层竹片绑紧做成。主架1根，副架2根，相间排列。拱架间距0.8~1.0m，混合结构设3道横拉。横拉用直径12mm钢筋做成。横拉设在拱架中间及其两侧部分1/2处，在钢架主架下弦焊接，竹片副架设小木棒与横拉杆连接，其他均与钢架结构相同。

2. 中棚的性能与应用

中棚的性能介于小棚与大棚之间，强于小棚，由于空间小，热容量少，晴天日出后温度上升特别快，夜间或阴天温度下降也快，保温效果不如大棚，但覆盖草苫后保温效果强于大棚。

中棚可用于果菜类蔬菜及草莓和瓜类的春提前及秋延后生产或用于育苗及分苗。

（三）小拱棚

塑料小棚是全国各地应用最普遍、面积最大的简易保护设施。小棚取材方便，成本低，操作简单，保温降温效果好，适用于短期园艺植物栽培及育苗。

1. 小拱棚的结构与类型

(1) 拱圆小棚 这是生产上应用最多的类型，多应用于北方。主要采用毛竹片、竹竿、荆条或直径为6~8mm的钢筋或薄壁型钢管等材料，弯成宽1~3m，高1m左右的弓形骨架，各骨架之间用竹竿或8#铁丝将每个拱架连在一起，上覆盖0.05~0.10mm厚聚氯乙烯膜或聚乙烯膜，外用压杆或压膜线等固定薄膜而成。东西延长小棚可在北侧加设风障，成为风障拱棚。

(2) 半拱圆小棚 棚架为拱圆形小棚的一半，北面为1m左右高的土墙或砖墙，南面为半拱圆的棚面。棚的高度为1.1~1.3m，跨度为2.0~2.5m，一般无立柱，跨度大时中间可设1~2排立柱，以支撑棚面及负荷草苫。防风口设在棚的南面腰部，采用扒缝放风，棚的方向以东西延长为宜，有利于采光。由于这种小拱棚一侧直立，使棚内的空间较大，利于秧苗的生长。

(3) 双斜面小棚 棚面呈屋脊形或三角形，适用于风少多雨的南方，因为双斜面不易积雨水，一般棚宽2m，棚高1.5m，可以平地覆盖，也可以做成畦框后再覆盖。棚向东西延长或南北延长均可，一般中央设一排立柱，柱顶拉紧一道8♯铁丝，两边覆盖薄膜即成。小拱棚的类型见图1-18。

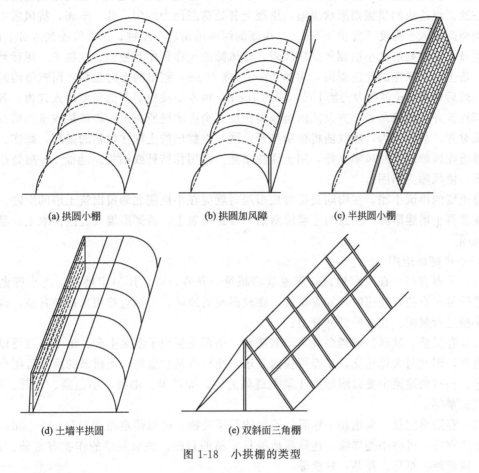

(a) 拱圆小棚　　　　(b) 拱圆加风障　　　　(c) 半拱圆小棚

(d) 土墙半拱圆　　　(e) 双斜面三角棚

图1-18　小拱棚的类型

2. 小拱棚的性能

（1）温度　小棚的热量来自太阳光，所以棚内的气温随外界气温的变化而改变，并受薄膜特性、拱棚类型以及是否有外覆盖的影响。其温度的变化规律与大棚基本相似，由于小棚的空间小，缓冲力弱，在没有外覆盖的条件下，温度变化较大棚剧烈。晴天时增温效果显著，阴雨雪天增温效果差，单层覆盖条件下，小棚的增温能力一般只有3~6℃，晴天最大增温能力可达15~20℃，在阴天、傍晚或夜间没有光热时，棚内最低温度仅比露地高1~3℃，遇寒潮极易产生霜冻。冬春用于生产的小棚必须加盖草苫等防寒保温物。

（2）湿度　小棚覆盖薄膜后，由于塑料薄膜的气密性较强，因此，在密闭的情况下，地面蒸发和植物蒸腾所散失的水汽不能逸出棚外，造成棚内高湿，一般棚内空气相对湿度可达70%~100%，白天通风时，棚内相对湿度可保持在40%~60%，比露地高20%左右。棚内的相对湿度变化随外界天气的变化而变化，通常晴天湿度降低，阴雨雪天湿度升高；白天湿度低，夜间湿度高。

（3）光照　小拱棚的光照情况与薄膜的种类、新旧、水滴的有无、清洁程度以及棚型结构等有较大的关系，并且不同部位的光量分布也不同，一般上层的光强比下层为高，距地面40cm左右处差异比较明显，近地面处差异不大。水平方向的受光，南面大于北面，相差7%左右。

3. 小拱棚的建造

拱圆小拱棚建造时，将拱架所用的竹竿、竹片、紫穗槐条等备好。要求拱架材料长短、粗细一致，建造成的拱棚则形状规整；拱棚上各处荷载能力均匀一致，牢固，抗风雪雨能力强。拱架两端入土深度不宜少于20cm。在棚的两侧吊角埋小木桩，压膜线拴到木桩上即可。

风障小拱棚则应在小拱棚北侧建风障。建风障的操作程序是刨沟、立桩子、埋秫秸、披草栅、培土。在拱棚的北侧刨沟，沟深30cm、宽40cm，刨出的土向北翻，用锨将沟的南壁切齐。然后每隔2m多在沟内刨1穴，深约15cm，将木桩按所需要的角度埋入穴内，各木桩必须调理整齐。风障是否整齐及其向南倾斜角度完全由木桩所决定。将秫秸或玉米秸自下部铡齐或对齐，放入沟内，随放随将秫秸摊开，同时将翻出的土埋住秫秸的基部，踩实。将编好的草栅在风障北部贴风障立好，用土埋住基部。再用秫秸秆或细棍距地面1m高处相对夹住风障，使风障更牢固。

有土墙的拱圆小棚，在田间安排种植布局时就应在小拱棚北侧留出筑土墙的空畦。筑畦时应注意将土墙建牢固。注意与土墙墙基隔一段距离取土，否则距墙太近挖沟取土，易使墙体不稳固。

4. 小拱棚的应用

(1) 早春育苗　在高寒地区，露地栽培蔬菜、花卉，可以用温室播种，用小棚做移苗床，进行早春育苗，使用时须加盖草苫。在较温暖的地区，可以直接用来播种育苗，也可以利用小棚进行果树、花卉的扦插育苗。

(2) 春提前、秋延后或越冬栽培耐寒蔬菜　小棚主要用于蔬菜生产，由于小棚可以覆盖草苫防寒，因此与大棚相比，早春可提前栽培，晚秋可延后栽培，而耐寒的蔬菜可用小棚保护越冬。种植的蔬菜主要以耐寒的叶菜类蔬菜为主，如芹菜、油菜、小白菜、青蒜、香菜、菠菜及韭菜等。

(3) 春提早定植　露地扣小棚后，不加防寒覆盖物，可以使定植期提早15~20d，待露地温度适宜后，可将小棚移除，达到露地提早定植的目的。主要栽培的作物有番茄、青椒、茄子、西葫芦、草莓、芹菜、甘蓝等。

第三节　温　室

温室是以采光覆盖材料作为全部或部分围护结构材料，可在冬季或其他不适宜露地作物生长的季节保证作物能正常生长发育，用来栽培园艺作物的设施。

我国现阶段的温室主要是各种日光温室和现代连栋温室，日光温室为我国所特有，它具备充分利用太阳光热资源、节约燃煤、减少环境污染等特点。到目前已经研制出了第五代节能型日光温室。由农业部联合有关部门试验推广的新一代节能型日光温室，每年每公顷可节约燃煤约300t。采用玻璃、PC板、单层薄膜或双层充气薄膜为覆盖材料的大型现代化连栋温室，具有环境控制自动化程度高、便于机械化操作和土地利用率高等特点，自20世纪90年代中期以来呈现出迅猛发展之势。

一、温室的类型

我国温室类型较多，可按不同分类依据进行分类，下面介绍几种常见的分类法。

1. 依据温室的热量来源分类

(1) 日光温室　不配备采暖设施。日光温室又分为简易日光温室、冬暖型日光温室、

(2) 加温温室 指配备采暖设施，冬季室内温度始终保持在10℃以上的温室。加温温室按照温室透明层面划分为单屋面温室、双屋面温室、连接屋面温室等。其中，单屋面温室又分为一面坡温室、立窗式温室、二折式温室、三折式温室、半拱圆型温室；双屋面温室又分为等屋面温室、不等屋面温室、拱圆屋面温室；连接屋面温室又分为等屋面连栋温室、不等屋面连栋温室、拱圆屋面连栋温室等。

2. 依据温室内的温度分类

(1) 冷室 室内温度冬季一般保持在0~15℃，主要用于种植和贮藏温带以及原产本地区而作为盆景的植物。

(2) 低温温室 室内温度冬季一般保持在5~20℃，主要用于种植原产亚热带和温带地区的植物。

(3) 中温温室 室内温度冬季一般保持在12~25℃，主要用于种植原产热带与亚热带连接地带和热带高原的植物。

(4) 高温温室 室内温度冬季一般保持在18~36℃，主要用于种植原产热带雨林、热带沙漠地区的植物。

3. 依据温室透光覆盖材料分类

(1) 塑料温室 塑料温室可进一步分为塑料薄膜温室和硬质板塑料温室。

(2) 玻璃温室 玻璃温室可进一步分为单层玻璃温室、双层玻璃温室。

4. 依据主体结构建筑材料分类

(1) 竹木钢筋混凝土结构温室 以毛竹、圆木、混凝土等材料做温室屋面梁或室内柱等承力结构的温室。

(2) 钢筋混凝土温室 用钢筋混凝土构件做温室屋面承力结构的温室。

(3) 钢结构温室 以钢筋、钢管、钢板或型钢等钢结构材料做温室主体承力结构的温室。

(4) 铝合金温室 全部承力结构均由铝合金型材制成的温室。

5. 依据温室是否连跨分类

(1) 单栋温室 仅有1跨的温室，又称单跨温室。

(2) 连栋温室 2跨及2跨以上，通过天沟连接起来的温室，现代化生产温室都是连栋温室。

6. 其他

按照温室屋面形式划分："人"字屋面温室、拱圆顶温室、锯齿形温室、平屋顶温室、造型屋面温室。按温室的功能和用途不同可分为：种植型温室（如花卉温室、蔬菜温室、果树温室、育苗温室等）、生态型温室、科研型温室、庭院型温室以及养殖型温室等。

二、日光温室

日光温室是一种我国特有的保护地类型，指以透明覆盖材料为南坡面，东、西、北三面为围护墙体，靠最大幅度采光升温和最小限度的散热，从而达到充分利用太阳光能，降低不利环境危害的园艺设施。多数日光温室其透明覆盖材料为塑料薄膜并且是单屋面温室，有着保温好、投资低、节约能源的优点，非常适合我国农业经济特点，在我国发展十分迅速。

1. 日光温室的基本结构

日光温室建筑主体结构由墙体、后屋面和前屋面三部分组成。

(1) 墙体 日光温室通常采用坐北朝南，东西延长，由东、西、北三面筑墙构成温室的墙体。温室东、西两侧的墙体称山墙，北面连接山墙起主要支撑作用的墙体称为后墙。

(2) 后屋面　在后墙之上与水平面成一定角度，由不透明材料建成的部分称为后屋面，也叫后坡。

(3) 前屋面　位于温室南面由骨架材料构成支撑透明覆盖物形成的棚面称为前屋面。

除以上主体结构外，由于温室结构需要还可设置起支撑作用的立柱、横梁和东西设置对骨架起横向稳定支撑作用的拉杆（线）。有些温室在一端或中央还设有起缓冲作用的小房，称作业间或缓冲间。

2. 日光温室的主要类型

不同地区日光温室有不同的结构样式，全国各地区名称也不尽相同。依前屋面的结构形状可分为一斜一立式日光温室和半拱圆型日光温室两大类型。

(1) 一斜一立式日光温室　一斜一立式温室是由早期一斜一立式玻璃温室演变而来，墙体和后屋面与半拱圆型日光温室无任何区别，只是前屋面较平直。最初在辽宁省瓦房店市发展起来，现在已辐射到山东、河北、河南等地区。

① 传统一斜一立式日光温室。温室后墙高2m，后坡长1m，跨度7m左右，前立窗高80~90cm。前屋面用竹竿做骨架，间距80cm，有1道横梁支撑，前屋面设立柱支撑（图1-19）。此类温室采光角度小，升温慢，保温效果一般。温室空间较大，弱光带较小，在北纬40°以南地区应用效果较好。

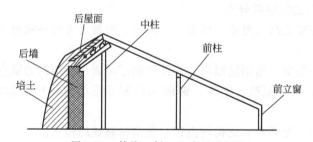

图1-19　传统一斜一立式日光温室

② 琴弦式日光温室。在传统一斜一立式日光温室基础上进行改进而来，后墙高1.8~2m，后坡长1.2~1.5m，跨度7m。前屋面每隔3m设一钢管桁架，在桁架上东西横拉8#铁丝，铁丝间距30~40cm，两端固定在山墙外地锚上，铁丝与桁架相交处均固定，用2.5cm粗的竹竿做骨架，间距75cm，用细铁丝固定在8#铁丝上。覆盖棚膜后在骨架上压细竹竿，并用细铁丝固定（图1-20）。由于前屋面取消立柱和横梁，减少遮光，故采光性能好，作业方便。其缺点是前屋面南底角低矮，棚面起固定棚膜作用的细铁丝对棚膜破坏较大。

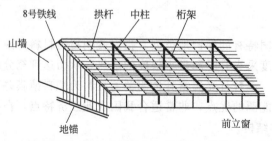

图1-20　琴弦式日光温室

(2) 半拱圆型日光温室　前屋面为四分之一圆形、四分之一椭圆形、抛物线形的日光温室称半拱圆型日光温室。这种温室的透光面为多种倾角，所以室内采光好、增温快。如果做好夜间保温，在我国的华北至东北的一些地区，都可以实现越冬生产。另外，由于以塑料薄膜代替玻璃作为透光材料，其结构简单、建造方便、造价低廉、易于维修，目前已成为我国日光温室的主要形式。按照后墙的高矮和有无又可以分成以下几种类型。

① 矮后墙长后坡日光温室。这是一种早期日光温室类型。此类温室后墙高度1m左右，后坡长2m以上，跨度6m左右；后墙以土筑，后坡为草泥的复合结构，设置立柱支撑骨架（图1-21）。优点是冬季由于阳光可直射后墙、后坡，受光、蓄热多，夜间保温效果好；缺点是春季种植作物，后坡遮光面积大，土地利用率低。

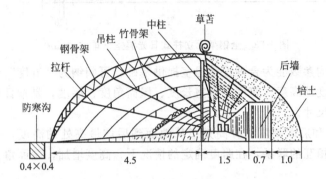

图1-21　矮后墙长后坡日光温室（单位：m）

② 高后墙短后坡日光温室。这是生产中主要的温室类型，在矮后墙长后坡日光温室基础上发展而来。后墙高2m左右，后坡长1～1.5m，跨度5～7m（图1-22）。此类温室加高了后墙，缩短了后坡，增加了采光面积和空间，提高了土壤利用率，日间增温效果好。但夜间散热面积增大，对夜间保温需求增高。

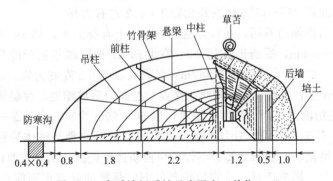

图1-22　高后墙短后坡日光温室（单位：m）

③ 全钢架无立柱式日光温室。它属于高后墙短后坡日光温室，改进了建筑材料，优化了棚体结构。以钢骨架代替竹木结构、钢竹混合结构，无立柱，后墙为空心墙内填保温材料的复合墙体（图1-23）。温室结构坚固耐用，采光好，利于通风，增加了保温能力，能很好满足园艺作物生长需求。此类温室在我国新建日光温室中的比例逐步提高。

半拱圆型日光温室除以上三种类型以外，还出现过只有后墙和山墙无后屋面的高后墙无后坡日光温室。这种温室多采用土墙和竹木架构，节约建筑材料，减少了造价，但冬季夜间保温困难。

3. 日光温室的结构参数

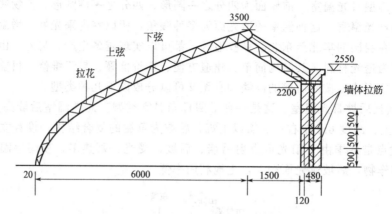

图 1-23　全钢架无立柱式日光温室（单位：mm）

日光温室的结构参数能为合理设计温室提供基础，可归纳为"五度"、"三材"。

(1) 五度　五度即高度、跨度、温室长度、屋面角度、厚度，是指日光温室主体结构各关键位置的大小、尺寸。

① 高度即脊高和后墙高度。脊高是指从地面到后坡最高处的高度，一般要达到 3m 左右。脊高与跨度有相互的联系，在跨度确定的情况下，高度增加，屋面角度也增加，从而提高了采光效果。

② 跨度是指温室后墙内侧到前屋面南底脚的距离，以 6～7m 为宜。这样的跨度，配之以一定的屋脊高度，既可保证前屋面有较大的采光角度，又可使作物有较大的生长空间，便于覆盖保温，也便于选择建筑材料。温室高度一定前提下，如果加大跨度，虽然栽培空间加大了，但屋面角度变小，这势必造成采光不好，并且前屋面加大，不利于覆盖保温，保温效果差，建筑材料投资又大，生产效果不好。高度与跨度的比例决定温室前屋面角的大小，要达到合理屋面角，北纬 35°～45°地区高跨比以 1:2.2 左右为好。

近年来根据栽培作物的不同，在日光温室的跨度上有所加大，如 8m 跨度的温室，但应把脊高提高到 3.4～3.8m，后墙提高到 2m。在北纬 40°地区越冬生产的日光温室，跨度为 6m，其脊高以 2.5～2.8m 为宜；跨度为 7m，其脊高以 3.0m 左右为宜。后墙的高度为保证作业方便，以 1.8m 左右为宜，过低则影响作业，过高时后坡缩短，保温效果下降。

③ 温室长度是指温室东西山墙间的距离，以 50～60m 为宜，也就是一栋温室净栽培面积为 350m² 左右，利于一个强壮劳力操作。过长的温室影响骨架整体的稳定性，也不利于田间栽培管理和环境调控。如果太短，不仅单位面积造价提高，而且东西两山墙遮阳面积与温室面积的比例增大，影响产量，故在特殊条件下，最短的温室也不能小于 30m 长。但过长的温室往往室内环境因子不易控制一致，并且每天揭盖草苫占时较长，不能保证室内有充足的日照时数。另外，在连阴天过后，也不易迅速揭开保温覆盖材料，所以最长的温室也不宜超过 100m。

④ 屋面角度包括前、后屋面角度。前、后屋面角决定了温室采光和蓄热的性能，日光温室采光要求其充分利用太阳的辐射热能，提高日光温室内的温度。通过光照在不同季节太阳高度角随地理纬度变化这一原理，确定日光温室前屋面角的设计。前屋面要使冬春阳光能最大限度地进入棚内，一般为当地地理纬度减少 6.5°左右，如我国华北地区平均屋面角度要达到 25°以上；后屋面仰角是指后坡内侧与地平面的夹角，要达到 35°～40°，后屋面角度的确定是要求冬、春季节阳光能射到后墙，使后墙受热后储蓄热量，以便晚间向温室内散热。

⑤ 厚度包括三方面的内容：即后墙、后坡和覆盖材料的厚度。厚度的大小主要决定保温性能。后墙的厚度根据地区和用材不同而有不同要求，除砖结构夹心墙外，一般厚度要达到当地冻土层深度。在黄淮区土墙应达到80cm以上，东北地区应达到1.5m以上；砖结构的空心异质材料墙体厚度应达到50~80cm，才能起到吸热、蓄热、防寒的作用。后坡为草坡的厚度，要达到40~50cm，对预制混凝土后坡，要在内侧或外侧加25~30cm厚的保温层。覆盖材料的厚度要达到草帘厚4~5cm左右，保温被2~3cm，总计6~8cm，即每平方米1kg左右的保温覆盖材料。

(2) 三材　三材具体是指日光温室的建筑材料、透明覆盖材料和保温材料。如何合理选择三材对温室的性能和造价有决定性的影响。

① 建筑材料主要因投资大小而定，投资大时可选用耐久的钢结构、水泥结构，投资小时可采用竹木结构。不论采用何种建材，主要考虑有一定的牢固和保温性能。

② 透明覆盖材料指前屋面采用的透明覆盖材料，主要是玻璃和塑料薄膜。塑料薄膜主要有聚乙烯、聚氯乙烯和乙烯-醋酸乙烯共聚膜。塑料薄膜品质优劣可以从透光性、耐老化性、流滴性、保温性上进行比较。

③ 保温材料可用于墙体保温、后坡保温和前屋面保温。墙体除土墙外，还可采用复合墙体或空心墙，复合墙体在砖石结构基础上，内部填充保温材料，如煤渣、锯末、苯板、秸秆等以增加保温蓄热性能。后坡也可采用复合结构，如厚木板+厚稻草垫+厚炉渣+厚水泥砂浆封顶。前屋面主要以草苫和保温被进行保温，近年发展的覆盖物还有无纺布、PE高发泡软片等。

跨度7.5m，脊高3.5m，长90m，面积约为667m² 钢管架无柱日光温室"三材"的用量见表1-9。

表1-9　钢管架无柱温室用料表

材料名称	规　格	数量	单位	用　途
镀锌管	2.7cm×9.5m	105	根	骨架上弦
钢筋	φ12cm×9m	105	根	骨架下弦
钢筋	φ10cm×10m	105	根	拉花
钢筋	φ10cm×90m	3	根	顶梁筋
钢筋	φ5.5cm×0.35m	210	根	箍筋
钢筋	φ14cm×90m	2	根	横向拉筋
槽钢	90m(5cm×5cm×5cm)	1	根	顶部拉筋
角钢	90m(5cm×5cm×4mm)	2	根	顶梁、地梁预埋
红砖	24cm×11.5cm×5.3cm	600000	块	墙体
水泥	325#	15	t	砂浆
砂子	—	40	m³	砂浆
毛石	—	35	m³	基础
碎石	2.3	8	m³	打梁
苯板	200cm×100cm×5cm	30	m³	保温
白灰	袋装	0.5	t	墙面
木材	—	4	m³	门窗、后坡等
沥青	—	1.5	t	防水
油毡	—	20	捆	防水
薄膜	—	70	kg	覆盖前屋面
草帘	800cm×150cm×5cm	110	块	夜间保温
压膜线	塑料压膜线	15	kg	压膜

注：吴国兴．保护地设施类型与建造．北京：金盾出版社，2001．

4. 日光温室的建造

日光温室使用时间较长，一般为 3~8 年，所以在规划、设计、建造时都要在安全牢固的基础上实施，并达到一定的技术要求，要负荷一定的雪压、风压等。

(1) 场地的选择

① 地形开阔、坡向朝阳、日照充足。日光温室的前面要无高大建筑物、树木、山峰，以免遮荫。开阔的地形不易滞风和窝风，有利于污浊空气的扩散；坡向朝阳，指南坡、东南坡、西南坡，这三个坡向可保证温室能获得充足的太阳直射辐射光，保证温室冬季室温并使作物获得充足的光照。这里要注意，不仅仅是障碍物的阴影不能遮住温室或其一部分，温室周围 5m 以内的土壤最好也不被遮荫，以防止土温过低加速温室内土壤向外的热传导。

② 避开风口。在峡谷、通道、山川等山口风道，当气流穿越这些地貌时便加大了风力。在这些地区不宜建造温室，这些地区风力强，易发生风灾会直接破坏温室，也会使贯流放热量加大，消耗更多能源。有条件时可以利用已有地形，如将温室建在北面有高大建筑或山峰、防风林、丘陵等的地区。

③ 土层深厚，地下水位低。如果采用无土栽培技术，对土壤可不作严格要求。若温室采用传统栽培方式，则对土壤要求较高。首先，土壤质地适中，以壤土和砂壤土为好；其次，腐殖质含量要高，最好有团粒结构，才能具备较好的透水性、保水性和肥力；第三，地下水位不能过高，有利于地温升高和土壤水分调节，地下水酸度以 pH 6~7 为宜；第四，土壤中病虫害源少，且不能含有有害元素和污染物，没有盐渍化，特别是在种过大田作物的耕地上建温室一定要调查清楚除草剂的使用情况，包括品名、使用时间和有效日期等。

④ 温室的水源、电源。建设场地一定要有水源。若无现成水源，应首先考虑水源问题，如打深井、引自来水或取湖、河等天然水体中的水。解决水源前，应对当地的水作水质分析，当认定符合农业灌溉用水标准时再进行施工，以免造成重大经济损失。现代设施栽培用电量很大，动力电和照明电均不可少（380V、220V），最好场地有现成的电源。

⑤ 避开环境污染地带。污染的空气会给温室薄膜造成严重的尘土污染，影响温室采光和效能，如靠近经常尘土飞扬道路的地段，大型烟囱排放出大量的烟尘或处于水泥厂等污染性企业附近。所以在建造日光温室时，必须与这些尘土污染严重的地带拉开一定的距离。

⑥ 靠近交通干线和城乡。生产资料、原辅料的购进，生产商品的运出，都应当快捷方便、及时、畅通无阻。为此，温室群的建设必须有便利的交通条件，一般不易远离交通干线。温室群所在地与村、乡、镇最好既有一定的距离，又不太遥远。这样有利于场区内设施和材料的管护，也有利于临时工的雇佣以及农用物资的补充。

(2) 场地规划 在选择好场地之后，要进行合理布局。包括温室大棚的朝向及长度，布置田间道路和输水沟、排水沟，安排相邻棚室的位置和附属建筑物地址等，场地规划好以后，要绘制平面设计图，并在地面设置控制点，作为日后施工的依据。

① 温室朝向。方位为坐北朝南，东西延长。辽宁地区采光屋面偏西 5°~

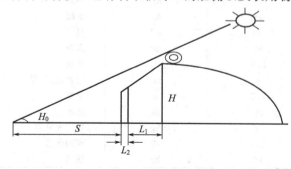

图 1-24 日光温室间距

10°，可以在冬季生产中更好利用下午光照增加温室内温度。

② 温室间距。如图1-24所示。前后间距过小，前栋温室对后栋温室遮光；间距过大则浪费土地。应该在不影响后栋温室采光的前提下，尽量缩小间距。可按照下列公式计算：

$$S=\frac{H}{\mathrm{tg}H_0}-L_1-L_2+K$$

式中　S——前后栋温室间距，m；

H——温室脊高，m；

$\mathrm{tg}H_0$——当地冬至日正午太阳高度角正切值；

L_1——后屋面水平投影，m；

L_2——后墙底宽，m；

K——修正值，可取1m。

因为按公式计算的间距是午间不遮光，加上修正值可保证冬季生产时揭开草苫后、放下草苫前都不遮光。

例如，在北纬41°地区建造日光温室，脊高3.5m，后屋面水平投影1.5m，墙体厚70cm，卷起草苫高0.5m，冬至日太阳高度角25.5°，其正切值为0.477。代入公式：

$$S=\frac{3.5+0.5}{0.477}-1.5-0.7+1\approx7.2$$

得出在此条件下两栋日光温室的合理间距为7.2m。

③ 田间道路规划。依据地块大小确定温室群内温室的长度和排列方式。根据温室群内温室的长度确定田间道路布置。一般情况下，两排温室之间应留3～4m的通道，并在靠近温室的一侧设排灌沟渠。如果需要在温室一侧修建作业间，再应适当加大两排间的距离。东西每隔3～4排温室设南北干道；南北每隔10栋温室设一干道。干道宽6～7m，以利大型运输车辆通行和沿道布置干线排灌沟渠。

④ 附属建筑配置。温室群所需各种附属建筑，如仓库、锅炉房和水塔等应建在温室群的北面，这样既可以挡风又可以避免遮光。

(3) 施工时间　日光温室施工的时间一般是从当地雨季过后（前茬作物收获后）开始，到上冻前半月建完。如辽宁地区生产韭菜的日光温室，一般都在9月筑墙，10月装骨架，11月上旬上后坡（即在后坡上加稻草、秸秆等）和培后墙土，11月中下旬盖前覆盖薄膜，次年4月开始放风，5月下旬拆除后坡防寒物。如果温室秋茬作物为黄瓜、番茄等作物，修建时间就更要提前，9月中旬修完，9月下旬就要覆盖薄膜。总之，温室修建时间不能拖得太晚。如施工太晚，墙体干不透，扣膜后湿度大，会降低温室的性能，造成病害严重，同时还会产生冻融交替现象，引起墙土剥落。用砖石建筑永久性温室，施工时期不受季节限制，但也不能修建过晚，上冻前必须使墙体干透。

(4) 施工步骤

① 温室定位及平地放线。施工的第一步应该根据园区规划设计图确定主干道的位置和走向，然后再对各栋温室定位。温室定位一般依据主干道路方位进行即可。按照设计的尺寸划定每栋温室的占地边界线，并钉上木桩，撒白灰，标出温室的外轮廓线，作为施工的标志。

② 筑墙。日光温室的墙体包括山墙和后墙，筑墙材料有土、砖、石块等。砖墙可砌成实心墙、夹皮墙，也可砌成空心墙，也有的是在空心墙中间填入阻热性好的珍珠岩、炉渣、苯板等材料。

a. 土筑墙。土筑墙因各地土质和习惯而不同,采用夯土墙和草泥垛墙两种方法。

夯土墙:土壤以潮湿,手握成团,松手散开为宜。先打后墙再打东西山墙。用 5cm 厚木板夹在两侧,向两木板间填土,边填边夯,不断把木板抬高,直至夯到规定高度。每次填土 20cm 左右为宜,填土过厚打不实。夯土墙接口处易留有缝隙,所以每夯一层时要把接口错开。

草泥垛墙:草泥垛墙是把稻草等秸秆铡成 15～20cm 长的碎草掺入黏土中,加水夯土墙施工调和后,用钢叉在预定位置垛成墙体。垛草泥墙一般下宽上窄,每天不宜垛得太高,以防下层未干而无法承受上部的重力。

不论是夯土墙还是草泥垛墙,后墙顶部靠外侧都要像砌女儿墙(房顶上的矮墙)那样,高砌出约 40cm,便于后坡与后墙严密相接而不透风、不漏雨水,同时也可防止后屋面上的秸草向下滑落。大面积建筑日光温室小区也可使用挖掘机或链轨式推土机快速筑墙。

b. 砖砌夹心墙。砖墙除使用普通黏土砖砌外,还可以使用灰砂砖、矿渣砖、粉煤灰砖,也可以使用黏土空心砖、加气混凝土砖等。砌法应遵循内外搭接、上下错缝的原则,并要求横平竖直,灰缝均匀饱满,墙面整齐干净。

c. 石砌墙。天然石料有很高的强度,用石料砌墙完全可以满足承重的要求。尤其是整齐的条石,砌出的墙体强度更大。石墙的缺点是自重大,砌筑费工,而且导热快。用石头砌温室后墙,它的外面必须培上足够的防寒土。砌筑石墙时应注意石块的大面朝下,以便灰浆易于填满石料缝隙。另外,石块的外露表面应平齐,每层石块要互相错缝,交错搭接成一整体。石墙的内部和外表都不能用楔形石料尖头朝下砌筑,砌完后要在石墙外表面用水泥砂浆勾缝。

砖石墙体属于永久性和半永久性建筑,砌筑前要先做基础。基础深一般为 40～60cm(大型温室要超过当地冻层),宽度略宽于墙宽,用毛石、砂子和水泥混合浇筑,基础上面用砖砌成夹心墙。一般夹心墙内墙厚 24cm,中空 12cm,外墙厚 24cm,中空部分要夹聚苯板。墙顶一定要封严,以免漏入雨水,降低保温能力。砌筑时要用 1:1.5(水泥:细砂)水泥砂浆勾好缝,抹好灰面,以防漏风。封顶后外墙要砌出一定高度的女儿墙。两层砖墙之间要设墙体拉结钢筋。

③ 立屋架。

a. 钢骨架。这种温室的前屋面骨架和后屋面骨架多为一体的,而且其骨架多是焊接成型的。因此,其骨架后部搭在后墙顶部圈梁上,骨架前部放在前脚地梁上,均用直角卡筋卡牢或与梁中的预埋钢筋焊牢,每个骨架间用 3 根横向钢筋拉线固定即可完成骨架整体。

b. 竹木结构日光温室。前屋面骨架用竹竿或竹片制成。其中半拱圆型日光温室南底角弧度很大,竹竿不易弯曲,故必须用竹片制作。竹木结构温室一般沿跨度从南向北设置 4 排钢筋混凝土立柱,即前柱、中柱、脊柱、墙柱,如有需要还可在南底角增设一排立柱。其中墙柱可随后墙角度倾斜,南底角立柱向前倾斜,其余立柱可直立。

④ 铺盖后坡。后坡是一种维护结构,主要起蓄热、保温、隔热和吸湿作用,同时也是卷放草苫和扒顶缝放风作业的地方。竹木结构温室可以用以下方法铺盖后坡,要先铺上整捆的玉米秸或高粱秸,再用碎草把后屋面填平,随后抹一次草泥厚 2cm,稍干后铺一层旧棚膜或地膜,再抹第二遍泥,也是 2cm 厚。泥干后自下而上铺 20～30cm 厚乱草,南边薄北边厚,最外面再用整捆秸秆压住。后屋面总厚度必须达到 40～60cm,保温效果才好。钢架温室可用 2～2cm 厚木板＋5～6cm 厚稻草垫＋20～30cm 厚炉渣＋5cm 厚水泥砂浆封顶。

⑤ 前屋面覆盖薄膜。覆盖薄膜要在霜冻前选无风的晴天进行。薄膜的宽度超过屋面

1.2~1.4m,以便埋入土中固定和与后屋面固定;长度要超过东、西山墙外各 1m,以便在山墙外卷上木条或用卡簧、卡槽固定。

覆盖薄膜前要提前准备好压膜线和地锚。最好用专用的塑料压膜线,其断裂强度要在 60kg 以上,按前屋面长度加 30~40cm 截成段备用。地锚是将缠绕铁丝的木桩埋在温室前脚外,深度 40cm。露出地面的铁丝打成一个圈,这样可用压膜线的下部绑在地锚上。薄膜幅宽不够的要提前用 200℃ 的电熨斗粘接。操作时先把两块薄膜边缘重叠 3cm,平放在一块光滑的木棱上,再在接缝上放一张牛皮纸条,再把加热的电熨斗慢慢在牛皮纸上加一定压力滑过,揭去牛皮纸;两块膜就可粘在一起了。

⑥ 设置通风口。设置通风口的目的是便于温室通风换气,以调节温室的温度、湿度和二氧化碳的浓度。通风可把室内高温多湿的空气排出去,将新鲜空气补充进来,以降低湿度、温度和提高二氧化碳的浓度,排除有毒气体,有利于园艺作物生长。塑料薄膜温室多用设置通风口的办法自然通风。通风口面积占整个前屋面的比例因季节和作物种类不同而异,冬季占 5%~6%,春季要占 20% 以上,生产叶菜类的温室风口面积要大一些,果菜类可小一些。一般风口要设上、下两排,上排要接近温室的最高处,下排离地 1m 高左右。

如选择设置底部通风口,在温室薄膜全部覆盖后还要设防寒裙,防寒裙是设在温室内前坡下部的一条东西延长的塑料薄膜,宽 1.5m 左右,长与温室一致。上部固定在一条东西向的竹竿上,下部埋入土中。防寒裙除了可减缓温室前部与外界近地面空气的热交换有增加保温效果外,在天气较暖时,揭底脚放风可引导风先向上再进入温室,避免冷风直接吹到作物上引起冷害。

⑦ 挖防寒沟。在前屋面底脚外侧地面上挖防寒沟。沟深 40~50cm,宽 40cm,里面填满碎草、树叶等;上面盖黏土踩紧,或者将碎草等用薄膜包盖起来,以防止渗入雨水。有条件的也可在前底脚内侧挖 50cm 深沟,插入 10cm 厚苯板。

⑧ 建立作业间。50~60m 长的温室可在一侧建立作业间,温室长 100m 以上要在中部建作业间(分东、西两栋)。作业间一般宽 2.5~3m,跨度 4m,高度以不遮蔽温室阳光为原则。作业间南面房门的门口高 1.8m,宽 0.9m。内部和山墙处还要开一个门,与室内连通,一般高 1.8m,宽 0.9m 左右,这扇门有的筑墙时预留,土墙可在筑墙后掏开,但都要设 30cm 高门槛,以防止扫地风进入室内。作业间除供管理人员休息外,可以放置工具和部分生产资料,更重要的作用是防止冷风直接吹入室内,起缓冲作用。

⑨ 覆盖草苫、纸被等保温材料。在早晨温室内出现低于作物生长下限温度的时候,前屋面夜间就要覆盖草苫和纸被等防寒物。纸被质轻,如果冬季温暖多雨雪,易被雨水淋湿损坏,应采取草苫加防雨膜覆盖。草苫仍然是当前首选的保温材料。在前屋面覆盖时,草苫之间要相互重叠 20cm,西北风多的地区,上一块草苫的东边要搭在下块草苫的西边上,这样能减少冷风袭击,提高保温效果。

5. 日光温室的性能

(1) 日光温室的光照特点　日光温室的光照状况,与季节、时间、天气情况以及温室的方位、结构、建材、透明覆盖物、管理技术等密切相关。不同类型结构虽然采光量不同,但温室内的光照分布、光强变化的规律和特点是基本一致的。和露地光照相比可概括为光强减少,光量分布不均匀,日照时数少。

① 光照强度。

a. 可见光透过率低。通常新的塑料薄膜(聚乙烯或聚氯乙烯)在直射光的入射角为 0° 时,可见光透过率可达 85%~90%。但在实际应用中常常因为保护地的结构、屋面角度以及覆盖材料的灰尘和水滴污染与老化等原因，可见光的透过率都很低，一般在60%左右。其中光线在棚膜上反射造成15%～30%的损失是由温室结构固定产生的；塑料薄膜及塑料薄膜造成的污染可造成5%～35%的损失，塑料薄膜透光率是随着使用时间增加而减少的，所以塑料薄膜一般的使用寿命不超过10个月。

b. 紫外线透过率少。各种覆盖材料的紫外线透过率都较低，但由于不同覆盖材料的内部添加剂不同，因此，紫外线的透过率也有所不同。普通平板玻璃不能透过300nm以下的紫外线，但在350～380nm的近紫外线区域内可透过80%～90%。聚乙烯薄膜的紫外线的透过率最多，在270～380nm紫外线的区域内可透过80%～90%。而聚氯乙烯薄膜由于在其内部添加大量的紫外线吸收剂，因此，紫外线透过率介于玻璃和聚乙烯薄膜之间。

c. 红外线长波辐射多。各种覆盖材料对红外线长波辐射的透过率均较少，正因如此，白天太阳的短波辐射进入保护地内，保护地内的土壤及作物吸收之后，又以长波的形式向外辐射，这种长波很少能透过覆盖材料。因此，就使保护地内的长波辐射增多。这也是保护地内具有保温作用的原因之一。通常，各种覆盖材料透过红外线长波辐射的顺序是：聚乙烯＞聚氯乙烯＞玻璃。

② 光照分布。温室内光照存在明显的水平和垂直分布差异。一般水平方向上，日光温室的北侧光强较弱，南部较强；垂直方向上，温室上部屋面处光照较强，下部靠近地面处较弱。另外，建材遮荫处光照较弱，非遮荫处光照较强。

③ 寒冷季节光照时数少。在寒冷季节，日光温室多采用外保温覆盖，这种覆盖保温多在日出数小时后揭苫，日落前数小时覆盖。因此减少了保护地的光照时数。

(2) 日光温室的温度特点　温室的保温性能和建造材料、覆盖材料的选择密切相关，在各种环境条件下日光温室的气温总是高于室外气温，严冬季节的旬平均温度比室外高15～18℃。日光温室通常是不加温的，但并不排除一些地方临时加温的做法，无辅助加温的日光温室温度具有以下特点。

① 气温日变化特征。日光温室内最高温度与最低温度出现的时间与露地相近，即最低温度出现在日出前，最高温度出现在午后。由于日光温室容积小与外界空气热量交换微弱，所以白天增温快，最高温度比露地高得多。夜间虽有覆盖物保温，室内温下降缓慢，但由于土壤、作物贮存的热量继续向地面外以长波形式辐射，并可通过设施的覆盖物向设施外散热，因此整体变化趋势和外界相近。日光温室气温变化在晴天时明显，如12月和1月的观察表明：最低温度出现在8：30左右，揭苫后，气温略有下降而后迅速上升，11：00前上升最快，在不进行放风的条件下，每小时可上升6～10℃；12：00后仍有上升趋势，但逐渐缓慢；13：00到高峰值。此后开始缓慢下降，15：00后下降速度加快，直至16：00～17：00放下草苫前。盖苫后，气温略有回升，此后室温呈缓慢下降趋势，直至次日揭苫前到达最低值。

② 气温分布特点。日光温室存在垂直方向和水平方向的温度分布不均匀，通常因栽种作物、墙体遮光和热量传导作用，造成日间温室上部温度高于下部温度，温室中心部位温度高于东西山墙附近温度；夜间靠近前屋面附近温度较低。但总体上温室各部分温差相差不大，对河南汤阴地区日光温室的断面温度分析，温差仅在2℃左右。

6. 日光温室的应用

温室是比较完善的保护地设施，分布范围很广，从江苏省北部至黑龙江省南部均有各种类型的日光温室，可以基本不受自然气候条件影响，进行园艺作物反季节栽培。日光温室的主要作用是北纬33°～43°进行冬春茬果菜类园艺作物栽培，还可用于寒冷季节的育苗设施；

花卉生产上应用于鲜切花、盆花、一年生草花的栽培；果树生产上应用于浆果类、核果类作物反季节栽培。

三、加温温室

(一) 单屋面玻璃温室

1. 单屋面玻璃温室的结构及参数

单屋面玻璃温室的结构主要由墙体、后屋面、前屋面（玻璃层面）、屋架、保温覆盖物及加温设备等组成。常见类型有：一面坡式温室、二折式温室、三折式温室等，其中以二折式温室、三折式温室应用较多。

(1) 二折式温室　以北京改良式温室为代表，是 20 世纪 50 年代至 70 年代我国北方地区广泛应用的一种土木结构的小型温室。其脊高为 1.8～2.0m，跨度为 5.5～6.5m，长度为 35～50m，这种温室的前屋面上部为天窗、下部为地窗，为两种不同倾斜角度的玻璃透明屋面，后屋面为倾斜的不透明的保温屋顶。这种温室多为炉火烟道加温，也有少量采用暖气加温（图 1-25）。

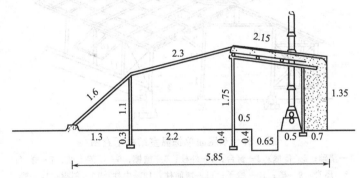

图 1-25　二折式加温温室结构示意图（单位：m）

(2) 三折式温室　以天津无柱式温室为代表。其脊高为 3.0～3.6m，跨度为 6.5～9.0m，长度为 60～80m，这种温室一般内部无立柱，其玻璃屋面是用丁字钢或角铁及圆钢焊接成框架，框架的宽度为 15～20cm，中间用腹杆焊成 W 型，可焊接成上下弦式的架或三角形架。然后将架连接成 3 个不同角度的折面，上覆玻璃窗。这种温室也多为炉火烟道加温或暖气加温（图 1-26）。

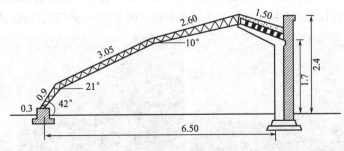

图 1-26　三折式加温温室结构示意图（单位：m）

2. 应用

① 主要培育日光温室、大棚、小棚和露地果菜类蔬菜栽培用幼苗，周年生产各种蔬菜。
② 培育花卉秧苗，生产盆花及玫瑰、菊花、百合、康乃馨、剑兰、小仓兰、非洲菊等切花。

③ 生产草莓、葡萄、桃、樱桃等果树及部分中药材。

（二）双屋面玻璃温室

1. 双屋面玻璃温室的结构及参数

这类温室主要由钢筋混凝土基础、钢材骨架、透明覆盖材料、保温幕和遮光幕以及环境控制装置等构成。其中钢材骨架主要有三种，即普通钢材、镀锌钢材、铝合金轻型钢材。透明覆盖材料主要有钢化玻璃、普通玻璃。保温幕多采用无纺布。遮光幕可采用无纺布或聚酯等材料。这种温室的特点是两个采光屋面朝向相反、长度和角度相等。四周侧墙均由透明材料构成。

双屋面单栋温室比较高大，一般都具有采暖、通风、灌溉等设备，有的还有降温以及人工补光等设备，因此具有较强的环境调节能力，可周年应用。双屋面单栋温室的规格长度由20～50m不等，一般2.5～3.0m需设一个人字梁间柱，脊高3～6m，侧壁高1.5～2.5m，形式较多，跨度小者3～5m，大者8～12m（图1-27）。

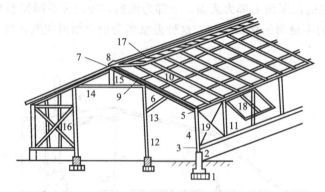

图1-27 双屋面单栋温室结构示意图

1—基础；2—侧墙；3—窗台；4—外柱；5—檐檩；6—屋架上弦；7—脊檩；8—屋脊；9—檩；10—椽子；11—窗间柱；12—中柱；13—斜撑；14—梁（下弦）；15—竖杆；16—剪刀撑；17—天窗；18—侧窗；19—拉筋

2. 应用

主要用于科学研究、生产较高档蔬菜、果品及名贵花卉。

（三）现代化连栋温室

1. 连栋温室的类型

现代连栋温室主要指大型的（覆盖面积多为1hm²），环境基本能通过人工可以半自动化、自动化调控，能全天进行园艺作物生产的连接屋面温室（图1-28），是园艺设施的最高级类型。

图1-28 连栋温室外观图

现代温室常见类型有小三尖顶型连栋温室、大三角屋顶型连栋温室、圆拱型连栋温室（图1-29）。

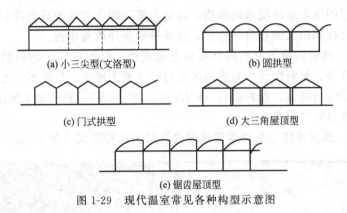

图1-29 现代温室常见各种构型示意图

以玻璃作为透明覆盖材料的温室大多数分布在欧洲，荷兰面积最大，日本、韩国、法国、以色列、美国、西班牙等国家则多为以塑料薄膜为透明覆盖材料的圆拱型连栋温室。目前我国自行设计建造的现代化温室也多为圆拱型连栋温室。

2. 连栋温室的结构与配套设备

（1）连栋温室的结构　以圆拱型连栋温室为代表介绍连栋温室的结构。我国自行设计建造的华北型连栋塑料温室，其骨架由热浸镀锌钢管及型钢构成，透明覆盖材料为单层、双层充气塑料薄膜。温室单间跨度为6.40m、7.50m、8.00m、9.00m等多种规格，共6～8连跨（可任意增加），开间3.00～5.00m，拱杆间距分别为2.00m或2.50m，天沟高度最低2.8m，拱脊高4.00～4.5m。东西墙为充气卷帘，北墙为砖墙，南墙为进口PC板。温室的抗雪压为$30kgf/m^2$（$1kgf/m^2=9.80665Pa$），抗风能力为28.3m/s。

由于塑料薄膜保温性能差，温室顶及侧墙常采用双层充气薄膜，以提高温室保温性能。双层充气薄膜的内层薄膜内外温差较小，在冬季可减少薄膜内表面冷凝水的数量。同时，内层薄膜由于受到外层薄膜的保护，可以避免风、雨、光的直接侵蚀，外层薄膜不与结构件直接接触，从而分别提高了内外层薄膜的使用寿命。使用时可用充气机进行自动充气以保持双层薄膜之间的适当间隔。但双层充气膜的透光度较低，因此在光照弱的地区和季节生产喜光作物时不宜使用。该类温室的基本结构包括框架结构和覆盖材料。

① 框架结构。它包括基础、骨架、排水槽。

基础：它是连接结构与地基的构件，由预埋件和混凝土浇筑而成，塑料薄膜温室基础比较简单，玻璃温室基础较复杂，且必须浇筑边墙和端墙的地固梁。

骨架：它由柱、梁或拱架、门窗、屋顶构成，其中柱、梁、拱架是用热浸镀锌防锈蚀处理的矩形钢管、槽钢等制成；门窗、屋顶等是铝合金型材。目前，大多都采用并安装铝合金型材。也有用薄壁型钢，外层用镀锌、铝和硅添加剂组成的复合材料，该构件结合了铝合金型材耐腐蚀性强、钢镀锌件强度高的优点，涂层的化学成分为55％铝、43.4％锌、1.6％硅添加剂。窗有侧窗、顶窗，主要用于通风。空气交换速率，取决于室外风速和开窗面积的大小，顶窗加侧窗通风效果比只有侧窗通风效果好。顶窗开启方向有单向和双向两种，双向开窗可以更好地适应外界条件的变化，也可较好地满足室内环境调控的要求。温室开窗常采用联动式驱动系统，其原理是发动机转动时带动纵向转动轴，并通过齿轴-齿轮机构，将转动轴的转动变为推拉杆在水平方向上的移动，从而实现顶窗启闭。

排水槽：又叫"天沟"，它既起到将单栋温室连接成连栋温室的作用，同时又起到收集和排放雨（雪）水的作用。排水槽自温室中部向两端倾斜延伸，坡降多为0.5%。在排水槽下面安装有半圆形的铝合金冷凝水回收槽，将室内覆盖物内表面形成的冷凝水收集后排放到地面，或将该回收槽同雨水回收管相连接，直接排到室外或蓄水池。

② 覆盖材料。理想的覆盖材料的特点应是透光性、保湿性好，坚固耐用，质地轻，便于安装，价格便宜等。屋脊形连栋温室的覆盖材料主要为玻璃；拱圆形型连栋温室的覆盖材料主要为单、双层塑料薄膜，塑料板材（FRA板、PC板等）、新型聚碳酸酯板材（PC板）。

（2）现代连栋温室的配套设备

① 通风系统。通风系统包括强制通风和自然通风两种形式（图1-30）。

(a) 自然通风窗口　　　　　　　(b) 强制通风窗口

图1-30　温室通风系统

自然通风是通过传动装置将温室侧窗和顶部开启，利用室外自然风力和内外温差促使温室内空气流动，从而达到降温的目的。

强制通风是通过在温室端墙加装风扇，从而实现温室内外部空气的交换。强制通风采用的方法有低进高排和高进低排两种，前者具有较好的通风性，但温室内温度分布不均；而后者通风性较差，但温室内温度分布均匀。

② 加热系统。现代化温室没有外覆盖保温防寒设备，只能依靠加温来保证在寒冷季节园艺作物正常生产。加温方式有热水式采暖、热风式采暖、太阳能地中热交换和电热采暖。

热水采暖系统主要是利用热水锅炉，通过加热管道对温室加温。该系统由锅炉、锅炉房、调节组、连接附件及传感器、进水回水主管、温室内的散热管等组成。热水采暖系统多采用燃煤进行加热。热水采暖适用于面积大的温室。温室内的散热管排列有垂直排列和水平排列，其要求是保证温室内温度均匀，一般水平方向的温度差不超1℃；热量供给以作物生长发育的要求确定，不同生育期供热量不同。加热管道还可兼作高架作业车的轨道，便于温室作物的日常管理。热水采暖系统运行稳定可靠，其优点是温室内温度稳定、均匀。热水采暖系统发生紧急故障，临时停止供暖时，2h内不会对作物造成大的影响。其缺点是系统复杂、设备多、造价高，设备一次性投资较大。热水采暖系统采用的散热器种类有光管散热器、铸铁散热器、铸铁圆翼散热器、热浸镀锌钢制圆翼散热器等，其中热浸镀锌钢制圆翼散热器为温室专用的散热器，具有使用寿命长、散热面积大的优点，应用比较广泛。

热风式采暖主要是利用热风炉，通过风机将热风送入温室加热。其特点是加热时温室内温度上升速度快，停止加热后，温度下降也快，加热效果不及热水管道。加热系统的组成有热风炉、送气管道（一般用聚乙烯薄膜做管道）、附件及传感器等。热风加热多采用燃油或燃气进行加热，适用于面积比较小的连栋温室。

③温室降温系统。温室降温系统一般采用通风降温、湿帘风机降温、高压喷雾降温、屋顶喷淋降温和屋面喷白五种方式。通风降温由通风系统完成。

湿帘风机降温系统由湿帘（图1-31）、风扇、供水系统和附件组成。特制的波纹状纤维纸能确保水均匀地淋湿整个湿帘墙，当安装在湿帘对面墙上的风扇启动后，温室内热空气被强制抽出，形成负压区，温室外干热空气因负压穿透湿帘介质进入温室。此时，湿帘介质上的水会吸收空气中的热量蒸发成水蒸气，进入温室，随后又排出室外，随着室内湿空气的流通与排出，室内的热量被带出室外，达到降温的目的。湿帘在降温的同时提高了温室内的湿度。此系统与遮阳系统配合使用，可以达到更佳的降温效果。目前湿帘采用的材料有：杨木细刨花、聚氯乙烯、浸泡防腐剂的纸、包有水泥层的甘蔗渣等。

高压喷雾降温系统由高压泵、喷雾嘴、过滤器、电控部分和管道组成。其原理是：将普通水经过喷雾系统自身配备的微米级过滤器过滤后，进入高压泵，经加压后的水通过管路到达喷雾嘴，以微米级雾滴形式喷入温室，并迅速蒸发，大量吸收空气中的热量，然后通过通风系统将潮湿的空气排出温室，从而达到降温的目的。

图1-31　温室湿帘图

④遮阳帘幕系统。遮阳是利用不透光或透光率低的材料遮住阳光，减少太阳辐射能进入温室，既保证作物能够正常生长，又降低温室的温度。遮阳方法有室内遮阳和室外遮阳。遮阳材料有苇帘、黑色遮阳网、银色遮阳网和镀铝膜遮阳网等。由于遮阳的材料不同和安装方式的差异，一般可降低温室温度3~10℃。因此，在选择遮阳网时，应考虑以下因素：温室建造地区的光照条件、温度、湿度，所建造温室的类型，温室内所种植作物的种类及栽培特性，遮阳网的遮阳率和湿气透过率等。

遮阳系统由遮阳网和传动部分组成。遮阳网根据其透气性能分为密闭型和透气性两种。密闭型遮阳网白天具有极好的反光作用，可降低空气温度，夜间则可避免对流热的损失，减少向外的热辐射，具有保温作用。密闭型遮阳网主要适用于北方严寒地区和顶部开窗温室。透气性遮阳网主要用于顶部开窗的自然通风温室及炎热气候条件下的温室降温。即使在系统闭合的情况下，也能保持良好的通风效果。

温室传动系统集中应用于温室遮阳系统的传动和温室通风系统中自然通风状态下温室覆盖材料的启合，它对改善温室整体性能具有关键作用。

温室内外遮阳的拉幕系统分为拉幕线传动和推拉杆传动两种。推拉杆传动又称齿轮齿条传动，包括减速电动机、传动轴、齿轮齿条、推拉杆、托幕线、压幕线、遮阳网、电控箱等。拉幕线传动系统包括减速电动机、传动轴、驱动线、换向轮、托幕线、压幕线、遮阳网和电控箱等。

遮阳系统的类型可分为外遮阳网和内遮阳网（图1-32）。外遮阳网是在温室骨架外另外安装一遮荫骨架，将遮阳网安装在骨架上，能有效地折射、阻挡部分阳光，起到遮阳降温的作用。外遮阳网采用黑色透气型，遮阳率70%，外遮阳的优点是降温效果好，直接将太阳能阻隔在温室外；缺点是对各种材质要求高，增加成本。内遮阳网安装于温室内屋架下弦，是在温室骨架上拉接一些金属或塑料的网线作为支撑系统，将遮阳网安装在支撑系统上，除具有遮阳的功能外，还有夜间隔热保温、减少温室内水分蒸发的功能。内遮阳的优点是整个系统简单轻巧，不用另外制作金属骨架，成本低；缺点是虽然能够降低温室地面的温度，仍然有一部分太阳辐射进入温室，升高温室的温度。内遮阳的效果主要取决于遮阳网反射阳光的能力，不同材料制成的遮阳网使用效果差别很大。内遮阳系统一般还与室内保温幕帘系统共同设置。夏天使用遮阳网，降低室温，到秋天将遮阳网换成保温幕，夜间使用保温，可以节约能耗20%以上。

(a) 外遮阳幕

(b) 内遮阳幕

图 1-32　温室遮阳系统的类型

⑤ 补光系统（图 1-33）。光照是作物光合作用的能源，在光质不全、光强不足、光照时间不够的情况下，光合作用会显著减弱，产品产量和质量均会受严重影响。光照时数的长短还可以调节作物的花期，特别适用于观赏植物。由于高纬度的冬季，早晨、傍晚光强不足，甚至无光照，在阴、雨、雪、雾天光照很弱，因此，补光是十分必要的。补光光源有多种，但农用钠灯最为理想，其发光效率高、寿命长，使蓝光能量增加30%，可缩短成熟期，提高产量，改善花卉品质。

图 1-33　温室补光系统

⑥ 温室开窗系统。它包括齿条开窗系统和卷膜开窗系统。齿条开窗系统多为机械传动，所用的电机主要有两种类型：一种为普通电机，220V 或 380V；另一种为管道电机，240~320V。该系统主要适用于塑料温室的开窗。卷膜开窗系统主要用在温室的侧墙开窗和屋顶卷膜开窗。卷膜开窗是将覆盖膜卷在钢管上，通过转动钢管将覆盖膜卷起或放下。卷膜开窗系统有手动和机动两种，传动方式有软轴传动和直接传动两种。一般屋顶卷膜用机械传动或用软轴传动，侧墙卷膜用手动直接传动方式。一般卷膜钢管长度在 60~100m，在通长方向上卷膜轴不能有太大的变形，卷膜器在卷起过程中要能自锁，防止在重力作用下自动将

卷起的幕膜打开。常用最简单的锁定方法是将卷膜手柄挂在温室端部的固定杆上。侧墙的卷膜系统还必须用Φ20mm的钢管，每隔3～6m在温室的通风口外侧设置设卷膜限位器。

⑦ 温室的栽培系统。温室多用于育苗或栽培，常用的栽培设备主要有种子加工设备、基质混料和填料机、播种机、育苗床、穴盘、生长箱、移苗设备等。种子加工设备主要用于种子清洁、烘干、分级、包衣等加工处理。基质混料机和基质填料机多用于无土栽培基质及农药、化肥等多种原料的混合和填充。播种机分为手动播种机和电动播种机。育苗床一般分为固定式育苗床和移动式育苗床（图1-34）。穴盘则根据温室种植者以自己的需要选择不同的规格。种植者可根据所移植作物的品种、种苗所处生长期及穴盘规格选用相应的移苗设备、生长箱。

⑧ 计算机环境测量和控制系统。设施栽培的关键技术是环境调控技术与自动化技术。人们用温室创造供作

图1-34 育苗床

物生育的适宜条件，主要包括室内光照、温度、湿度的自动调节，水温及灌水量的自动调节，CO_2施肥的调节以及通风降湿等方面的调节与控制方法，可以由计算机环境测控系统（图1-35）来完成。

温度主要由加热系统、通风系统、遮阳系统、喷淋/喷雾系统来调控。在夏季或春季当室外气温较高致使温室内温度过高时，首先通过控温仪控制通风系统打开迎风/背风天窗通风（自然通风），使温室内的温度降低到控温仪设定的上限温度值以下；如果自然通风还未能达到要求，控温仪就启动遮阳系统降温；如果仍未能达到要求，控温仪就启动湿帘风机降温系统或喷雾降温系统以达到目的。当温室内温度低于控温仪设定的下限温度值时，控温仪就按降温开启系统相反的程序使温室内温度升高到下限温度值以上。在冬季（或春秋季）由于温室外温度比较低，需要对温室加热时，温度传感器将测定的温度输入控温仪，控温仪控制打开供暖调节阀；当加热到控温仪

图1-35 计算机控制系统

设定的上限温度值时，控温仪就关闭供暖调节阀，这样使温室里温度保持在设定的范围之内。湿度主要由加热系统、通风系统、降湿系统、喷淋/喷雾系统调控。CO_2浓度主要由通风系统、CO_2施用系统调控，施用系统主要包括CO_2气体分析仪、二氧化碳发生器、电磁阀、鼓风机和管道等。光照主要由帘幕系统、人工照明调控。灌溉和施肥主要由灌溉和施肥系统调控，通常包括水源、贮水及供给设施、水处理设施、灌溉和施肥设施、田间网络、灌水器如滴头等。按控制原理可分为开关控制和比例（或比例加积分）控制两种类型。不管那种类型都存在测量目标值和实际值之间的偏差，国际上许多研究机构正在研究开发更加现代化的控制方法，如最优控制和适应式控制等。

⑨ 温室内常用其他设备。这些设备主要指鼓风机、气压计、土壤和基质消毒机、喷雾机械等。鼓风机是形成双层膜间空气间层的主要动力。气压计是为了监测塑料膜空气间层的压力。一般要求层间空气压力不超过 6mm 水柱（$1mmH_2O = 9.80665Pa$）。对面积为 1000m² 温室，用一台 1/30 马力（1 马力=746W）的离心风机，最大输出静压保持在 25mm 水柱，可满足要求。土壤和基质消毒机是用来对土壤和基质进行消毒的，一般采用蒸汽消毒机消毒，在消毒前，需将土壤和基质疏松好，用帆布或耐高温的塑料薄膜覆盖在土壤或基质表面，四周密封，将高温蒸汽输送管放置到覆盖物之下，每次消毒的面积与消毒机锅炉的能力有关。在大型温室中，人工喷雾不能满足规模化生产需要，可采用喷雾机械防治温室病虫害。

3. 现代温室的应用

现代温室在社会上得到广泛应用。主要有以下几个方面。

（1）生产上 用于园艺作物育苗，蔬菜、花卉、果树生产，畜禽、水产养殖。蔬菜以早春、秋冬、越冬茬口为主，可栽培 2~3 茬，也可每年多茬栽培或每年越夏一大茬栽培。高档花卉周年生产以节日供应为主。果树主要为春早熟生产。

（2）试验方面 温室能人工调节专门用于科研教育气候条件等。

（3）商业零售方面 温室可提供有作物生长的适宜环境，建有大量的交通通道和展览销售台架，用于花卉等展览、批发、零售。

（4）餐厅、观赏旅游方面 温室室内布置各种花卉、盆景、园林造景或立体种植形式，供公众就餐时观赏，使就餐人员仿佛置身于大自然的环境中，给人以回归自然的感觉。同时温室内种植花卉、观赏作物，可用于展示世界各地的植物长势、结果等情况，供游人欣赏。

（5）病虫害检疫隔离方面 温室用于暂养从境外引进的作物，专门对作物进行病虫害检疫，预防国外病害在国内蔓延造成危害。

温室应用不同在设计上侧重点不同，建造时应根据需要设计。

第四节 夏季设施

南方地区夏季的气候特点是高温、强日照和暴雨，给园艺作物生产带来了极大影响，有些园艺作物在露地基本无法实现正常生产。近年来，南方地区充分利用设施的结构特点，大力发展以遮阳网、防虫网和避雨栽培为主的夏季设施生产，已经在蔬菜生产中发挥了重要作用，形成了富有南方地区特色的夏季设施栽培技术。北方地区夏季高温、干燥，病虫害发生多，不利于蔬菜、花卉等园艺作物的育苗和栽培，利用遮阳网、防虫网覆盖可创造适宜园艺作物生长发育的环境条件，同时防止害虫、暴风雨等的危害，有利于无公害生产。

一、遮阳网覆盖

俗称凉爽纱，国内产品多以聚乙烯、聚丙烯等为原料，经拉伸成丝后编织而成的一种质量轻、高强度、耐老化、网状的新型农用覆盖材料。利用它覆盖作物，具有一定的遮光、防暑、降温、防台风暴雨、防旱保墒和忌避病虫等功能，用来替代芦帘、秸秆等农家传统覆盖材料进行夏秋高温季节园艺作物的栽培或育苗，已成为我国南方地区克服蔬菜夏秋淡季的一种简易实用、低成本、高效益的蔬菜覆盖新技术。它使我国的蔬菜设施栽培从冬季拓展到夏季，成为我国热带、亚热带地区设施栽培的特色。另外，遮阳网也用于北方夏季花卉、蔬菜等园艺作物的栽培、育苗以及食用菌的栽培。

1. 遮阳网的种类与规格

塑料遮阳网有很多种类，其颜色主要有黑色或银灰色，也有绿色、白色和黑白相间等品种。依遮光率分为25%、30%、35%、40%、45%、50%、65%、85%等，应用最多的是35%～65%的黑网和65%的银灰网。宽度有90cm、150cm、160cm、200cm、220cm等不同规格，一般使用寿命为3～5年。每平方米重45～49g。

产品的型号有SZW-8、SZW-10、SZW-12、SZW-14、SZW-16五种。随着型号数字的增加，遮光率依次增加。生产上使用较多的为SZW-12和SZW-14两种。许多厂家生产的遮阳网的密度是以一个密区（25mm）中扁丝条数来度量产品编号的，如SZW-8表示密区由8根扁丝编织而成，SZW-12则表示由12根扁丝编织而成，数字越大，网孔越小，遮光率也越大。选购遮阳网时，要根据作物种类的需光特性、栽培季节和本地区的天气状况来选择颜色、规格和幅宽。遮阳网使用的宽度可以任意切割和拼接，剪口要用电烙铁烫牢，两幅接缝可用尼龙线在缝纫机上缝制，也可手工缝制。

2. 遮阳网的作用

（1）遮强光，降高温 各种不同规格的遮阳网，遮光率在25%～85%。夏季中午气温一般超过30℃，甚至高达40℃，对大多数园艺作物生长不利，遮阳网覆盖可以遮住一部分光照，使作物避免强光直射而灼伤，同时也降低了设施内的温度。据各地观测，使用遮阳网一般地表温度降低4～6℃，地上30cm气温可降1℃左右，地下5cm可降3～5℃。

（2）防暴雨，抗台风 夏季暴雨较多，使用遮阳网覆盖后可有效缓解暴雨和冰雹的冲击，防止土壤板结和暴雨、冰雹对幼苗的危害。另外，在南方遮阳网覆盖能减弱台风，有助于防止支架作物的倒伏。

（3）保墒抗旱，保温抗寒 夏季播种后，使用遮阳网浮面覆盖有利于抑制土壤水分蒸发，提高土壤墒情，促进出苗。晚秋季节进行遮阳网覆盖或将遮阳网直接盖在植株上，具有防止霜冻的作用，能减轻霜冻的危害。

（4）避虫防病 夏季是小菜蛾、菜粉蝶等害虫多发的季节，利用遮阳网全封闭覆盖，可以防止害虫飞入产卵，减轻虫害。选择银灰色的遮阳网具有避蚜作用，能防止病毒病的传播。

3. 遮阳网的覆盖形式及应用

（1）浮面覆盖 浮面覆盖又叫直接覆盖、飘浮覆盖或畦面覆盖，是将遮阳网直接覆盖在畦面或植株上面的栽培方式（图1-36）。浮面覆盖可以在露地、中小棚或大棚中进行，主要用于蔬菜出苗期覆盖。在夏季播种或育苗时，将遮阳网直接覆盖在畦面或苗床上，能起到降温、保墒，防止土壤板结的作用，促使早出苗。如夏季栽培绿叶菜，播种后用遮阳网覆盖畦面，隔一定距离将网压住，以防风吹，可遮光、降温、保湿，为种子发芽和出苗创造有利条件。出苗后将遮阳网立即揭去，就地用竹片搭成小拱棚或小平棚，将遮阳网移到棚架上。此外，在越冬蔬菜越冬期间及春甘蓝、春花椰菜、春大白菜等春季定植后一段时间，采用遮阳网浮面覆盖即将遮阳网直接盖在植株上，有较好的保温效果，可以防止霜冻危害。

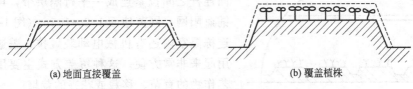

图1-36 浮面覆盖

(2) 拱棚覆盖 有平棚覆盖、小拱棚覆盖和大棚覆盖等形式。

① 平棚覆盖。这是指利用竹、木、水泥柱、铁丝等材料，直接搭成平面的支架，上面覆盖遮阳网，拉平、扎牢，形成遮阳网平棚，棚架的高度根据作物的高度而定（图1-37）。这种覆盖方式多用于夏季花卉的栽培和南方夏季叶菜类蔬菜的生产。

② 小拱棚覆盖。这是指直接将遮阳网覆盖在小拱棚骨架上，进行全封闭或半封闭覆盖（图1-38）。小拱棚单独使用或在大棚、温室等设施内的小拱棚上应用均可。这种覆盖方式揭盖方便，一般用于园艺作物的育苗、移栽等。

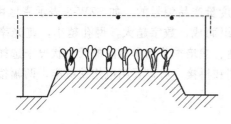
图1-37 平棚覆盖

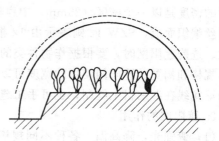
图1-38 小拱棚覆盖

③ 大棚覆盖。

a. 棚顶覆盖。这是指直接在塑料大棚的塑料膜上面覆盖遮阳网，用铁丝、尼龙绳等固定（图1-39）。可根据季节和园艺作物生长的需要确定使用不同遮光率的遮阳网。温室也可以使用这种方法覆盖。此方式主要用于夏季观赏植物的栽培。另外利用高遮光的黑色遮阳网覆盖于大棚或温室上，夏季降温保湿，秋季保暖保湿，可以进行平菇、草菇、香菇等食用菌的生产。

b. 裸棚覆盖。即全封闭式覆盖，是指将遮阳网直接覆盖在大棚骨架上（图1-40）。如冬春塑料薄膜大棚栽培蔬菜之后，夏季闲置不用的大棚骨架盖上遮阳网，网两边要离开地面1.6～1.8m。这种覆盖方式主要用于夏季蔬菜的栽培、秋菜的育苗和花卉的栽培。

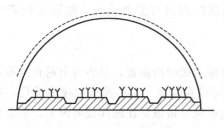
图1-39 棚顶覆盖

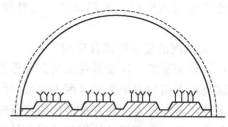
图1-40 裸棚覆盖

c. 棚室内覆盖。这是指将遮阳网固定在大棚或温室内部，相当于在大棚或温室内又搭了一个遮阳网平棚，但要简单得多，只要在大棚内将遮阳网固定在一定高度即可，一般利用大棚两侧纵向连杆为支点，将压膜线平行沿两纵向连杆之间拉紧连成一平行隔层带，再在上面平铺遮阳网，网离地面1.2～1.5m（图1-41）。大型连栋温室内还有机械电动装置拉、盖遮阳网，使用起来非常方便。这种覆盖方式主要用于夏季园艺作物的育苗、移栽或花卉的栽培。

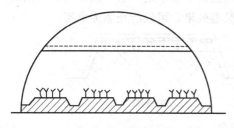
图1-41 棚室内覆盖

4. 遮阳网的使用与管理

夏季利用遮阳网覆盖栽培有很多好处，使用时应注意以下几点才能产生良好效果。

（1）科学选用不同规格、不同颜色的遮阳网　遮阳网的规格不同，遮光的程度不同；不同种类的园艺作物，光合作用的适宜光照强度也不同。所以应根据园艺作物种类和覆盖期间的光照强度，选择适宜的遮阳网。如盛夏酷暑期栽培绿叶菜时，宜选用遮光率为45％～65％的SZW-12或SZW-14型黑色遮阳网进行覆盖；夏末覆盖时可选遮光率较低的银灰色遮阳网，兼有避蚜作用。

（2）因地制宜选用适宜的覆盖方式　北方许多地区的温室、大棚、中棚、小棚等保护地设施，一般只进行秋、冬、春保温防寒栽培，夏季多闲置不用。利用遮阳网覆盖，一年可多生产1～2茬生长期短的绿叶菜，或进行育苗，提高棚室骨架的利用率，增加产量和收益。

（3）管理工作规范化　夏季遮阳网覆盖栽培的主要目的是遮光和降温，其中遮光起主导作用。遮光的程度除选用遮光率适宜的遮阳网外，还须掌握揭盖时间。如果覆盖遮阳网后一盖到底，则会产生由于高温、高湿及弱光引起的徒长、失绿、患病、减产及品质下降等副作用。

遮阳网管理工作总的原则是：根据天气情况和不同园艺作物、不同生育时期对光照强度和温度的要求，灵活掌握揭盖时间。具体操作规程是：播种至出苗前，采用浮面覆盖，出苗后于傍晚揭网。如在露地播种需搭棚架，次日日出后将遮阳网盖在棚架上。移栽的幼苗在成活前也可进行浮面覆盖，但应白天盖，晚上揭，幼苗恢复生长后进行棚架覆盖；中午前后光照强、温度高以及下暴雨时要及时盖网；清晨及傍晚或连续阴雨天气，温度不高，光照不强时，要及时揭网。采收前5～7天应揭去遮阳网，以免叶色过淡，品质降低。

二、防虫网覆盖

防虫网是以优质的聚乙烯为主要原料，添加防老化、抗紫外线等化学助剂，经拉丝编织而成，形似窗纱，具有耐拉强度大、抗紫外线、耐热性、耐水性、耐腐蚀、耐老化、无毒、无味等特点的新型覆盖材料。由于防虫网覆盖简单易行，能有效地防止害虫对夏季蔬菜等园艺作物的危害，所以，在北方夏季和南方地区作为蔬菜栽培中减少农药使用的有效措施而得到推广。防虫网覆盖栽培是无公害蔬菜生产的重要措施之一，又是一项极具生命力的设施栽培新技术，该项技术对不用或少用化学农药，减少农药污染，生产出无公害的蔬菜具有重要意义，已成为当前夏季蔬菜栽培的一种新兴模式。

1. 防虫网的种类规格

防虫网的种类较多，按目数分为20目、24目、30目、40目等规格，目数越大，网孔越小，防虫效果越好，以24～30目最为常用。按幅宽分为100cm、120cm、150cm等规格；按丝径分为0.14～0.18mm等数种。防虫网的颜色有白色、银灰色、黑色等，白色防虫网透光率较高，银灰色防虫网具有驱避蚜虫的作用，生产上多使用白色和银灰色防虫网。使用寿命一般在3年以上。

2. 防虫网的作用

（1）有效地防止害虫，减少农药的使用，利于无公害生产　夏秋季节是菜青虫、小菜蛾、斜纹夜蛾、甘蓝夜蛾、蚜虫等多种害虫的多发时期。覆盖防虫网后，由于防虫网网眼小，可以防止害虫成虫飞（钻）入棚内为害作物，基本上切断了害虫的入侵途径，消除了害虫的危害。有效地抑制了害虫传播病害的蔓延和扩散，如以蚜虫为传播媒介的病毒病等，降低了病害的发生程度，减少了农药的使用，减轻了劳动强度，降低了成本。

（2）能防止暴风雨、冰雹的侵袭，保护幼苗和植株　防虫网网眼小，机械强度高，暴雨、冰雹降到网上，经撞击进入网内后已减弱为细小水滴，冲击力小，缓解了暴雨和冰雹对作物的冲击，因而防暴雨、冰雹效果十分明显，作物不仅无虫害，而且生长良好。同时也可减弱风速，使大风速度比露地降低15%至20%，防止大风对植株的危害。

(3) 能防止鸟害和昆虫传粉　飞鸟被防虫网阻隔，不可能啄食网内园艺作物的种子和叶片，有利于全苗、齐苗。另外，杂交制种田常采用防虫网覆盖隔离，避免昆虫传播授粉。

(4) 能改善小气候环境　防虫网是一种网纱，具有通风透光、适度遮光、适度降温的作用，进而可改善设施内的小气候环境。

3. 防虫网的覆盖形式及应用

(1) 浮面覆盖　将防虫网直接覆盖在畦面上或幼苗上（图1-42），能有效地防治害虫和暴雨台风。一般应用于夏季直播的速生菜或其他叶菜类上，或定植后的幼苗上。

(2) 拱棚覆盖　这是目前最普遍的覆盖形式，有小拱棚覆盖和大棚覆盖等形式，由数幅网缝合覆盖在小拱棚、单栋或连栋大棚上，全封闭式覆盖。

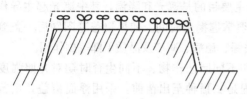

图1-42　防虫网浮面覆盖

① 小拱棚覆盖。可以选择幅宽为1.2～1.5m的防虫网，直接覆盖在小拱棚上，一边可以用泥土、砖块等固定，另一边可以自由揭盖，以利于生产操作（图1-43）。由于小拱棚下的空间较小，实际操作不大方便，一些地方利用这种覆盖形式进行夏季育苗和小白菜的栽培。

② 大棚覆盖。在夏季利用大棚的骨架，将防虫网直接覆盖在大棚骨架上，棚腰四周用卡条固定，再用压膜线"Z"字形扣紧，网底部四周用泥土压实压紧，将棚全部覆盖封闭，只留大棚正门口可以揭盖（图1-44）。大棚覆盖是目前防虫网应用的重要方式。主要用于夏秋甘蓝、花椰菜等蔬菜的生产；其次可用于夏秋蔬菜的育苗，如秋番茄、秋黄瓜、秋莴苣等的育苗。南方夏季气温过高时，可与遮阳网配合使用效果更好。

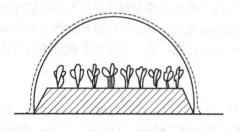

图1-43　防虫网小拱棚覆盖

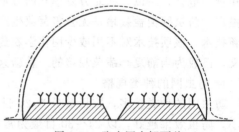

图1-44　防虫网大棚覆盖

(3) 局部覆盖　在大棚两侧通风口，温室的通风口、门等所有的通风口处都安装防虫网，在不影响设施性能的情况下，还能起到防虫、防鸟等作用（图1-45）。这种方式特别适合于连栋大棚和大型温室。

4. 防虫网覆盖栽培技术要点

(1) 必须全生长期覆盖　防虫网遮光较少，不需日盖夜揭或前盖后揭，应全程覆盖，不给害虫入侵机会，才能收到满意的防虫效果，两边用砖块或土块压紧实，网上需要压牢网线，以防被风吹开。

(2) 选择适宜的规格　防虫网的规格主要包括

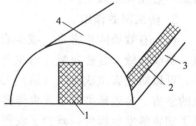

图1-45　大棚防虫网局部覆盖
1—门；2—防虫网；3—围裙；4—棚膜

幅度、孔径、线径、颜色等内容。选择适宜的孔径尤为重要。防虫网的密度大小一般以目数来计算，即1英寸长的网眼格数。目数过少，网眼大，起不到应有的防虫效果；目数过多，网眼小，虽防虫但增加成本。目前生产上推荐使用的目数为24~30目。

(3) 各项措施综合配套　防虫网覆盖前，棚内的消毒是防虫网覆盖的关键。上茬蔬菜出土后，会残存许多病虫卵以及杂草种子，如果不作处理，防虫网覆盖后，将给病虫杂草提供一个繁殖生长的场所，并且严重影响生产。消毒包括土壤消毒、喷除草剂以及药剂浸种等。用防虫网覆盖生产蔬菜，强调以基肥为主的施肥原则，要增施腐熟的有机肥，使用抗病虫良种，减少追肥次数，以利生产操作。进出大棚时要随时揭盖，防止害虫飞入。防虫网有破损时，应立刻补上。一旦害虫发生，尽量选用生物农药防治。当网内温度过高时，应结合遮阳网覆盖。

(4) 妥善使用，精心保管　防虫网田间使用结束后，应及时收下、洗净、吹干、卷好，以延长使用寿命，减少折旧成本，增加经济效益。

三、防雨棚

防雨棚栽培是指在多雨的夏秋季节，利用塑料薄膜等覆盖材料，覆盖在大棚顶部，借以改善棚内小气候，使蔬菜、花卉等园艺作物免遭雨水直接淋袭的一种栽培方式。因此，防雨棚是小拱棚、大棚和温室等设施综合利用的一种方式。早春利用小拱棚或大棚进行早熟栽培，在多雨的夏、秋季，利用塑料薄膜等覆盖材料，扣在大棚或小棚的顶部，任其四周通风不扣膜或扣防虫网，使作物免受雨水直接淋洗。利用防雨棚可进行夏季蔬菜、花卉等园艺作物的避雨栽培或育苗。

1. 小棚型防雨棚

主要用于露地西瓜、甜瓜早熟栽培。前期小拱棚两侧膜封闭，实行促成早熟栽培，后期温度升高后，小拱棚顶部扣膜，两侧揭起通风，使西瓜、甜瓜开雌花部位不受雨淋，以利授粉、受精，形成先促成后避雨的栽培方式。小棚型防雨棚（图1-46）也可用来夏季育苗。

2. 大棚型防雨棚

大棚顶上天幕不揭除，四周围裙幕揭除，以利通风，也可扣上防虫网防虫，可用于各种蔬菜的夏季栽培（图1-47）。

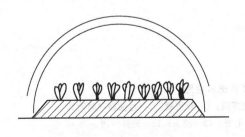

图1-46　小棚型防雨棚

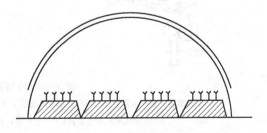

图1-47　大棚型防雨棚

3. 温室型防雨棚

广州等南方地区多台风、暴雨，建立玻璃温室状的防雨棚，顶部设太子窗通风，四周玻璃可开启，顶部为玻璃屋面，可用于夏菜栽培和育苗。

第五节 灌溉设施

随着地球可利用淡水资源的日益紧张，采用节水节能的农业灌溉技术已是全球灌溉技术发展的总趋势，现代园艺的快速发展更离不开科学的灌溉技术。园艺设施内对灌溉系统的要求是节水、增产、降湿、提温、省工、高效。园艺设施内常用的灌溉主要是微灌，即滴灌和微喷灌。

世界上微灌技术的发展最有代表性的国家是以色列，其温室种植全部采用微灌，以滴灌为主。温室滴灌的最高水利用率为95%，用这种方法灌溉的独特之处在于水分可以在土壤中均匀扩散，减少了水分的蒸发和渗漏。

据了解，中国目前90%左右的园艺作物仍以传统的沟灌和畦灌方式进行灌溉，只有一些经济条件较好的大中城市周边地区和接受新鲜事物快的地方采用了微灌新技术，并取得了较好的经济效益。因此，进一步推广温室、大棚微灌技术，对推动"两高一优"农业的快速发展是很有必要的。

一、滴灌

滴灌是滴水灌溉的简称，它是将水加压（有时混入可溶性化肥或农药），经过滤，通过管道输送至滴头，以水滴（或渗流、小股射流等）形式，适时适量地向作物根系供应水分和养分的灌溉方法。滴灌具有部分润湿土体，作物行间仍保持干燥，经常不断并缓慢地浸润根层及输水、配水运行压力低的特点，是一种机械化、自动化的灌水技术，也是一种高度控制土壤水分、营养、含盐量及病虫等条件的农业新技术。

（一）滴灌系统的组成

典型的滴灌系统由水源、首部枢纽、输水和配水管网及滴水器四大部分组成（图1-48）。

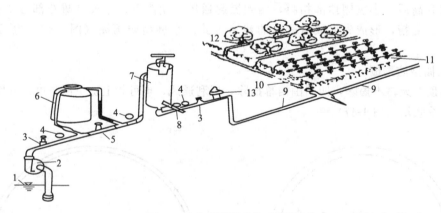

图1-48 典型滴灌系统示意图
1—水源；2—水泵；3—阀门；4—压力表；5—调压阀；6—化肥罐；7—过滤器（筛网式）；
8—冲洗管；9—干管；10—支管；11—毛管；12—滴头；13—进排气阀

1. 水源

滴灌系统的水源可以是河水、湖水、自来水、地下水等。滴灌对水质要求较严，一般宜选用水质优良的水源。

2. 首部枢纽

包括水泵（附动力）、化肥罐、过滤器、控制及测量设备等。其作用是从水源抽水加压，经过滤后按时按量输送至管网。采用高位水池供水的小型滴灌系统，可将化肥直接溶入池中。

3. 输水和配水管网

包括干管、支管、毛管、管路连接管件和控制调节设备（如闸阀、减压阀、流量调节器、进排气阀等）。一般管道采用塑料管，常用塑料管有两种：聚氯乙烯管（PVC）和聚乙烯管（PE）。其作用是将压力水或化肥溶液输送并均匀地分配到滴头。

4. 滴水器

其作用是使毛管中压力水流经过细小流道或孔眼，使能量损失而减压成水滴或微细流而均匀地分配于作物根区土壤，是滴灌系统的关键部分。

（二）滴灌系统的主要设备

1. 滴水器

压力水通过毛管进入滴头，经减压后，以稳定、均匀的低流量施入土壤，逐渐润湿作物根层。滴灌系统工作的好坏最终取决于滴水器性能的优劣。因此，通常将滴水器称为滴灌系统的心脏。一般要求滴水器流量低、均匀、稳定，不因微小的水头压力差而明显变化；结构简单，不易堵塞，便于装卸和清洗；造价低，坚固耐用。常用的可分为滴头和滴灌管（带）两大类。

（1）滴头　我国近期常用的滴灌设备按滴头与毛管的连接方式和消能方式可分为以下几种。

① 管上式滴头。管上式滴头（图1-49）安装时，在毛管上直接打孔，将滴头插在毛管上，如孔口滴头、纽扣管上式滴头等。管上式滴头一般安装在 Φ12~20mm 的 PETP 管（毛管）上，常用的流量规格有 2.3L/h、2.8L/h、3.75L/h、8.4L/h，工作压力为 0.08~0.3MPa。

滴头按流道压力补偿与否，分为非压力补偿和压力补偿两类。压力补偿式滴头按其形状又可分为纽扣式滴头、旗状滴头和伞状滴头（图1-50、图1-51、图1-52）。

图1-49　管上式滴头外观图　　　　图1-50　纽扣式滴头图

图1-51　旗状滴头图　　　　　　　图1-52　伞状滴头图

② 滴箭型滴头。滴箭型滴头的压力消能有两种：一种是以很细内径的微管与输水管和滴灌插件相连，靠微灌流道壁的沿程阻力来消能；另一种是靠出流沿滴箭的插针头部的迷宫形流道造成的局部水头损失来消能调节流量大小，滴头直接作用于作物的根部，滴箭可以以多头出水，出口滴头的每个滴孔连接一管线，水从各分流管线流向作物。一般用盆栽或无土栽培（图1-53、图1-54）。

③ 微管滴头。微管滴头是指直接安装在小管出水口上，用于分流和定位滴灌的配套设

备，多用于盆栽、苗圃等作物（图1-55）。

图1-53　滴箭型结构图

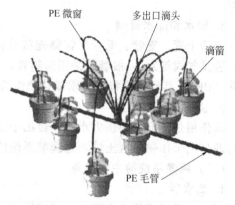

图1-54　滴箭型滴头应用示意图

④ 管间式滴头。管间式滴头具有迷宫式涡流流道，滴水孔为单出口狭缝，同时由于置于管间，便于发生堵塞时拆卸清洗（图1-56）。

图1-55　微管滴头图

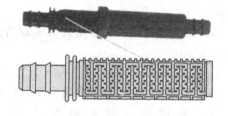

图1-56　管间式滴头结构图

(2) 滴灌（管）带　这是将滴头与毛管在制作过程中组装成一体的管状或带状滴水器。其工作压力低，且毛管和滴头合成一体。

① 滴灌带。管壁较薄（一般小于0.4mm），出水口在管壁打孔或直接在结合缝处热合成流道或成双壁管理，以及在出水口装有片状滴头等，可压扁成带状。滴灌带体积小，便于运输安装，一次性投资低，但铺设时不能弯曲，而且使用寿命短，适合于一次性使用（图1-57、图1-58、图1-59）。

图1-57　单翼式滴灌带图

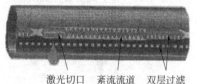

图1-58　内镶贴条式迷宫滴灌带图

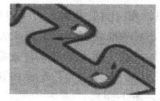

图1-59　虎头式滴灌带

② 滴灌管。管壁较厚（一般大于 0.4mm），管内装有专用内镶式滴头。内镶式滴头具有长而宽的曲径式密封管道，每个滴头往往配有两个出水口，当系统关闭时，其中一个出水口就会消除土壤颗粒被吸回堵塞的危险，按形状可分为条形滴头和圆柱形滴头（图 1-60、图 1-61、图 1-62）。内镶式滴头一般安装在毛管的内壁。

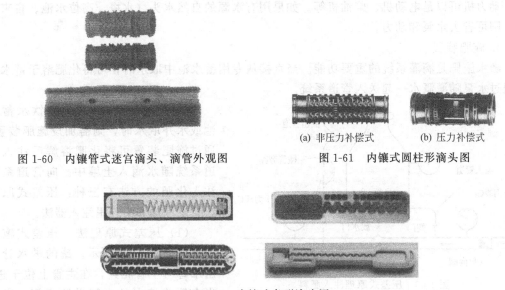

图 1-60　内镶管式迷宫滴头、滴管外观图　　图 1-61　内镶式圆柱形滴头图

图 1-62　内镶式条形滴头图

2. 过滤器

过滤器是清除水流中各种杂质，保证滴灌系统正常工作的关键设备。除脉冲滴灌外，滴头的出水孔口及流道甚小，极易堵塞，即使较清的井水或泉水作为滴灌水源，也必须设置过滤器，以保证滴灌系统的正常运行。对明槽水流，还应在集水池前设纱网或砾石层滤水装置。必要时设沉淀池，以确保进泵水流洁净，减轻过滤器负担。过滤器一般安装在肥料罐后面。过滤器类型较多，应根据水质情况正确选用。

(1) 筛网过滤器　网式过滤器结构简单，一般由承压外壳和缠有滤网的内心构成。滤网由尼龙丝、不锈钢或含磷紫铜（可抑制藻类生长）制作，但滴灌系统的主过滤器最好用不锈钢丝制作。其孔径一般为 70~200 目，应根据水源泥砂颗粒粗细确定。筛网过滤器能很好地清除滴灌水源中的极细砂粒。灌区水源较清时使用很有效，但当藻类或有机污物较多时，易被堵死，需要经常清洗（人工清洗或反冲清洗）。因此，在利用露天水源滴灌时，应在泵底外装一过滤网作为初级过滤使用，以防止杂草、藻类堵塞过滤网。

(2) 砂砾石过滤器　将细砾石和经过分选的各级砂料放在一个圆柱形的池子里，便构成砂砾石过滤器，经过滤的水再穿过包裹着 150 目滤网的穿孔集水管集中水流，然后经过出水管，送入滴灌管路系统。砂砾过滤器适用于含有大量悬浮泥沙和有机物的水源。

(3) 离心式过滤器　这种过滤器是通过水流在过滤罐内作旋转运动时产生的离心力，把水中比重较大的泥砂颗粒抛出，以达过滤水流的目的（也叫涡流砂粒分离器）。这种过滤器可以除去 200 目筛网所能拦截的砂粒的 98%，是一种拦截水源中大量极细砂的有效装置。

离心式过滤器的主要优点是能连续过滤高含砂量的灌溉水，但不能清除密度小于 1 的有机物，故它只能作为初级过滤用。直接采用井水滴灌时，离心过滤器可作为主过滤器使用。

(4) 泡沫过滤器　泡沫过滤器采用塑料管和泡沫聚氨甲酸酯为过滤材料。这种过滤器造价低，宜在水很干净时采用或作为最终过滤器用。

3. 输水动力

滴灌常用的水泵有潜水泵、离心泵、深井泵、管道泵等，水泵的作用是将水流加压至系统所需的压力并将其输送到输水管网。

动力机可以是电动机、柴油机等。如果用有水源的自然水头（水塔、高位水池、自来水等）则可省去水泵和动力。

4. 施肥装置

随水施肥是滴灌系统的重要功能。当直接从专用蓄水池中取水时，可将化肥溶于蓄水池再通过水泵随灌溉水一起送入管道系统。

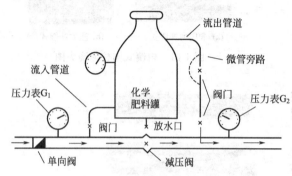

图 1-63 压差式原理注入肥料

当直接从自来水、人畜饮水蓄水池或水井取水时，则需加设施肥装置。通过施肥装置可将化肥溶解后注入管道系统随水滴入土壤中。向管道系统注入化肥的方法有三种：压差式原理法、泵注法和文丘里注入器法。

(1) 压差式原理法 压差式施肥罐原理如图 1-63 所示。罐的进水管和出水管与主管相连，在主管上位于进、出水管连接点的中间设调压阀，当调压阀稍一关闭，两边即形成压差，一部分水流经过水管进入化肥罐，溶解罐内化肥，然后化肥液又通过出水管进入主管。

肥料罐应有足够的容量，以减少频繁灌肥所需的劳力。若每公顷施肥 300kg，稀释比为 1:100~1:200，肥料罐的容积为 30~60m³，可以满足一次性施肥的需要，如缩小容积，则需增加灌肥次数。肥料罐还应具有良好的密封及抗压、防腐性能。

压差式施肥罐结构简单，造价较低，不需外加动力设备。其不足是溶液浓度变化大，添加化肥频繁且较麻烦。

(2) 泵注法 通常使用活塞泵或隔膜泵向滴灌系统注入肥料（图 1-64）。泵注法的优点是肥液浓度稳定，施肥质量好，效率高。缺点是另加注入泵造价较高。

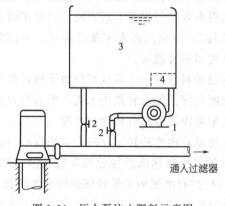

图 1-64 压力泵注入肥料示意图
1—电动机驱动泵；2—控制阀；
3—供料桶；4—滤网

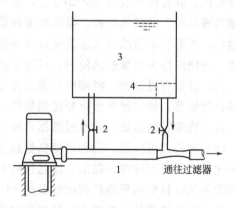

图 1-65 文丘里法注入肥料示意图
1—文丘里管；2—控制阀；
3—供料桶；4—滤网

(3) 文丘里注入器法 文丘里注入器结构简单，造价低廉，使用方便，非常适用于小型滴灌系统。将文丘里注入器直接装在主管路上造成的损失较大，因此，一般应采取并联方式与主管路连接（图1-65）。

以上施肥装置均可进行某些可溶性农药的施用。为了保证滴灌系统运行正常并防止水源污染，必须注意以下三点。

① 注入装置，一定要设在水源与过滤器之间，以免未溶解的化肥、农药或其他杂质进入滴灌系统，造成堵塞。

② 施肥、施药后必须用清水把残留在系统内的肥液或农药冲洗干净，以防止设备被腐蚀。

③ 水源与注入装置之间一定要安装逆止阀，以防肥液或农药进入水源，造成污染。

5. 管道与连接件

管道与连接件用于组成输水、配水网。塑料管是滴灌系统的主要用管，主要有聚乙烯管、聚氯乙烯管和聚丙烯管。易于产生化学反应或锈蚀的管道，如钢管、铸铁管、水泥管等应尽量避免使用。将各级管路连接成一个整体的部件为管件。主要管件有接头、三通、弯头、螺纹接头、旁通及堵头等。

6. 控制、测量与保护装置

这些装置为滴灌系统的正常运行所必需。控制装置为各类阀门，如控制阀、安全阀、进排气阀、冲洗阀等。保护装置有流量调节器、压力调节器和水阻管等。计量装置包括压力表和水表。

(三) 滴灌系统的运行管理

1. 滴灌的水管理

滴灌的水管理是滴灌系统运行管理的中心内容。其主要任务是正确地确定滴灌制度并加以实施。不同作物及同一作物不同生育阶段对水分的要求是不同的，不同的环境条件下作物的耗水也不一样。以土壤水分的消长作为控制指标进行滴灌，使土壤水分处于适宜的范围，以"张力计"法较为普遍。

张力计的测量范围一般为 $(0 \sim 1) \times 10^5 Pa$。旱地土壤有效水的范围是从田间持水量到萎蔫系数之间的含水量，水分所受到的吸力为 $(0.3 \sim 15) \times 10^5 Pa$，对于绝大多数作物而言，在水分所受到吸力为 $1 \times 10^4 Pa$ 时，作物生长就开始受阻。为了保证作物的稳产高产，水分所受到的吸力应在 $(0.3 \sim 1) \times 10^5 Pa$，也就是说当张力计的读数为 $1 \times 10^5 Pa$ 时开始灌水，灌到 $0.3 \times 10^5 Pa$ 时停止。当然合理滴灌的指标还应根据作物及不同生育阶段对土壤水分的要求以及气候、土壤条件做适当调整。

2. 滴灌系统运行管理

运行管理主要是设施、设备的管理。每年灌溉季节开始前，应对地埋压力管道进行检查、试水，保证管道通畅；闸阀及安全保护设备应启动自如，动作灵活；阀门井中应无积水，裸露在地面的管道部分应完整无损；测量仪表要盘面清晰，指针灵敏。每年灌溉季节结束，应冲净管道泥砂，排放余水，进行维修；阀门井加盖保护，在寒冷地区阀门井与干支管接头处应采取防冻措施。地面用移动管道，应尽量避免日光直接曝晒。停止使用时，应存放于通风、避光的库房里。塑料管道应注意冬季防冻，并及时检查、维修蓄水池、沉淀池。

3. 滴灌系统的日常管理

滴灌系统的日常管理内容包括：根据作物的需要，按张力计读数开启和关闭滴灌系统；必要时，由滴灌系统施加可溶性化肥、农药；预防滴头堵塞，对过滤器进行冲洗，对管路进行冲洗；规范运行操作，防止水锈的产生。

4. 滴灌施肥

滴灌施肥是供给作物营养物质的最简便的方法。一般将称好的肥料先装入一容器内加水溶解，然后将肥料溶液倒入水池（箱），经一定时间肥料液扩散均匀后再开启滴灌系统随水施肥。为保证施肥均匀，应采用低浓度，少施勤施的方法，池（箱）中最大浓度不宜超过500mg/L。

二、微喷灌

微喷灌是通过低压管道系统，以小流量将水喷洒到土壤表面进行灌溉的方法。它是在滴灌和喷灌的基础上逐步形成的一种新的灌水技术。微喷灌时，水流以较大的速度由微喷头的喷嘴喷出，在空气的作用下形成细小的水滴落到土壤表面，湿润土壤。由于微喷头出流孔口的直径和出流流速（或工作压力）都比滴灌滴头大，从而大大减少了堵塞。

微喷灌主要适用于地面灌溉或其他灌水方式难以保障的设施园艺作物栽培，调节室内的温度与湿度，清洗叶面灰尘。

1. 微喷灌系统的组成

微喷灌系统由水源、控制中心、管网系统和微喷头组成（图1-66）。

（1）水源 微喷灌的水源应为符合农田灌溉水质要求的地上水或地下水。

（2）控制中心 控制中心是微喷系统的首部枢纽，其作用是从水源取水送入管道系统，并根据微喷灌的要求对水量、水质和压力进行控制。控制中心主要包括水泵、动力机、过滤器、化肥罐、阀门、压力表、水表等设备。

2. 微喷灌设备

（1）微喷头 微喷头是微喷灌系统中的重要部件，它直接关系到喷洒质量和整个系统是否运行可靠。微喷灌之所以既不同于喷灌又不同于滴灌，除了工作压力等因素外，还在于微喷头的结构性能与喷灌的喷头和滴灌的滴头都不同。按现有微喷头的结构形式及工作原

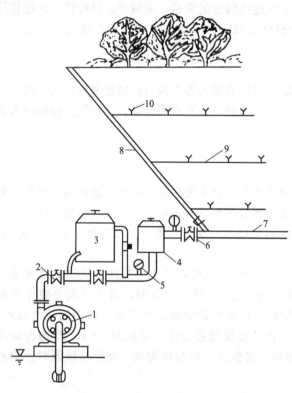

图1-66 微喷系统示意图
1—水泵；2—闸阀；3—化肥罐；4—过滤器；
5—压力表；6—水表；7—干管；8—支管；
9—毛管；10—喷头

理进行分类，一般分为四种，即旋转式、离心式、折射式和缝隙式。最常用的主要是折射式和旋转式两种。

① 折射式微喷头。折射式微喷头（图1-67）的原理是利用折射锥来分散水流，使其均匀散落地面。其主要部件有喷嘴、折射锥和支架。水流在一定压力下由喷嘴垂直向上喷出，遇到折射锥即被击散成薄水层沿四周射出，在空气阻力作用下即形成细小水滴散落在四周地面上。一般折射锥角为120°，使水膜初射仰角为30°，以达到射程最远。折射式微喷头有单

向喷水和双向喷水两种形式。适用于果树、苗圃、温室大棚、园林花坛及食用菌栽培等场所。

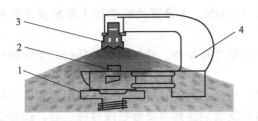 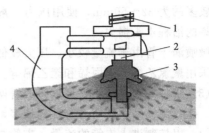

图1-67 折射式微喷头　　　　　　　图1-68 旋转式微喷头
1—进水水口；2—喷嘴；　　　　　　1—进水水口；2—喷嘴；
3—折射锥；4—支架　　　　　　　　3—折射锥；4—支架

② 旋转式微喷头。旋转式微喷头（图1-68）由支架、旋转臂、喷水口和连接件四部分组成。它的工作原理为：压力水流经过喷孔射进一个可旋转的单向或双向折射臂的导流槽内，导流槽为曲线形状，它不仅可以使水流以一定的仰角向外喷水，并可使射出的水流反作用于折射臂，使折射臂产生一个转动力矩，从而带着水舌做快速旋转，把水均匀地洒在四周地面上。

旋转式微喷头的工作压力为100～200kPa，喷水量为20～650L/h，喷水直径为3.0～7.0m。由于喷洒湿润范围大，水滴细小，又近地表安装，水量飘移损失小。适用于果园、茶园、苗圃、蔬菜、城市园林绿地等灌溉，用于全面积湿润灌溉与降温喷洒则效果更佳。

③ 离心式微喷头。离心式微喷头（图1-69）由喷嘴、喷头座、导流心和进水口接头组成。当压力水流流经导流心的螺旋状流道时，即形成高速旋转水流，在离心力作用下经由喷嘴洒向四周。离心式微喷头具有结构简单、体积小的特点，工作压力为75～250kPa，喷水量为140～740L/h，喷水直径为3.0～9.0m，适用于蔬菜、花卉、园林绿化等。

④ 缝隙式微喷头。这种喷头（图1-70）的特点是雾化，扇形向上喷洒。工作压力为100～300kPa，喷水量为21～408L/h，特别适用于长条带状形花坛微喷。

 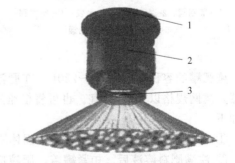

图1-69 离心式微喷头　　　　　　　图1-70 缝隙式微喷头
1—进水口；2—离心室；3—喷嘴　　1—进水口；2—缓冲室；3—喷嘴

（2）管道　微喷灌采用的管道多数为塑料管，其材料有高压聚乙烯、聚乙烯、聚丙烯、聚氯乙烯等，其中高压聚乙烯和聚氯乙烯用得较多，因为这两种材质的管道具有较高的承压能力。聚氯乙烯多用作微喷灌系统的干管和支管，高压聚乙烯主要用于小直径的管道，如毛管、支管、连接管等，这些管道要求具有一定柔性。

多数毛管使用的是高压聚乙烯管材，这种材料具有很好的弹性且不易老化，内径一般为

4~32mm，微喷灌毛管常用的为15~25mm，根据工作压力不同，壁厚为1.5~3.0mm。

支管一般埋入地下，多数使用聚乙烯、高压聚乙烯和聚丙烯管材，管径为25~75mm，用得较多的为32~50mm，使用压力一般不大于400kPa。支管管径的选择主要取决于流量和允许的沿程水头损失。

微喷灌干管由于流量较小、压力较低，故干管管径可小些，承压能力可低些。干管的材料多采用聚氯乙烯、聚丙烯和聚乙烯等。

(3) 管件 管件是将管道连接成管网的部件。管道的种类与规格不同，所用的管件不尽相同。微喷灌管网系统所需管件比较多，如干管与支管的连接需要等径或异径三通，还要设置阀门，以控制进入支管的流量；支管与毛管的连接需要异径三通、等径三通、异径接头等管件；毛管与微喷头的连接需要旁通、变径管接头、弯头、堵头等管件。管件的材料多为塑料，也可以钢管加工。

(4) 过滤装置 微喷灌系统与滴灌系统相比，不易发生堵塞，但问题仍然存在，应引起高度重视。堵塞降低系统的效率及灌水的均匀性，甚至造成漏喷。引起堵塞的原因与滴灌中的堵塞相似，微喷灌系统中的砂粒、藻类、杂草等会堵塞喷嘴。防止堵塞的方法主要是对水源进行过滤。微喷灌系统对水质净化处理的要求比滴灌系统低些，所用过滤器的微粒和滤网的目数应根据水质状况选择。

(5) 施肥装置 与灌溉相结合的施肥是指在压力作用下将肥料溶液注入供水管道。目前应用较多的施肥罐是旁通式，也有用文丘里注入器、注射泵等。

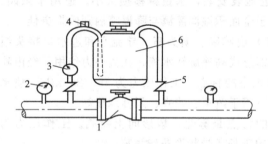

图1-71 施肥装置示意图
1—节制阀；2—压力表；3—水表；4—空气阀；
5—控制阀；6—化肥罐

旁通施肥罐由节制阀、进口阀、水表、肥料注入口、施肥罐、出口阀、压力表等组成（图1-71）。它由两根小管与主管道相连接，在主管道上两个连接点之间设置一个节制阀，可靠阻力作用产生一个小压差水头（1~2m），足以使一部分水流流经施肥罐。进水管直达罐底，从而掺混溶液并将其由另一根管排进主管道，罐内的溶液越来越被稀释。这种施肥装置具有结构、组装和操作简单，价格较低；不需外界动力，对系统流量和压力变化不敏感等特点。

施肥罐的容积一般为60~220L。在肥液被排入系统输送管末端应安装一个抗腐蚀的过滤器，滤网规格以48目为宜。也可将枢纽过滤器安装在施肥罐后面。此种施肥装置运行顺序如下。

① 将液肥直接注入施肥罐，若用固体肥料则先单独溶解并通过滤网注入施肥罐。

② 注满肥料溶液后，扣紧罐盖，肥液应注满到罐口边缘，在罐入口处须配装空气阀以阻止回流和干扰流动的气泡产生。

③ 旁通管的进出口阀关闭而抽吸阀全开，然后打开主管道。

④ 打开旁通进出口阀，然后缓慢地关闭抽吸阀，同时注意观察压力表，直到得到所需的压差。

(6) 水泵 水泵及动力就是微喷灌系统的心脏，它从水源抽水并将无压水变成满足微喷灌要求的有压水。水泵的性能直接影响着微喷灌系统的正常运行及费用，应根据微喷灌系统的需要选用相应性能的高效率水泵。

3. 微喷灌的管理

(1) 微喷灌系统运行管理　运行管理主要是设施、设备的管理。每年灌溉季节开始前，应对地埋压力管道进行检查、试水，保证管道通畅；闸阀及安全保护设备应启动自如，动作灵活；阀门井中应无积水，裸露在地面的管道部分应完整无损；测量仪表要盘面清晰，指针灵敏。每年灌溉季节结束，应冲净管道泥砂，排放余水，进行维修；阀门井加盖保护，在寒冷地区阀门井与干支管接头处应采取防冻措施。地面用移动管道，应尽量避免日光直接曝晒。停止使用时，应存放于通风、避光的库房里。塑料管道应注意冬季防冻，并及时检查、维修蓄水池、沉淀池。对蓄水池、沉砂池的沉积物应定期洗刷排除，灌溉季节结束，蓄水池存水应放掉。

对过滤设备应经常检查，清洗污物，灌溉季节结束时，刷洗滤网，晾干后收存备用。微喷头运行时，要经常检查，发现堵塞及时处理，并检查微喷头喷洒时是否符合技术要求，转动部件是否灵活，是否有漏喷现象等。灌溉季节结束后将微喷头用一块塑料布包住，在附近挖一个小坑，埋入地下，并注上标记，以便识别。

(2) 用水管理　微喷灌具体的灌水时间和灌水量，应根据栽培园艺作物的种类、不同生育时期的需水特性及环境条件，尤其是土壤含水量的多少来确定。

(3) 施肥管理　在微喷灌过程中施肥具有方便、均匀的特点，容易与作物各生育阶段对养分的需求相协调；易于调整对作物所需养分的供应；有效利用和节省肥料，施用液体肥料更方便，且能有效地控制施肥量。但有的化肥会腐蚀管道中的易腐蚀部件，施肥时应加以注意。

微喷系统大部分采用压差式化肥罐，用这种化肥罐施肥的缺点是肥液浓度随时间不断变化。因此，以轮灌方式逐个向各轮灌区施肥，要控制好施肥量，正确掌握灌区内的施肥浓度。另外，喷洒施肥结束后，应立即喷清水冲洗管道、微喷头及作物叶面，以防产生化学沉淀，造成系统堵塞及喷洒作物叶片被烧伤。

第六节　无土栽培常用设施

一、无土栽培概述

1. 定义

无土栽培又称营养液栽培，是指不用天然土壤，而用营养液或固体基质加营养液栽培作物的方法。

一般在温室、大棚等较封闭的设施内进行，因此受病虫害感染的机会很小，并且很少施用农药，可种植出无污染、无公害的绿色产品。无土栽培已经成为一种省时、省工、克服连作障碍的新型实用技术和实现高效现代农业的一种理想栽培模式，具有很强的推广性。

2. 特点

(1) 无土栽培的优点

① 不受土地条件限制，充分利用空间。在家庭、办公室、餐厅、宾馆可利用阳台、窗台、屋顶、大厅、走廊及其他空闲地栽种植物，不仅可以创造经济效益，还可以净化空气、节约用水，清洁卫生，既不污染环境，也不为环境所污染。无土栽培改变了"万物生长靠土壤"的依赖土地生存的传统观念和土壤耕种方式，在不宜耕种的地方如荒漠不毛之地，甚至

太空宇宙飞船上都可以栽培作物。

② 产量高、品质好。与土壤栽培相比，无土栽培能充分发挥作物的生产潜力，增加产量。我国试验示范结果表明可以增加产量30%以上。无土栽培不仅产量高而且品质好，无土栽培可防止土传病菌的危害，减少农药使用，如无土栽培的番茄形状端正、颜色鲜艳、着色均匀、味道较好、营养价值（维生素C、糖等）比土壤栽培均有改善；无土栽培的香石竹单株开花数为9朵，土培只有5朵，花期长，开花数多，香味变得浓郁；裂萼率仅8%，而土培高达90%，明显提高了商品品质。部分在土壤栽培条件下不易开花的品种，在无土栽培条件下也能较容易地达到目标。

③ 节约水分和养分。土壤栽培时灌溉的水分、养分因蒸发、渗漏等造成很严重的浪费；无土栽培可以避免养分水分的流失和渗漏，被作物充分吸收和利用。一般统计认为土壤栽培养分损失比例约50%左右，而无土栽培中，将作物所需要的各种营养元素配制成营养液，根据作物种类以及不同生育阶段的需求，科学地供应养分，不但使作物的增产潜力充分发挥出来，而且节约了水和肥料。

④ 避免连作障碍，减少病害发生。设施栽培由于是密闭栽培，没有雨水的淋溶，土壤盐分容易积聚，并且多年栽培相同作物，容易发生土壤连作障碍，一直是难以解决的问题。采用无土栽培，避免了土壤栽培中因多年盐分积累和连作导致的土壤盐渍化、重茬以及病害造成的减产，有利于无公害园艺产品的生产。

⑤ 有利于实现农业现代化。无土栽培使农业生产不受自然环境的制约，在人工控制的环境下生长，所以是一种现代化的可控环境的生产方式，有利于实现机械化、自动化，并逐步走向工业化、集约化。目前在荷兰、日本、俄罗斯、美国、奥地利等都有水培"工厂"，是现代化农业的标志。我国近十年来引进和兴建的现代化温室及配套的无土栽培技术，有力地推动了我国农业现代化的进程。

（2）无土栽培的缺点　无土栽培的不足之处主要表现在以下两点。一是一次性设备投资高，用电多，肥料费用高。无土栽培多使用专用设施、设备，如成型的各种栽培槽、商品化基质、营养液的自动监控及管理系统等都需较高的费用。二是无土栽培对技术水平要求高，营养液的配制、管理等都需要专门的人才才能管理好。

3. 无土栽培的分类

无土栽培的类型和方法很多，按照应用的基质类型可以分为非固体基质培（水培）、固体基质培两大类；按照栽培的设施设备形式分为槽式无土栽培、袋式无土栽培、架式无土栽培、立体式无土栽培、浮板式无土栽培等；按固体基质的物料组成可以分为单一基质培（岩棉培、砂培等）、复合基质培、有机生态型无土栽培等；按其消耗能源多少和对环境生态条件的影响，可分为有机生态型无土栽培和无机耗能型无土栽培。

（1）无基质栽培　一般除了育苗时采用基质外，定植后不用基质。它又可分为两大类。

① 水培。定植后营养液直接和根系接触，它的种类很多，我国常用的有营养液膜法、深液流法、浮板毛管法等。一般栽培介质为水，在生长过程中有些园艺作物并不需加营养液，大多是一些具有膨大鳞茎的植物和一些水生植物。

② 喷雾栽培。简称雾培或气培。它是将营养液用喷雾的方法，直接喷到植物根系上。根系悬挂在容器中的内部空间，通常是用聚丙烯泡沫塑料板，在其上按一定的距离钻孔，将植株根系插入孔内。根系下方安装自动定时喷雾装置，每隔3min喷30s，营养液循环利用，这种方法可同时解决根系吸氧和营养元素的吸收问题。但因设备投资大，生产上很少应用，一般都是作为观赏用。

（2）基质栽培　基质栽培是植物通过基质固定根系，并通过基质吸收营养液和氧的方法。在基质栽培中，一种基质可以单独使用，也可以几种基质配合使用，生产实践证明，混合基质理化性质好，优于单独基质。基质栽培按基质的装置形式不同，又可以分为袋培、槽培、岩棉培、柱状培等多种形式。

（3）有机生态型无土栽培与无机耗能型无土栽培　有机生态型无土栽培是指全部使用有机肥代替营养液，灌溉时只浇清水，排出液对环境无污染，能生产合格的绿色食品。无机耗能型无土栽培是指全部用化肥配制营养液，营养液循环中耗能多，灌溉排出液污染环境和地下水，如管理不当则生产出食品的硝酸盐含量易超标。

在我国无土栽培的发展中，有机生态型无土栽培正日益显示出它的作用和优越性。

二、无土栽培的基质

1. 常见基质种类

无土栽培基质的作用是代替土壤将园艺作物的植株固定在容器内，并能将营养液和水保持住供园艺作物生长发育需要。因此宜选用保水性能好，同时又具有良好的排水性能以及不含有害物质、清洁卫生并具有一定强度的物质。目前国内外常用的无土栽培基质主要有砂、砾石、蛭石、珍珠岩、玻璃纤维、泡沫塑料、岩棉等。

① 按基质的来源可分为两种。一种是天然基质如树皮、椰子壳、砂子、石砾等；另一种是人工合成基质如岩棉、炉灰渣、泡沫塑料、多孔陶粒等。

② 按基质组成成分，可以将基质分为无机基质与有机基质。无机基质主要是指一些天然矿物或其经高温等处理后的产物作为无土栽培的基质，如塑料泡沫、砂、砾石、陶粒、蛭石、岩棉、珍珠岩等。它们的化学性质较为稳定，通常具有较低的盐基交换量，其蓄肥能力较差。有机基质则主要是一些含C、H的有机生物残体及其衍生物构成的栽培基质，如锯末屑、秸秆、草炭、稻渣、椰糠、树皮、木屑、菇渣等。有机基质的化学性质常常不太稳定，它们通常有较高的盐基交换量，蓄肥能力相对较强，但使用之前应经过发酵，才能安全使用。

③ 按使用时组合的不同，可以分为单一基质和复合基质。以一种基质作为生长介质的，如砂培、砾培、岩棉培等，都属于单一基质；复合基质是由两种或两种以上的基质按一定比例混合制成的基质，复合基质可以克服单一基质过轻、过重或通气不良的缺点。

④ 按基质性质，可以分为惰性基质和活性基质两类。惰性基质是指基质的本身无养分供应或不具有阳离子代换量的基质，如砂、石砾、岩棉等；活性基质是指具阳离子代换量，本身能供给植物养分的基质，如草炭、泥炭、蛭石等。

2. 无土栽培基质应具备的条件

① 具有较强的透水性和保水性。基质的透水性和保水性是由基质颗粒的性质、形状、大小、孔隙度等因素决定的。

② 不含毒性物质。钠离子、钙离子的含量也不能过高。

③ 具有一定的弹性和伸长性，既能支持住植物地上部分不发生倾倒，又能不妨碍植物地下部分伸长和肥大。

④ 化学性质稳定，基质中加入营养液和水后，基质的pH和化学性质也要保持稳定。

⑤ 绝热性较好，不会因夏季过热、冬季过冷而损伤植物根系。

⑥ 本身不携带土传性病虫草害，外来病虫害也不易在其中滋生。

⑦ 本身有一定肥力，但又不会与化肥、农药发生化学作用，不会对营养液的配制和pH

值有干扰，也不会改变自身固有理化特性，无毒且无难闻的气味。

⑧ 成本较低，容易得到。

⑨ 适于种植多种植物和植物各个生育阶段，不会因施加高温、熏蒸、冷冻而发生变形变质，便于重复使用时灭菌消毒。

3. 常见基质性能

（1）物理性质　影响作物栽培效果的基质物理性质主要有粒径、容重、总孔隙度、持水量、大小孔隙比（汽水比）。

① 粒径。即基质颗粒的大小，通常用mm表示。基质颗粒的大小直接影响到基质的容重、总孔隙度和大小孔隙比。基质颗粒粗，容重大，总孔隙度小，大小孔隙比大，通气性好但持水差，种植管理上要增加浇水次数；基质颗粒细，容重小，总孔隙度大，大小孔隙比小，持水性好，通气性差，但其表面吸附的和小孔隙内容留的水分不易流动、排除，影响根系生长，易沤根导致根系发育不良。因此，生产要求基质的颗粒不能太粗，也不能太细。但不同种类的基质，各自有其适宜的粒径。就砂粒来说，粒径以0.5～2.0mm为宜；就陶粒来说，粒径在1cm以内为好；就岩棉（块状）等基质来说，粒径大小并不重要。

配制混合基质时，颗粒大小不同的基质混合后，其总体积小于原材料体积的总和。同时，随着时间的推移，由于树皮分解，总体积还会减小，这都会削弱透气性。所以，配制混合基质时最好选用抗分解的有机基质，免得颗粒日久后由大变小。无机基质与有机基质相比，其颗粒大小不易因分解而变细变小。此外，栽培的基质还应有较好的形状，不规则的颗粒具有较大的表面积，能保持较多的水；而多孔物质还能在颗粒内部保持水分，因而保水力强。

② 容重。容重指单位体积内干燥基质的质量，用g/L或g/cm^3表示。可以取一个一定体积的容器，装满干基质，称其质量，然后用其质量除以容器的体积即得到容重值。容重的大小主要受基质的质地和颗粒大小的影响，它反映基质的疏松和紧密程度。同一种基质由于受到压实程度、颗粒大小影响，其容重也存在很大的差异。容重小，基质疏松，透气性好，但不易固定根系；容重过大，则基质过于紧实，透气透水性差，不利于作物生长。正常情况基质理想容重范围为0.1～$0.8g/cm^3$。最好容重为$0.5g/cm^3$。例如，新鲜蔗渣的容重为$0.13g/cm^3$，经过9个月堆沤分解之后容重为$0.28g/cm^3$。一般认为，小于$0.25g/cm^3$属于低容重基质，0.25～$0.75g/cm^3$属于中容重基质，大于$0.75g/cm^3$的属于高容重基质。

基质的容重对于园艺植物的生产有重要作用。容重过轻，盆栽植物容易被风吹倒或失去平衡。所以，用小盆栽种低矮植物或在室内栽培时，基质容重宜在0.1～$0.5g/cm^3$；用大盆栽种高大植物或在室外栽培时，则宜在0.5～$0.8g/cm^3$，否则，应采取辅助措施将盆器予以固定。

③ 总孔隙度。总孔隙度是指基质中持水孔隙和通气孔隙的总和，用相当于基质体积的百分数表示。总孔隙度可以用以下公式计算：

$$总孔隙度 = (1 - 容重/密度) \times 100\%$$

总孔隙度大的基质较轻，基质疏松，容纳空气与水的量就大，有利于作物根系生长，但对于作物根系的支撑固定作用较差，易倒伏，例如，蔗渣、蛭石、岩棉等的总空隙度在90%～95%以上；总孔隙度小的基质较重，水汽的总容重较少，如砂的总孔隙度约为30%，不利于植物根系的伸展，必须频繁供液以弥补此缺陷。为了克服单一基质总孔隙度过大或过小所产生的弊病，生产上常将二、三种不同颗粒大小的基质混合，作为复合基质使用，混合基质的总孔隙度以60%左右为宜。在基质的分类中，大孔隙占5%～30%的基质属于中等孔隙度，小于5%的属低孔隙度，而大于30%的属高孔隙度（这时基质持水量低，容易干燥）。一般来说，基质的孔隙度在54%~96%即可。

④ 大小孔隙比。大孔隙是指基质中空气所能占据的空间，即通气孔隙，一般指孔隙直径在0.1mm以上；小孔隙是指基质中水分所能占据的空间，又叫持水孔隙，一般是指孔隙直径在0.001~0.1mm的孔隙。通气孔隙与持水孔隙的比值称为大小孔隙比。可用下式表示：

$$大小孔隙比 = 通气孔隙(\%)/持水孔隙(\%)$$

总孔隙度只能反映在一种基质中空气和水分能够容纳的空间总和，不能反映基质中空气和水分能够容纳的空间。而在植物生长的根系周围，能提供多少空气和容易被利用的水分，这是园艺基质最重要的物理性质。大小孔隙比能够反映出基质中水、气之间的状况，是衡量基质优劣的重要指标，与总孔隙度合在一起可全面地表明基质中气和水的状态。大小孔隙比大，则说明空气容量大而持水容量较小，即贮水力弱而通透性强；反之，如果大小孔隙比小，则空气容量小而持水量大。一般而言大小孔隙比在1:(1.5~4)时作物都能良好生长，这时基质持水量大，通气性又良好，作物都能良好地生长，并且管理方便。

盆栽植物生长不良或死亡，往往是由于基质的总孔隙度和大孔隙值过小，基质中缺乏空气，植物根系因受到自身释放出的二氧化碳的毒害，丧失吸收水分和养分的能力。

常用基质的物理性质见表1-10。

表1-10 常用基质的物理性质

常用基质	容重/(g/cm³)	持水量/%	总孔隙度/%	通气孔隙/%	持水孔隙/%
草炭	0.27	250.6	84.5	16.8	67.7
珍珠岩	0.09	568.7	92.3	40.4	52.3
蛭石	0.46	144.1	81.7	15.4	66.3
糠醛渣	0.21	129.3	88.2	47.8	40.4
锯末	0.19	—	78.3	34.5	43.8
炉渣灰	0.98	37.5	49.5	12.5	37.0
棉籽壳	0.19	201.2	89.1	50.9	38.2
炭化稻壳	0.15	—	82.6	57.5	25.0

(2) 化学性质　了解基质的化学性质及其作用，可使生产者在选择基质和配制、管理营养液的过程中做到有的放矢，提高栽培管理效果。对作物栽培生长有较大影响的基质化学性质主要指基质的化学组成及由此而引起的化学稳定性、酸碱性、盐基交换量（阳离子代换量）、缓冲能力和电导度等。

① 基质的化学组成及其稳定性。基质的化学稳定性是指基质是否容易发生化学变化，与化学组成密切相关，对营养液栽培的植物生长有影响。在无土栽培中要求基质有很强的化学稳定性，基质不含有毒的物质，这样可以减少营养液受干扰的机会，营养液的化学平衡能够得到保证，便于管理和保证作物正常生长。基质的化学稳定性因化学组成不同而差别很大。由植物残体构成的基质，如泥炭、木屑、稻壳、甘蔗渣等，其化学组成比较复杂，对营养液的影响较大。

从影响基质的化学稳定性的角度来划分其化学成分类型，大致可分为三类。第一类是易被微生物分解的物质，如碳水化合物中的糖、淀粉、半纤维素、纤维素、有机酸等。第二类是有毒物质，如某些有机酸、酚类、丹宁等。第三类是难被微生物分解的物质，如木质素、腐殖质等。含第一类物质多的基质（新鲜稻草、甘蔗渣等），使用初期会由于微生物活动而引起强烈的生物化学变化，严重影响营养液的平衡，最明显的是引起氮素的严重缺乏。含有第二类物质比较多的基质会直接毒害根系。所以第一、二类物质较多的基质不经处理是不能直接使用的。含第三类物质为主的基质最稳定，使用时也最安全，如泥炭、经过堆沤腐熟的木屑、树皮、甘蔗渣等。

② 基质的酸碱度（pH）。pH值表示基质的酸碱度。基质的酸碱性各不相同，既有酸性的，也有碱性的和中性的。无土栽培基质的酸、碱性应保持相对稳定，且最好呈中性或微酸性状态。过酸、过碱都会影响营养液的平衡和稳定。资料表明，石灰质（石灰岩）的砾和砂含有非常多的碳酸钙（$CaCO_3$），用这种砾或砂作基质时，它就会将碳酸钙释放到营养液中，而提高营养液的pH，即产生碱性。这种增加的碱度能使铁沉淀，造成植物缺铁。

在生产中必须事先对基质检验清楚，以便采用相应措施予以调节。现将生产上比较简便的测定方法介绍如下。取1份基质，按体积比加5份蒸馏水混合，充分搅拌后进行测定。在初期使用时，基质的pH值会发生变动，但变动幅度不宜过大，否则将影响营养液成分的有效性和作物的生长发育。尽管多数观赏植物比较适应pH值为5.5～6.5，但基质的pH值以6.5～7.0为宜，并且最好容易人为调节，又不会供液后影响营养液某些成分的有效性，导致植物出现生理障碍。一般来说，由于营养液大都偏酸性，基质经多次供液后pH值会略有下降或保持与营养液的pH值相近；如果用碱性物质调整基质的酸性，则会引起微量元素的缺乏。

③ 盐基交换量。盐基交换量是指基质的阳离子代换量，即在一定酸碱条件下，基质含有可代换性阳离子的数量。盐基交换量可表示基质对肥料养分的吸附保存能力，能反映保持肥料离子免遭水分淋洗并能缓缓释放出来供植物吸收利用的能力，对营养液的酸碱反应也有缓冲作用。

盐基交换量高的基质有较强的养分保持作用，但过高时，因养分淋洗困难，容易出现可溶性盐类蓄积而对植物造成伤害；反之则只能保持少量养分，因而需要经常施用肥料。盐基交换量高的基质能缓解营养液pH值的快速变化，但当调整pH值时，也需使用较多的校正物质。一般来说，有机基质具有较高的盐基交换量，故缓冲能力强，可抵抗养分淋洗和pH值过度升降。

基质的盐基交换量以每千克基质代换吸收阳离子的摩尔数来表示。基质的盐基交换量有不利的一面，即影响营养液的平衡，使人们难以按需控制营养液的组分；但也有有利的一面，即保存养分、减少损失和对营养液的酸碱反应有缓冲作用。

④ 基质的电导率。电导率是基质分析的一项指标，它表明基质内部已电离盐类的溶液浓度。基质的电导率也叫电导度，是指基质未加入营养液之前，本身具有的电导率，用以表示各种离子的总量（含盐量），一般用mS/cm表示。它反映基质中原来带有的可溶盐分的多少，将直接影响到营养液的平衡。基质中可溶性盐含量不宜超过1000mg/kg，最好≤500mg/kg。

基质的电导率和硝态氮之间存在相关性，故可由电导率值推断基质中氮素含量，判断是否需要施用氮肥。栽培蔬菜作物时的溶液电导率值应大于1mS/cm。花卉栽培时，当电导率值小于0.37～0.5mS/cm时（相当于自来水的电导率值），必须施肥；电导率值达1.3～2.75mS/cm时，一般不再施肥，并且最好淋洗盐分。电导率的简便测定方法同酸碱度测定法，可用电导仪测量，但样品溶液制备则方法多样，除基质与水之比为1∶2外，尚有1∶5、饱和法等，必须事先确定，才能正确解释所得结果。

⑤ 基质的缓冲能力。基质的缓冲能力是指基质加入酸、碱物质后，基质本身所具有的缓和酸碱性（pH值）变化的能力。基质缓冲能力的大小，主要由阳离子代换量以及存在于

基质中的弱酸及其盐类的多少而定。一般阳离子代换量大的基质，其缓冲能力大，一般植物性基质都有缓冲能力，矿物性基质有些缓冲能力很强如蛭石，有些则无缓冲能力，如砂、砾石、岩棉等。含有较多的碳酸钙、镁盐的基质对酸的缓冲能力大，但其缓冲作用是偏性的（只缓冲酸性）；含有较多的腐殖质的基质对酸碱两性都有缓冲能力。依基质缓冲能力的大小排序，则为：有机基质＞无机基质＞惰性基质＞营养液。

⑥ 碳氮比。指基质中碳和氮的相对比值。碳氮比高（高碳低氮）的基质，由于微生物生命活动对氮的争夺，会导致植物缺氮。碳氮比达到1000∶1的基质，必须加入超过植物生长所需的氮，以补偿微生物对氮的需求。碳氮比很高的基质，即使采用了良好的栽培技术，也不易使植物正常生长发育。

木屑和蔗渣等有机基质，在配制混合基质时，用量不要超过20%，或者每立方米加8kg氮肥，堆积2~3个月，然后再使用。另外，大颗粒的有机基质由于其表面积小于其体积，分解速度较慢，而且其有效碳氮比小于细颗粒的有机基质（细锯末的碳氮比为1000∶1，而直径0.5cm的粗锯末的碳氮比则为500∶1）。所以，要尽可能使用粗颗粒的尤其是碳氮比低的基质。一般规定，碳氮比200∶1~500∶1属中等，小于200∶1属低，大于500∶1属高。通常，碳氮比宜中宜低而不宜高。C/N＝30∶1左右较适合于作物生长。

4. 基质的选用

无土栽培要求基质不但能为植物根系提供良好的根际环境，而且能为改善和提高管理措施提供方便条件。基质的选用非常重要，选用基质应考虑适用性、经济性和环保性，既要适合种植作物的需要，又充分利用当地的资源，降低生产成本，有利环保。总体要求是所选用的基质的容重在$0.5g/cm^3$左右，总孔隙度在60%左右，大小孔隙比在0.5左右，化学稳定性强，酸碱度适中，无有毒物质。

5. 基质的混合与消毒

(1) 基质混合的原则　无土栽培中的每种基质都有优缺点，所以单一基质栽培存在很多问题，而混合基质则能弥补单种基质的不足，发挥各自的优势，这样基质的各个性能指标都比较理想。混合基质一般都是由两种或两种以上基质，且按一定的比例混合。

基质混合总的原则是适宜的容重，提高孔隙度，增加水分和空气的含量。根据混合基质的特性，在栽培上要注意与作物营养液配方相结合，才有可能充分发挥其丰产、优质的潜能。生产实践上基质的混合使用以2~3种混合为宜。一般不同作物其混合基质组成不同，但比较好的混合基质应适用于各种作物，不能只适用于某一种作物。如1∶1的草炭、蛭石，1∶1的草炭、锯末，1∶1∶1的草炭、蛭石、锯末或1∶1∶1的草炭、蛭石、珍珠岩以及6∶4的炉渣、草炭等混合基质，均在我国无土栽培生产上获得了较好的应用效果。国内外常用的一些混合基质配方见表1-11。

表1-11　国内外常用的一些混合基质配方

配方1	草炭∶珍珠岩∶份砂＝1∶1∶1	配方9	草炭∶树皮＝1∶1
配方2	草炭∶份珍珠岩＝1∶1	配方10	玉米芯∶炉渣灰＝3∶2
配方3	草炭∶砂＝1∶1	配方11	玉米秸∶草炭∶炉渣灰＝1∶1∶3
配方4	草炭∶蛭石＝1∶1	配方12	草炭∶锯木＝1∶1
配方5	草炭∶蛭石∶珍珠岩＝4∶3∶3	配方13	草炭∶蛭石∶锯末＝1∶1∶1
配方6	草炭∶珍珠岩∶树皮＝1∶1∶1	配方14	草炭∶炉渣＝2∶3
配方7	刨花∶炉渣＝1∶1	配方15	椰子壳∶砂＝1∶1
配方8	草炭∶树皮∶刨花＝2∶1∶1		

(2) 基质的混合方法 混合基质用量大时，应用搅拌器；用量小时，可用铲子在水泥地面上搅拌。草炭一般不易弄湿，需提前一天喷水或加入非离子润湿剂，每40L水中加50g次氯酸钠配成溶液，能把1m³的混合物弄湿。注意混合时要将草炭块尽量弄碎，否则不利于植物根系生长。

另外，在配制混合基质时，可预先混入一定的肥料，肥料可用N、P、K三元复合肥(15-15-15)以0.25%比例加水混入，或按硫酸钾0.5g/L、硝酸铵0.25g/L、硫酸镁0.25g/L的量加入，也可按其他营养液配方加入。

(3) 育苗、盆栽混合基质 育苗基质中一般加入草炭，当植株从育苗钵（盘）取出时，植株根部的基质就不易散开。当混合基质中无或草炭含量小于50%时，植株根部的基质将易于脱落，因而在移植时，应小心操作以防损伤根系。如果用其他基质代替草炭，则混合基质中就不用添加石灰石。因为石灰石主要是用来提高基质pH的。为了使所育的苗长得壮实，育苗和盆栽基质在混合时应加入适量的氮、磷、钾养分。以下为常用的育苗和盆栽基质配方。

① 中国农科院蔬菜花卉所无土栽培盆栽基质。0.75m³ 草炭，0.13m³ 蛭石，0.12m³ 珍珠岩，3.0kg 石灰石，1.0kg 过磷酸钙（20%五氧化二磷），1.5kg 复合肥（5-15-15），10.0kg 消毒干鸡粪。

② 草炭矿物质混合基质。0.5m³ 草炭，700g 过磷酸钙（20%五氧化二磷），0.5m³ 蛭石，3.5kg 磨碎的石灰石或白云石，700g 硝酸铵。

(4) 基质的消毒 经过长时间使用的无土栽培基质，会聚积病菌和虫卵，尤其在连作条件下，更容易发生病虫害。因此，在基质使用前或在每茬作物收获后下一次使用前，有必要对基质进行消毒，以消灭任何可能存留的病菌和虫卵。基质消毒常用的方法有蒸汽消毒、化学药剂消毒和太阳能消毒。

① 蒸汽消毒。蒸汽消毒经济实惠，安全可靠，但设备高级，成本高，操作不方便。一般温室栽培条件下以蒸汽进行加热的，都可进行蒸汽消毒。方法是将基质装入柜内或箱内（体积1~2m³），用通气管通入蒸汽进行密闭消毒。一般在70~90℃条件下，消毒15~30min就能杀死病菌。为了彻底杀灭基质中的病菌或虫卵，基质一次不要太多；消毒时基质的含水量应控制在40%左右，过湿或过干都可能削弱消毒效果。需消毒的基质量大时，可将基质堆高，长度依地形而定，全部用防水防高温的布盖住，通入蒸汽，也能取得好的杀菌效果。

② 化学药剂消毒。化学药剂消毒操作简单，成本较低，但消毒效果不如蒸汽消毒，操作人员身体容易受到不利影响。常用的化学药剂有高锰酸钾、甲醛、氯化苦、溴甲烷、漂白剂等。

a. 40%甲醛（福尔马林）。甲醛是一种良好的杀菌剂，但杀虫效果较差。使用时一般用水稀释成40~50倍液，基质均匀喷湿，所需药液量一般为20~40L/m³。最后用塑料薄膜覆盖封闭24~48h后揭膜，将基质摊开，风干两周左右或者曝晒2天，使基质中无甲醛气味，以消除残留药物危害。

b. 高锰酸钾。高锰酸钾是强氧化剂，一般在石砾、粗砂等没有吸附能力且较容易冲洗干净的惰性基质上消毒，而不能用于泥炭、木屑、岩棉、陶粒等有较大吸附能力的活性基质或者难以冲洗干净的基质，否则会直接毒害作物，或造成植物的锰中毒。基质消毒时，用0.1%~1.0%的高锰酸钾溶液喷洒在固体基质上，并与基质混拌均匀，然后用塑料包埋基质20~30min后，用清水冲洗干净即可。

c. 氯化苦。氯化苦是液体，能有效地防治线虫、昆虫、一些杂草种子和具有抗性的真菌等，需要用喷射器施用。消毒前先把基质堆放成高30cm，长宽根据具体条件而定。在基质上每隔20～30cm打一个深为10～15cm的孔，每孔注入氯化苦3～5ml，并立即将注射孔堵塞，第一层打孔放药后，再在其上堆同样的一层基质，打孔放药，总共2～3层，或者每立方米基质中施用150ml药液，然后盖上塑料薄膜。使基质在15～20℃条件下熏蒸7～10天后，去掉塑料薄膜，晾7～8天后即可使用。氯化苦对活的植物组织和人有毒害作用，使用时要注意安全。

d. 溴甲烷。利用溴甲烷能杀死大多数线虫、昆虫、草籽和一些真菌，熏蒸消毒基质非常有效，但不能杀死轮枝菌。由于溴甲烷是一种强致癌物质，使用时应注意安全，必须遵守操作规程，并且要向溴甲烷中加入2%的氯化苦或催泪瓦斯以检验是否对周围环境有泄漏。

消毒方法是将基质堆起，用塑料管将药剂引入基质中，每立方米基质用药100～150g，基质施药后，随即用塑料薄膜盖严，5～7天后去掉薄膜，晾晒7～10天后即可使用。用溴甲烷消毒时，基质的湿度要控制在30%～40%，太干过湿都将影响到消毒的效果。

e. 漂白剂。漂白剂包括漂白粉或次氯酸钠，尤其适合于砾石、砂子的消毒。施用方法是在水池中制成0.3%～1.0%的药液（有效氯含量），将基质浸泡0.5h以上，用清水冲洗，消除残留氯。用于吸附能力差或用清水容易冲洗干净的基质。

③ 太阳能消毒。太阳能是近年来在温室栽培中应用较普遍的一种廉价、安全、环保且简单实用的基质消毒方法。一般是在夏季高温季节，在温室或大棚中把基质堆成20～25cm高，长宽视具体情况而定，同时喷湿基质，使其含水量超过80%，然后覆盖塑料薄膜。如果是槽培，可在槽内直接浇水后上盖薄膜即可。密闭温室或大棚，曝晒10～15天，消毒效果好。

(5) 基质的更换　基质使用一段时间（1～3年）后，要进行更换。主要是因为会积累各种根系分泌物、病菌和烂根，物理性状变差，特别是有机残体为主体材料的基质，会导致基质通气性下降，保水性过高，这些因素会影响作物根系的生长。

基质栽培也提倡轮作，如前茬种植番茄，后茬就不应种茄子等茄科蔬菜，可改种瓜类蔬菜。消毒方法大多数不能彻底杀灭病菌和虫卵，轮作或更换基质才是更保险的方法。更换下来的旧基质可经过灭菌洗盐、离子重新导入、氧化等方法再生处理后重新用于无土栽培，也可施到农田中改良土壤。难以分解的基质如岩棉、陶粒等可进行填埋处理，防止对环境二次污染。

三、营养液的配置与管理

（一）营养液的原料及其要求

无土栽培中配制营养液的原料是水和含有营养元素的各种化合物及辅助物质。

1. 水的选用

水是营养液中养分的介质，水质的好坏直接关系到所配制营养液的浓度和使用效果。在研究营养液新配方及某种营养元素的缺乏症状等水培实验时，应选用蒸馏水或去离子水，在生产中应选用符合饮用水标准的自来水或井水。有些地方还可以收集温室和大棚屋面的雨水作为水源。

配制营养液所用水的水质应达到：硬度（指水中含有的钙、镁盐的浓度高低，以每升水中CaO的重量表示，1度=10mg/L）一般以不超过10度为宜；pH应在6.5～8.5，使用前水中的溶解氧应接近饱和；NaCl含量应小于2mmol/L；自来水中液氯含量应低于$0.3\mu l/L$。

一般自来水放入栽培槽后应放置半天使其中余氯散逸；重金属及有害健康的元素应低于允许限量。用于配制营养液的水若硬度过高或含杂质过多，则要测定其中某些营养元素的含量，以便按营养液配方计算用量时扣除这部分含量。

2. 营养元素化合物的选用

(1) 营养液中的营养元素　无土栽培中，作物根系营养的唯一来源就是营养液。因此营养液必须包含作物生长发育必需的所有营养元素，即氮（N）、磷（P）、钾（K）、钙（Ca）、镁（Mg）、硫（S）等大量元素和铁（Fe）、锰（Mn）、硼（B）、锌（Zn）、铜（Cu）、钼（Mo）等微量元素。不同的作物和品种，同一作物不同的发育阶段，对各种营养元素的需求实际上有所差异。因此在选配营养液时，应了解各类作物、品种、生育阶段对各类必需元素的需要量，以此为依据，最后来确定营养液的组成成分和比例。

(2) 营养元素化合物的选用　氮主要有硝态氮和铵态氮两种。一般两种氮源以适当比例同时使用，比单用硝态氮好，且能稳定酸碱度。

常用氮源肥料有：硝酸钙、硝酸钾、磷酸二氢铵、硫酸铵、氯化铵、硝酸铵等。

常用磷源肥料有：磷酸二氢铵、磷酸二铵、磷酸二氢钾、过磷酸钙等。磷过多，会导致铁和镁的缺乏症。

常用钾肥有：硝酸钾、硫酸钾、氯化钾以及磷酸二氢钾等。钾的吸收快，要不断补给。但钾离子过多，会影响到钙、镁和锰的吸收。

钙源肥料有：硝酸钙、氯化钙和过磷酸钙。钙在植物体内的移动比较困难，无土栽培时常会发生缺钙症状，应特别注意调整。

营养液中使用镁、锌、铜、铁等硫酸盐，可同时解决硫和微量元素的供应问题。无土栽培中，铁的供应十分重要，pH 偏高、钾的不足以及过量的存在磷、铜、锌、锰等情况下，都会引起缺铁症。为解决铁的供应问题，一般都使用螯合铁。

硼肥和钼肥多用硼酸、硼砂和钼酸钠、钼酸钾。

(二) 营养液配方

1. 营养液浓度的表示方法

在一定质量（或一定体积）的营养液中，所含元素的量（各类营养元素化合物的总和）称为营养液的浓度。营养液浓度的表示方法很多，不同场合其浓度表示方式不同。

具体配制营养液时，通常用工作浓度或操作浓度来计算，即每升化合物质量（g/L 或 mg/L）；试验研究对具体元素进行定量时，一般用每升元素重量（mg/L）来计算；根据基本的化学概念而设立，有助于了解营养液的化学组成和使用过程中的化学变化，不直接进行操作，一般用每升摩尔（mol/L）或每升毫摩尔（mmol/L）来表示。

电导率（EC 值）：用来表示营养液的导电能力强弱，在一定浓度范围内，电导率与营养液的含盐量呈正相关的关系，单位为每厘米毫西门子（mS/cm），电导率可以表明所配制营养液的浓度高低和营养液使用过程中的浓度变化情况，特别注意电导率只反映营养液的总盐分浓度而不能反映混合盐分中各种盐分的单独浓度。

2. 营养液配方

在一定体积的营养液中，规定含有各种化合物的必需营养元素盐类的数量称为营养液配方。根据配方所配制的营养液要含有植物生长所必需的各种营养元素，各种营养元素的化合物必须是植物根系可以吸收的离子状态，各种营养元素的数量比例应符合植物不同生长发育的需要，各种营养元素的无机盐类构成的总盐分浓度及其酸、碱反应应适合植物生长要求，组成营养液的各种化合物在栽培过程中应在较长时间内保持其有效状态，在被根吸收过程中造成的生理酸、碱反应比较平稳。

华南农业大学番茄营养液配方：在一升的营养液中含有硝酸钙590mg，硝酸钾404mg，磷酸二氢钾136mg，硫酸镁246mg，硫酸亚铁13.9mg，乙二胺四乙酸二钠18.6mg，硼酸2.86mg，硫酸锰2.13mg，硫酸锌0.22mg，硫酸铜0.08mg，钼酸铵0.02mg。如果按照这个规定用量配制出来的营养液浓度称为1个剂量；如果将上述配方中的各种化合物用量减少一半所配制出来的营养液浓度称为0.5剂量或1/2剂量或半个剂量，其余照此类推。

目前，世界上的无土栽培营养液配方很多，在有关无土栽培的论著中多数都收集了很多的配方，例如Hewitt(1966) 收集了大约160种配方。有些配方经过了几十年的使用证明是较好的，例如Hoagland和Arnon(1938)的通用配方。现以Hoagland和Arnon(1938)的通用配方和日本园试配方（表1-12）为例来说明营养液配方的化合物种类和其用量的差异。

表1-12　两种营养液配方的比较

化合物名称	霍格兰配方(Hoshland & Arnon,1938)				日本园试配方			
	化合物用量		元素含量	大量元素含量总计	化合物用量		元素含量	大量元素含量总计
	mg/L	mmol/L	mg/L	mg/L	mg/L	mmol/L	mg/L	mg/L
$Ca(NO_3)_2 \cdot 4H_2O$	945	4	N:112 Ca:160	N:210 P:31 K:234 Ca:160 Mg:48 S:64	945	4	N:112 Ca:160	N:243 P:41 K:312 Ca:160 Mg:48 S:64
KNO_3	607	6	N:84 K:234		809	8	N:112 K:312	
$NH_4H_2PO_4$	115	1	N:14 P:31		153	4/3	N:18.7 P:41	
$MgSO_4 \cdot 7H_2O$	493	2	Mg:48 S:64		493	2	Mg:48 S:64	
$Na_2Fe\text{-}EDTA$					20		Fe:2.8	
H_3BO_3	2.86		B:0.05		2.86		B:0.5	
$MnSO_4 \cdot 4H_2O$					2.13		Mn:0.5	
$MnCl_2 \cdot 4H_2O$	1.81		Mn:0.5					
$CuSO_4 \cdot 5H_2O$	0.08		Cu:0.02		0.08		Cu:0.02	
$ZnSO_4 \cdot 7H_2O$	0.22		Zn:0.05		0.22		Zn:0.05	
$(NH_4)_6Mo_7O_{24} \cdot 4H_2O$	0.02		Mo:0.01		0.02		Mo:0.01	

（三）营养液的配制技术

1. 配制方法

营养液中含有各种化合物，配制过程中掌握不好容易产生沉淀，为了防止产生沉淀和方便生产，配制营养液一般先配制营养成分各不相同的浓缩液（也叫母液），然后再把母液稀释、混合配成工作营养液（也叫栽培营养液）。当容器大或用量较少时也可以直接配制工作营养液。

（1）母液的配制　浓缩贮备液一般分成A、B、C三种，分别称为A母液、B母液、C母液。

A母液以钙盐为中心，凡不与钙作用而产生沉淀的化合物都可放在一起溶解。一般包括KNO_3、$Ca(NO_3)_2 \cdot 4H_2O$，浓缩100～200倍。

B母液以磷酸盐为中心，凡不与磷酸根产生沉淀的化合物都可溶在一起，一般包括

$NH_4H_2PO_4$、$MgSO_4 \cdot 7H_2O$，浓缩100～200倍。

C母液是由铁和微量元素合在一起配制而成的，由于微量元素的用量少，因此其浓缩倍数可以较高，可配制成1000～3000倍液。

配制浓缩贮备液的步骤：按照要配制的浓缩贮备液的体积和浓缩倍数计算出配方中各种化合物的用量，依次正确称取A母液和B母液中的各种化合物，分别放在各自的储液容器中，肥料分别加入，经过充分的搅拌，前一种肥料充分溶解后方可加入第二种肥料，待全部溶解后加水至所需配制的体积，搅拌均匀即可。在配制C母液时，先量取所需配制体积2/3的清水，分为两份，分别放入两个塑料容器中，称取$FeSO_4 \cdot 7H_2O$和Na_2-EDTA分别加入这两个容器中，搅拌溶解后，将溶有$FeSO_4 \cdot 7H_2O$的溶液缓慢倒入Na_2-EDTA溶液中，边加边搅拌；然后称取C母液所需的其他各种微量元素化合物，分别放在小的塑料容器中先溶解，再分别缓慢地倒入已溶解了$FeSO_4$和Na_2-EDTA的溶液中，边加边搅拌，最后加清水至所需配制的体积，搅拌均匀即可。

母液应贮存在黑暗容器中，配好后，应贴上标签，标明母液的名称和配置日期等。

(2) 工作营养液的配制　工作液是由母液稀释而成的，配制过程中也要防止沉淀的产生。配制步骤为：在贮液池中放入大约需要配制工作液体积40%左右的清水，再量取所需A母液的用量倒入池中，开启水泵循环流动或借助搅拌器使其充分扩散稀释，然后再量取B母液的用量，缓慢地将其倒入贮液池中，开启水泵循环流动使其搅拌均匀，并加水稀释到总液量的80%左右。最后量取C母液，加入贮液池中，经水泵循环流动或搅拌均匀，加水至所要配置的工作液体积，即完成工作营养液的配制。

工作液配制好后，用pH计测定其pH值，用电导率仪测EC值，看是否与预配的值相符。

在生产中，一次需要的工作营养液量很大，大量营养元素一般直接称量配制，而微量营养元素可采用先配制成C母液再稀释为工作营养液的方法。具体的配制步骤为：在种植系统的贮液池中放入所要配制营养液总体积约40%的清水，称取相当于A母液的各种化合物，放在容器中溶解后倒入贮液池中，开启水泵循环流动；然后称取相当于B母液的各种化合物，放入容器中溶解后，用大量清水稀释后缓慢地加入贮液池的水源入口处，开动水泵循环流动；再量取C母液，用大量清水稀释，在贮液池的水源入口处缓慢倒入，开启水泵循环流动至营养液均匀为止。

2. 配制注意事项

① 营养液原料的计算过程和最后结果要仔细核对无误后进行配制。

② 称取各种原料时，要保证所称取的原料名称相符。特别是在称取外观上相似的化合物时更应注意。

③ 各种原料在分别称好之后，一起放到配制场地规定的位置上，最后核查无遗漏，才可动手配制。

④ 建立严格的记录档案，将配制的各种原料用量、配制日期和配制人员详细记录下来。

⑤ 为了防止母液产生沉淀，在长时间贮存时，一般可加硝酸或硫酸将其酸化至pH3～4，同时应将配制好的浓缩母液置于阴凉避光处保存，C母液最好用深色容器贮存。

⑥ 在贮液池中加入钙盐及不与钙盐产生沉淀的盐类之后，应在水泵循环大约30min或更长时间之后，再加入磷酸盐及不与磷酸盐产生沉淀的其他化合物。加入微量元素化合物时也要注意，不应在加入大量营养元素之后立即加入。

⑦ 在配制工作营养液时，如果发现有少量的沉淀产生，就应延长水泵循环流动的时间

使产生的沉淀溶解。

（四）营养液的管理

在无土栽培中，作物根系不断从营养液中吸收水分、养分和氧气，还有复杂的环境对营养液的影响，会导致营养液中离子间的不平衡，离子浓度、pH、液温、溶存氧等都发生变化。同时，根系也分泌有机物及少量衰老的残根脱落于营养液中，微生物也会在其中繁殖。为了保证作物的正常生长，必须对上述诸因素的影响进行监测和调控。

1. 确定适宜的营养液管理浓度

不同的作物，不同的栽培方式，不同的生育阶段和季节，营养液的使用浓度都不一样，一般番茄等果菜类的营养液使用浓度高于生菜等速生叶菜类，生育中后期的浓度要求高于苗期和生育前期。营养液浓度管理的指标通常用电导率即 EC 值来表示。在育苗时，EC 值一般为标准浓度的 1/3~1/2，叶菜类蔬菜无土栽培的 EC 值为 1.0~2.0mS/cm，果菜类蔬菜 EC 值为 2.0~4.0mS/cm。诸如番茄，育苗期营养液浓度（EC 值）为 1.2~1.8mS/cm，生育期为 1.5~2.0mS/cm，生育后期即结果盛期，可提高到 1.8~2.8mS/cm。以高浓度的营养液配方来栽培时，以总浓度不低于 1/2 个剂量为调整界限；以低浓度营养液配方栽培时，每天监测，使营养液常处于 1 个剂量的浓度水平。EC 值可用电导仪简便准确地测定出来，当营养液浓度高时，加入清水加以稀释；当营养液浓度低时，可加入母液加以调整。每 2~3 周可对大量元素（氮、磷、钾、钙、镁、硫）分析一次，每 4~6 周对微量元素（硼、铜、铁、锰、钼、锌）分析一次，根据分析结果调整各种元素的含量。

生产上常用的做法是：在贮液池内划上加水刻度，定时关闭水泵，让营养液全部回到贮液池中，如其水位已下降到加水的刻度线，即要加水恢复到原来的水位线，用电导仪测定其浓度，依据浓度的下降程度加入母液。当营养液浓度调整后，虽然 EC 值达到要求，但作物仍然生长不良时，应考虑更换全部的营养液。

2. 掌握好供液次数和供液量

要根据不同的季节、不同的栽培方式、不同的作物和不同的生育阶段进行适当调整，基质栽培的供液次数可少，NFT 栽培（营养液膜栽培）每日要多次供液。NFT 栽培果菜每分钟供液量为 2L，而叶菜仅需 1L。

3. 及时调整和补充营养液

作物生长发育期间会不断选择性地吸收养分及水分，栽培床面、供液管道及供液池也会蒸发和消耗，营养液的浓度也会发生变化，要定期检查并进行调整和补充。检测浓度及养分状况的变化，可通过养分分析或电导率（EC 值）的测试结果取得，然后补充母液，在不能进行上述测试的情况下，可按供液池营养液的实际消耗量，以同容的原定的标准浓度营养液补充。同时注意定期更换废营养液，以保持池内营养液的稳定。

4. 经常检测 pH 的变化并予以调整

大多数作物根系在 pH5.5~6.5 的酸性环境下生长良好，营养液 pH 在栽培过程中也应尽可能保持在这一范围之内，以促进根系的正常生长。在作物的生育期中，营养液的 pH 变化很大，会影响矿质盐类的溶解度，进而影响作物根系对矿质元素的吸收。为了减轻营养液 pH 变化的强度，延缓其变化的速度，可以适当加大每株植物营养液的占有体积。营养液 pH 的监测，最简单的方法是用石蕊试纸进行比色，测出大致的 pH 范围。现在市场上已有多种便携式 pH 仪，是进行无土栽培必备的仪器：当营养液 pH 过高时，一般用 HNO_3 调节；pH 过低时，可用 NaOH 或 KOH 来调节。具体做法为：取出定量体积的营养液，用已知浓度的酸或碱逐渐滴定加入，达到要求 pH 后计算出其酸或碱用量，推算出整个栽培系统的总用量。另外,一般一次调整pH的范围以不超过0.5为宜,以免对作物生长产生影响。

5. 防止营养失调症状的发生

作物对不同离子选择性吸收以及pH的变化会导致营养液中或作物体内的养分失调,影响作物正常生长发育和产量,因此,要准确诊断并予以防治。

6. 营养液增氧技术

营养液中供氧充足与否是无土栽培技术成败的关键因素之一,供液与供氧的矛盾一直困扰着无土栽培技术的推广。在充分供液的基础上,增加营养液中溶存氧的浓度成为无土栽培技术改进和提高的核心。溶存氧的来源一是从空气中自然向溶液中扩散,二是人工增氧。自然扩散的速度很慢,增氧量仅为饱和溶解氧的1‰~2‰,远远赶不上植物根系的耗氧速度。因此,人工增氧是水培技术中的一项重要措施。常用的增氧方法有循环流动法、增氧器增氧法等。

7. 营养液的更换

营养液在循环使用一段时间后,虽然电导率经调整后能达到要求,但作物仍然生长不良。一般营养液中的肥料盐在被正常生长的作物吸收后必然是降低的,但如经多次补充养分后,作物虽然仍能正常生长,其电导率却居高不降,就有可能在营养液中积累了较多的非营养盐分。若有条件,最好是同时测定营养液中主要元素如氮、磷、钾的含量,若它们的含量很低,而电导率却很高,即表明其中盐分多属非营养盐,需要更换全部营养液。如无分析仪器,长季节栽培5~6个月的果菜,可在生长中期(3个月时)更换一次;短期叶菜,一茬仅20~30天,则可种3~4茬更换一次。

8. 营养液的温度

液温的变化主要受气候影响,要完全控制它,必须设有全天候的温室。液温对植物的生育影响很大,并且根系对液温的适应范围较小。一般夏季的液温应保持在28℃以下,冬季的液温应保持15℃以上。具体调控措施有种植槽采用泡沫塑料板块等隔热性能好的材料建造,加大每株的用液量,贮液池深埋地下,装置增温和降温设施等。

四、常见无土栽培的设备

(一) 固体基质培

1. 岩棉培

岩棉是蔬菜、花卉生产中一种极好的基质,但由于其造价高,岩棉培在我国的应用面积一直不大,目前主要应用于蔬菜生产。岩棉是由60%的辉绿岩、20%的石灰石和20%的焦炭混合,先在1500~2000℃的高温炉中溶化,将熔融物喷成直径为0.005mm的细丝,再将其压成容重为80~100kg/m³的片,然后在冷却至200℃左右时,加入一种酚醛树脂以减小表面张力而成。岩棉是完全消毒的,不含病菌和其他有机物。岩棉孔隙度大,吸水能力强。未使用过的岩棉pH较高,加入少量的酸,1~2天后pH就会降下来。岩棉在强酸下不稳定,纤维会溶解。

岩棉培是又称袋状岩棉培,指以定形的(多数为长方体)、用塑料薄膜包裹的岩棉种植垫为基质,种植时在其表面的塑料薄膜上开孔,安放已育好小苗的育苗块,然后向岩棉种植垫中滴加营养液的一种无土栽培技术(图1-72)。

(1) 岩棉培的优点

① 岩棉能很好解决水分、养分和氧气的供应问题。岩棉培则利用岩棉的保水和通气特性来协调肥、水、气三者关系,不需增加其他装置。

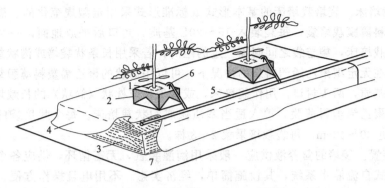

图 1-72 岩棉垫栽培示意图（张福墁）
1—岩棉块播种；2—岩棉块；3—岩棉垫；4—黑白双面膜；5—滴灌管；6—滴头；7—衬垫膜

② 岩棉培的装置简易，安装和使用方便，不受地平限制，不受停电、停水的限制。其栽培床只需岩棉毡、黑色塑料薄膜、无纺布及配制滴灌装置。

③ 本身不传播病虫、草害，不发生严重病害情况下，可以连续使用1~2年或经过消毒后再利用。

④ 岩棉质地较轻，浸水后不会变软，所以可做立体栽培和育苗。

(2) 岩棉培的基本装置

岩棉培的基本装置包括栽培床、供液装置和排液装置。若采取循环供液，排液装置就可省去。

岩棉培的栽培床用100cm(长)×20~30cm(宽)×7cm(厚) 的岩棉毡连接而成，上面定植带岩棉的幼苗，外面用一层厚度为0.05mm的黑色或黑白双面聚乙烯塑料薄膜包裹。每条栽床的长度不超过15m为宜。

供液装置一般采用滴灌装置供应营养液，利用水泵将供液池中的营养液，通过主管、支管和毛管滴入岩棉床中。营养液有循环和不循环两种，为防止病害的传播，可采用岩棉袋培的方式，栽培床用聚乙烯塑料薄膜袋，装入适量的粒状岩棉或一定大小的岩棉毡连接而成。每个袋上分别打孔定植作物。

2. 袋培

袋培是基质栽培的一种，它是利用塑料薄膜等包装材料，根据不同的作物，装入不同的基质，做成袋状的栽培床，用适当的供液装置来栽培作物，这种无土栽培方式称之为袋状栽培（简称袋培）。

(1) 袋培的特点

① 袋培只需一定大小的塑料袋和适宜的固体基质，配上供液装置，可以降低成本。

② 营养液亦无需循环，可以不连续供应营养液，不受停电停水的限制，管理技术比较简单。

③ 袋培床彼此分开，即使发生土传病害，也可以及时将发病的栽培袋取走，防止蔓延。

(2) 袋培基质的种类

用作袋培的基质很多，一般无土栽培的固体基质都可用于袋培。袋培基质的选择十分重要，既要就地取材，降低成本，更应注意使用效果。常用的固体基质有蛭石、珍珠岩、稻壳、熏炭和泥炭等，基质要有好的保水性能和排水性能，本身不能含有自由水。一般以比例适当的混合基质效果较好，使用前进行消毒，调节好pH。

(3) 袋培的基本装置

① 袋培栽培床。袋培栽培床的基本形式或标准形式采用定型规范化的、黑白双面或乳白色聚乙烯塑料薄膜栽培袋，每袋装入 15～20L 基质，封口后平放地面，一个个连接起来排成一个长的栽培床，袋与袋之间间隔一定的距离，若采用长条状袋培或沟状袋培，其栽培床不能过长。在无定型聚乙烯塑料袋的情况下，可以用筒状的聚乙烯塑料薄膜袋裁成一定长度，装入适量基质，两头封口，用作袋培床，或者延长成枕状（筒状）的长栽培床，或在浅种植沟中铺上聚乙烯塑料薄膜，填入适当基质做成沟状栽培床。每个栽培袋的大小一般长 70～100cm，宽 30～40cm，每袋栽培果菜 2～3 株。

② 供液装置。袋培的营养液供应一般采用滴灌装置，无需循环，供应各个栽培袋的营养液。水位差式自流灌水系统，其设施简单，经济实惠，不用电且操作方便。现将其装置如下。

贮液箱用耐腐蚀的金属板箱、桶、塑料箱（桶）、水泥池、大水缸均可。其容积视供液面积大小而定，一般都在 $1m^2$ 以上。选适当方位架在离地面 1～2m 高处，以保持足够的水头压力，便于自流供液。出口处安一控制水阀或龙头。箱顶最好靠近自来水管或水源，以保证水分的不断供应。箱的外壁装一水位显示标记，以目测箱内存放的营养液多少，便于补充。

供液管可用硬塑料管或软壁管，滴头选用定型滴头、新型滴头，亦可直接打孔，无须安装滴头。

③ 选用适宜的营养液配方。营养液配方要根据所选用的基质及其所含养分状况加以调整。当基质中含有一定比例的草炭时，营养液中的微量元素可以不加或少加。袋培中，营养液配方可以使用铵态氮或酰铵态氮（尿素），这样能大大降低成本。基质在装袋之前应混合一些肥料，即每立方米基质中加入：硝酸钾 1000g，硫酸锰 14.2g，过磷酸钙 600g，硫酸锌 14.2g，白云石粉 3000g，钼酸钠 2.4g，硫酸铜 14.2g，螯合铁 23.4g，硼砂 9.4g，硫酸亚铁 42.5g。

每天应供液 1 次，高温季节和作物生长盛期，每天可供液 2 次。要经常检查，防止滴头堵塞，造成供液不匀。袋下部要留切口，以排除废液，防止盐基的积累。要经常检查与调整营养液和栽培袋中基质的 pH，并注意观察和防治缺素症。

3. 槽培

槽培是在温室、大棚等设施内，将基质装入一定容积的栽培槽中，可以高于地面，也可以低于地面，在槽内栽培作物。

(1) 栽培槽 一般用砖、水泥或泡沫塑料板等材料做成相对固定的栽培槽，有些用专用栽培槽（图 1-73）。当种植植株高大的番茄、迷你西瓜等瓜果类蔬菜时，槽宽 48cm，可供栽培两行作物，栽培槽之间的距离为 0.8～1.0m。如种植植株矮小的生菜等叶类蔬菜时，栽培槽的宽度可为 70～90cm，两槽相距 0.6～0.8m。槽边框高度为 15～25cm。建好槽框后，在其底部铺一层 0.1mm 厚的聚乙烯塑料薄膜，以防止水分的流失和土壤病虫害传染。槽的长度可依照温室大棚等保护地的覆盖条件而定。木制槽或砖槽内铺一层塑料膜，水泥槽槽内涂防火树脂，防止营养液外漏。

图 1-73 温室无土栽培槽示意图

(2) 供液系统 可按单个棚室建成独立的供液系统,利用自来水基础设施或者是采用水位差为1m以上的贮水池建成。在栽培槽上铺设塑料滴灌带,较窄的槽铺1~2条,较宽的槽铺2~4条。

(3) 栽培基质 槽培基质有多种,其中以草炭和蛭石的混合基质较为适用。草炭在运输过程中已大致风干,可能结成大块,需粉碎成纤维状或团状颗粒。基质混合前需分别测其酸碱度、电导率和主要营养元素含量,草炭测定氮、磷、钾含量,蛭石测定钾、镁含量。生产上所用的混合基质,按草炭388L和蛭石388L对半配成,并加入石灰石粉4540g、过磷酸钙(20% P_2O_5) 908g、硝酸钾(14-0-44,表示氮磷钾含量,下同) 454g、螯合铁(10% Fe) 28g、硼酸(17.48%) 23g。硝酸钾和螯合铁需用热水化开洒入基质里,石灰石粉和过磷酸钙需粉碎后拌入基质里。为防止无机性能的改变,混拌均匀后的基质立即装入槽内,及时栽种作物。

(4) 操作管理技术 根据市场需要和茬口安排,确定栽培的作物种类与品种,并确定适宜的播种日期和定植日期。育苗技术及定植后的温湿度管理、植株调整的方法均与一般种植要求相同。

(二) 水培

1. 深液流技术

深液流(DFT)技术是最早开发成可以进行农作物商品生产的无土栽培技术。植株根系生长在较为深厚并且是流动的营养液层的一种水培技术,一般在固定的设施栽培床中盛放5~10cm有时甚至更深厚的营养液,将作物根系置于其中,同时采用水泵间歇开启供液使得营养液循环流动,以补充营养液中氧气并使营养液中养分更加均匀。这种栽培形式称之为深液流(DFT)技术。在日本十分普及,目前中国的广东省亦有较大的使用面积,能生产出番茄、黄瓜、辣椒、节瓜、丝瓜、甜瓜、西瓜等果菜类以及菜心、小白菜、生菜、通菜、细香葱等叶菜类,特别是适合南方热带亚热带气候特点的水培类型。

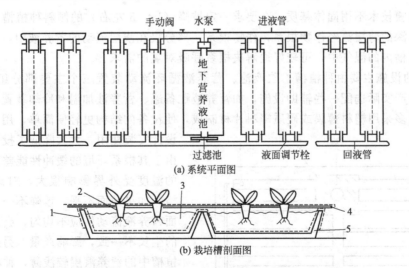

1—塑料薄膜;2—塑料育苗钵;3—营养液;4—泡沫板;5—栽培槽
图1-74 简易DFT生菜栽培系统示意图(张福墁)

DFT设施主要包括种植槽、定植网框或定植块、地下贮液池和营养液循环流动装置四部分组成(图1-74)。

深液流(DFT)技术特点表现在以下两点。

① 营养液的液层较深，根系伸展在较深的液层中，每株占有的液量较多，因此，营养液浓度、溶解氧、酸碱度、温度以及水分存量都不易发生急剧变动，为根系提供了一个较稳定的生长环境。

② 营养液要循环流动。以增加营养液的溶存氧以及消除根部有害代谢产物的局部累积，使养分能及时送到根表。

2. 营养液膜技术

营养液膜技术，简称NFT，是英国温室研究所库柏在1973年首先开发的。它是一种将植物种植在浅层流动的营养液层中的水培方法（图1-75）。

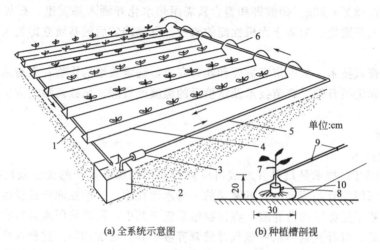

图1-75 NFT设施组成示意图（张福墁）
1—回流管；2—贮液池；3—泵；4—种植槽；5—供液主管；6—供液支管；
7—苗；8—育苗钵；9—夹子；10—聚乙烯薄膜

营养液膜技术不用固体基质，在要求一定坡降（1∶75左右）的倾斜种植槽中，营养液仅以数毫米深的薄层流经作物根系，作物根系一部分浸在浅层流动的营养液中，另一部分则暴露于种植槽内的湿气中，可较好地解决根系呼吸对氧的需求。

NFT的设施主要由种植槽、贮液池、营养液循环流动装置三个主要部分组成。此外，还可根据生产实际选配一些辅助设施，如营养液贮备罐、营养液加温和冷却装置等。

种植槽多采用塑料薄膜或硬质塑料片材制成，使设备的结构更轻便简单，用户可以自行设计安装使用，大大降低了投资成本。但由于其根系环境的缓冲性能差，根际周围的温度受外界影响很大，对地平要求严格，如果地面不平，坡降不一，栽培槽底面营养液流动供应不均匀，会造成植株间的生长不一致，影响产量。另外，由于种植槽中的营养液层较浅薄，种植系统的营养液总量较少，因此营养液的浓度和组成易产生急剧的变化，要不断循环供液，能源消耗较大，若出现较长时间断电或水泵故障而不能及时循环就很容易出问题。在高温和作物生产盛期，植株叶蒸腾量大，

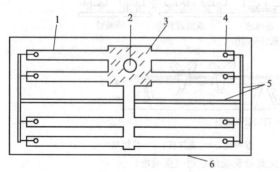

图1-76 浮板毛管水培平面示意图（吴志行）
1—栽培床；2—水泵；3—贮液池；
4—空气混合器；5—管道；
6—6m×60m大棚

消耗营养液量大,供应不及时亦易造成植株萎蔫。在生菜、番茄、草莓等作物上仍广泛应用此法。

3. 浮板毛管技术(FCH)

浮板毛管栽培技术由浙江省农业科学院和南京农业大学合作研究成功,应用分根法使部分根系伸向液面的一条铺有湿毡的泡沫浮板上,生长于湿气中的根吸收氧气,另一部分根则伸入深水培养液中吸收水肥,这种栽培方式称之为浮板毛管栽培技术(图1-76)。

浮板毛管栽培设施由贮液池、栽培床、营养液循环系统和控制系统等组成。

贮液池设在设施的中间或一端,池口比地面高,贮液池的大小以 8~10m³ 为宜。

栽培床安排在一个水平面上,床柜采用宽40cm、深10cm、长100cm的聚苯乙烯泡沫板槽连接而成。一般长15~30m,槽内铺一层聚乙烯黑膜,防止漏水。槽内盛放较深的营养液,在营养液的液面飘浮一块聚苯乙烯泡沫浮板,厚度为12.5cm,宽度不超过定植板上两行定植穴的行距,浮板上铺上无纺布,无纺布两侧垂入营养液中,使无纺布湿润如毡。在定植板上的定植穴中定植作物,通过分根法使上部根系在浮板周围吸氧,下部根系从液面下吸收营养和水分。栽培作物一般用岩棉方块或聚氨酯泡沫块育苗。

循环系统由水泵、阀门、管道空气混合器等组成。空气混合器安装在进水口,以增加溶氧量。

控制系统由定时器、控温仪、自动加水器和EC、pH自动调节仪等组成。定时器可以控制水泵定时供应营养液,并不断通过下流排液孔进行营养液的更新。

(三) 有机生态型无土栽培

有机生态型无土栽培技术是由中国农业科学院蔬菜花卉研究所研制成功的,生产过程中使用的是有机固态肥料,灌溉时只灌清水不使用营养液,耗能低,灌溉排出液对环境无污染,因此称为"有机生态型无土栽培"。这种方法生产成本低,产品质量符合绿色食品要求。

有机生态型无土栽培常采用基质槽培的形式,设施主要由栽培槽和供水系统组成(图1-77)。

栽培槽用3块砖平地叠起,做成高15cm、宽50cm的槽,槽的长度依据设施而定。槽底铺塑料薄膜,槽内装基质。

有机生态型无土栽培基质可以采用玉米、向日葵秸秆或者农产品加工后的废弃物如椰壳、蔗渣、酒糟等,或者木材加工的副产品如锯

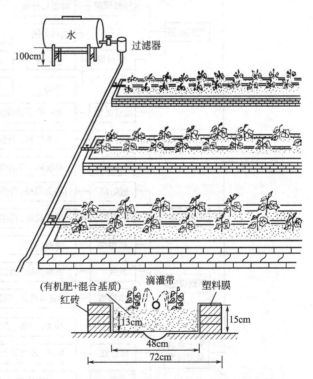

图1-77 有机生态型无土栽培示意图(张福墁)

末、树皮、刨花等都可按一定比例混合后使用,还可加入蛭石、珍珠岩、炉渣、砂等无机物质。但必须注意的是凡是有机基质,都必须先堆放发酵后才能使用,以降低它的碳氮比。

常用的混合基质有以下几种。4份草炭:6份炉渣;5份砂:5份椰子壳;5份葵花秆:

2份炉渣：3份锯木。为了满足作物对营养的需求，在基质中还需掺入一定量的肥料；每立方米中施入10kg消毒鸡粪、1kg磷酸二铵、1.5kg硫酸铵和1.5kg硫酸钾作基肥。一般栽培基质更新的年代为3~5年。由于有机秸秆等基质在栽培过程中会分解损耗，所以在结束每茬作物种植后，均应补充新的混合基质，以弥补基质量的不足。

供水系统一般单个棚室独立建造，每个栽培槽内铺设1~2根滴灌带。根据栽培作物种类和基质的含水状况确定灌溉量。

有机生态型无土栽培技术用有机固态肥代替传统营养液，操作管理技术简单，能提高作物的产量与品质，减少农药用量，产品洁净卫生，节水节肥省工，可利用非耕地生产蔬菜等作物。

本 章 小 结

复习思考题

1. 风障畦、阳畦的主要性能是什么？
2. 使用电热温床时应注意什么？

3. 常用地膜的种类及主要功能是什么？
4. 聚氯乙烯薄膜和聚乙烯薄膜有哪些区别？
5. 竹木结构大棚由哪几部分构成？
6. 试述塑料大棚的结构及建造方法。
7. 大棚在园艺作物栽培上有哪些应用？
8. 试述小棚的性能及建造步骤。
9. 什么是温室？温室如何分类？
10. 日光温室有哪些主要类型，各自有何特点？
11. 日光温室设计中的"五度"、"三材"具体是指哪些结构参数？
12. 在日光温室群建造中，如何确定温室的间距？
13. 日光温室光照有何特点？
14. 现代化连栋温室常见类型有哪几种？
15. 现代温室配套系统有哪些？
16. 现代温室覆盖材料有哪些？有何性能？
17. 塑料拱圆顶温室一般面临哪些破坏力，应如何防止它们？
18. 试述现代温室的优越性。
19. 夏季设施主要有哪些类型？
20. 试述遮阳网、防虫网的作用、覆盖方式及应用。
21. 防雨棚有哪几种类型？
22. 滴灌滴水器的种类及功能有哪些？
23. 如何进行滴灌系统的管理？
24. 微喷头的种类及功能是什么？
25. 无土栽培的形式主要有哪些？
26. 无土栽培的基质有哪些？主要性质如何？
27. 无土栽培的营养液如何配制？营养液如何管理？
28. 试述有机生态型无土栽培的特点及设备。

第二章 设施环境的特点及调控

知识目标

了解设施内温度、光照、湿度、气体、土壤等环境因素的特点；了解灾害性天气的类型；了解设施环境综合调控的概念、方式及措施；掌握园艺设施内温度、光照、湿度、气体、土壤等环境因素的调控措施；掌握常见灾害性天气的预防措施。

技能目标

通过生产实践练习，学会设施环境调控技术，特别是冬季增光、增温、增施气肥、降低湿度，夏季遮光、降温、增湿等；掌握灾害性天气的预防措施。

第一节 设施内的环境特点及调控

设施环境一般包括设施的光照、温度、湿度、气体以及土壤条件等。设施环境调节控制的设备和水平直接影响园艺产品的产量和品质，进而影响着经济效益。

生产实践中，必须了解不同园艺作物生长发育对外界环境条件的要求，并掌握各种园艺设施的性能及其环境变化的规律，采用各种措施调节设施内的环境，创造出适宜作物生长发育的环境条件，实现优质、高产、高效栽培的目的。

一、光照及其调控

"万物生长靠太阳"，设施园艺作物的生长发育也与光照密不可分。目前，我国园艺设施的类型中，塑料拱棚和日光温室是最主要的，约占设施栽培总面积的90%以上。而塑料拱棚和日光温室基本上是以阳光为唯一光源与热源的，所以光环境对设施园艺的生产，特别是对喜光园艺作物的优质高产栽培，具有决定性的影响。设施内的光照主要包括光照强度、光照时间、光质与光照分布四个方面。

（一）设施内光照条件的特点

设施内的光照不同于露地，设施内的光照条件受设施方位、设施结构、覆盖材料等多种因素的影响。

1. 光照强度

园艺设施内的光照强度，一般均比自然光弱。这是因为自然光透过透明屋面才能进入设施内，由于覆盖材料的吸收、反射，覆盖材料内面结露的水珠折射、吸收等而降低透光率。尤其在寒冷的冬季、早春季节或阴雪天气，透光率只有50%～70%，如果透明覆盖材料不清洁，使用时间长而染尘、老化等因素，则透光率甚至不足50%。

2. 光照时间

设施内的光照时数是指设施内作物受光时间的长短。光照时数因设施类型而异。塑料大棚和大型连栋温室，因全面透光，无外覆盖，设施内的光照时数与露地基本相同。但单屋面温室内的光照时数一般比露地要少，因为在寒冷季节为了防寒保温，往往要覆盖蒲席、草苫等,这些覆盖物的揭盖时间就会直接影响设施内的受光时数,一般在日出后才揭苫,而在日落前就需盖上,尤其短日照季节一天内作物受光时间只有7~8h,不能满足园艺作物对日照时数的需求。

3. 光质

设施内光的组成(光质)也与自然光不同,主要与透明覆盖材料的性质有关。我国的设施多以塑料薄膜为覆盖材料,透过的光质就与薄膜的成分、颜色等有直接关系。玻璃温室与硬质塑料板材的特性也影响设施内的光质。此外,一年四季中,光的组成由于气候的改变也会有明显的变化。如紫外光的成分以夏季的阳光中最多,秋季次之,春季较少,冬季则最少。夏季阳光中紫外光的成分是冬季的20倍,而蓝紫光比冬季仅多4倍。因此,这种光质的变化可以影响到同一种作物不同生产季节的产量及品质。

4. 光照分布

露地栽培作物在自然光下分布是均匀的,园艺设施内则不然。例如,单屋面温室的后屋面及东、西、北三面有墙,都是不透光部分,在后屋面下部或墙附近往往会有遮荫。朝南的透明屋面下,光照明显优于北部。据测定,温室栽培床的前、中、后排黄瓜产量有很大的差异,前排光照条件好,产量最高,中排次之,后排最低,反映了光照分布不均匀。单屋面温室后面的仰角大小不同,也会影响透光率的多少不同。园艺设施内不同部位的地面,距屋面的远近不同,光照条件也不同。垂直方向上,不同部位的光照差异也比较明显,一般表现为由下向上,光照逐渐增强。

园艺设施内光分布的不均匀性使得园艺作物的生长也不一致,影响产量且成熟期也不一致。弱光区的产品品质差,且商品合格率降低。因此设施栽培必须通过各种措施,尽量减轻光分布不均匀的负面效应。

(二) 影响设施光照条件的因素

1. 设施的透光率

设施的透光率是指设施内的光照强度与外界自然光照之比。透光率的高低反映了设施的采光能力好坏,透光率越高,说明设施的采光能力越强,设施内的光照条件也越好。设施透光率受到了许多因素的影响,主要有覆盖材料的透光特性、设施结构等。

2. 覆盖材料的透光特性

包括材料对光的吸收率、透射率和反射率。当太阳光照射到覆盖物的表面上时,一部分太阳辐射能量被材料吸收,一部分被反射回空中,剩下的部分才透过覆盖材料进入设施内。三部分的关系表示为:

$$吸收率 + 透射率 + 反射率 = 1$$

透光特性与覆盖物的种类、状态有关。不同覆盖材料以及不同状态下的透光特性见表2-1。

表2-1 不同覆盖物种类、状态下的透光特性

名称	透光量/klx	透光率/%	吸收及反射率/%	露地光照/klx	说明
透明新膜-1	14.9	93.1	6.9	16.0	上海产
透明新膜-2	14.4	90.0	10.0	16.0	天津产
稍污旧膜[①]	14.1	88.1	11.9	16.0	天津产
沾尘新膜	13.3	83.1	16.9	16.0	天津产
半透明膜	12.7	79.4	20.6	16.0	天津产
有滴新膜	7.5	73.5	26.5	10.2	天津产
洁净玻璃	14.5	90.6	19.4	16.0	天津产
沾尘玻璃	13.0	81.3	18.7	16.0	天津产

① 稍污旧膜指的是使用一年后的薄膜。

从表 2-1 中可以看到,落尘和附着水滴均能降低透明覆盖物的透光率。落尘一般可降低透光率 15%～20%。附着水滴除了对太阳红外光部分有强烈的吸收作用外,还能增加反射光量,水滴越大,对覆盖物透光率的影响越明显。一般由于附着水滴可使覆盖物的透光率下降 20%～30%。两者合计可使覆盖物的透光率下降 50% 左右。此外,覆盖材料老化也会降低透光率,一般薄膜老化可使透光率下降 10% 左右。

覆盖物的种类和状态对光质也有较大的影响。如聚乙烯膜的红、紫外光部分的透过率稍高于聚氯乙烯膜,散热快,因而保温性较差。有色薄膜能改变透过太阳光的成分,如浅蓝色膜能透过 70% 左右可见的蓝绿光部分和 35% 左右的 600nm 波长的光;绿色膜能透过 70% 左右可见光的橙红区和微弱透过 600～650nm 波长的光。

3. 设施结构对透光率的影响

主要指设施的屋面角度、类型、方位等对设施透光率的影响。

(1) 屋面角度 屋面角度主要影响太阳直射光在屋面上的入射角(与屋面垂线的交角)大小,一般设施的透光量随着太阳光线入射角的增大而减少。当入射角为 0° 时,透射率达到 90%;入射角在 0°～40°(或 45°)范围内,透射率变化不大;入射角大于 40°(或 45°)后,透射率明显减小,大于 60° 后,透射率急剧减小。

透光量最大时的屋面角度(α)应该是与太阳高度角成直角,计算公式为:

$$\alpha = \phi - \delta$$

式中,ϕ 为纬度(北纬为正);δ 为赤纬,随季节而变化。表 2-2 为主要季节的赤纬。

表 2-2 季节与纬度

季节	立春	春分	立夏	夏至	立秋	秋分	立冬	冬至
月/日	2/5	3/20	5/5	6/21	8/7	9/23	11/7	12/22
赤纬	−16°20′	0°	+16°20′	+23°27′	+16°20′	0°	−16°20′	−23°27′

按公式计算出的屋面角度一般偏大,无法建造,即使建造出来也不适用。由于太阳入射角在 0°～45° 时,直射光的透过率差异不大,所以从有利于生产和管理角度出发,一般实际角度为理论角度减去 40°～45°。以北京地区为例,冬至时的适宜屋面角度应为:

$\alpha = \phi - \delta - (40°\sim 45°) = 39°54′ - (-23°27′) - (40°\sim 45°) = 63°21′ - (40°\sim 45°) = 23°21′\sim 18°21′$

(2) 设施类型 设施的透明覆盖层次越多,透光量越低,双层薄膜大棚的透光量一般较单层大棚减少 50% 左右。单栋温室和大棚的骨架遮荫面积较连栋温室和大棚的小,透光率比连栋温室和大棚的高;竹木结构温室和大棚的骨架材料用量大并且材料的规格也比较大,遮荫面大,透光量少,钢架结构温室和大棚的骨架材料规格小,用量也少,遮荫面积小,透光量一般较竹木结构增加 10% 左右。不同设施类型的透光性能比较见表 2-3。

表 2-3 不同设施类型的透光性能比较

项目 大棚类型	透光量/klx	与对照的差值/klx	透光率/%	与对照的差值/%
单栋竹拱结构大棚	66.5	−39.9	62.5	−37.5
单栋钢拱结构大棚	76.7	−29.7	72.0	−28.0
单栋硬质塑料结构大棚	76.5	−29.9	71.9	−28.1
连栋钢材结构大棚	59.9	−46.5	56.3	−43.7
对照(露地)	106.4		100.0	

(3) 设施方位 设施的方位不同,其一天中的采光量也不相同。如冬至时节温室的透光率随着方位偏离正南而减低。不同方位塑料大棚的采光量也不相同,见表 2-4。

表 2-4　不同方位塑料大棚内的照度比较　　　　单位：%

方位＼季节	清明	谷雨	立夏	小满	芒种	夏至
东西延长	53.14	49.81	60.17	61.37	60.50	48.86
南北延长	49.94	46.64	52.48	59.34	59.33	43.76
比较值	+3.20	+3.17	+7.69	+2.03	+1.17	+5.1

目前我国蔬菜温室大都属于单屋面温室，这类温室仅向阳面受光，两山墙和北后墙为土墙或砖墙，是不透光部分。

（4）相邻温室或塑料棚的间距　为了保证相邻的单屋面温室内有充分的日照，不被南面的温室遮光，相邻温室间必须保持一定距离。相邻温室之间的距离大小，主要应考虑温室的脊高加上草帘卷起来的高度，相邻间距应不小于上述两者高度的 2~2.5 倍，应保证在太阳高度最低的冬至节前后，温室内也有充足的光照。南北延长温室，相邻间距要求为脊高的 1 倍左右。

4．气候条件对设施内光照强度的影响

因受气候变化的影响，设施内的光照具有明显的季节性变化。总体来讲，低温期大多数时间内，设施内的光照不能满足作物生长的需要，特别是保温覆盖物比较多的温室、阳畦等，其内的光照时间与光照强度更为不足；春秋两季设施内的光照条件有所改善，基本上能够满足栽培需要；夏季设施内的光照虽然低于露地，但较强的光照却往往导致设施内的温度过高，产生高温危害。

（三）设施内光照条件的调控措施

1．增加光照

增加光照的措施主要有以下几种。

（1）合理的设施结构和布局

① 选择适宜的建筑场地及合理的建筑方位。确定的原则是根据设施生产的季节，当地的自然环境，如地理纬度、海拔高度、主要风向、周边环境（有否高大建筑物、地面平整与否等）。

② 设计合理的屋面坡度。单屋面温室主要设计好后屋面仰角，前屋面与地面交角，后坡长度，既保证透光率高也兼顾保温效果。温室屋面角要保证尽量多进光，还要防风、防雨（雪），使排雨（雪）水顺畅。

③ 合理的透明屋面形状。生产实践证明，拱圆形屋面采光效果好。

④ 骨架材料。在保证温室结构强度的前提下尽量用细材，以减少骨架遮荫，梁柱等材料也应尽可能少，如果是钢材骨架，可取消立柱，对改善光环境很有利。

⑤ 选用透光率高且透光保持率高的透明覆盖材料。我国以塑料薄膜为主，应选用防雾滴且持效期长、耐候性强、耐老化性强等优质多功能薄膜、漫反射节能膜、防尘膜、光转换膜。大型连栋温室有条件的可选用 PC 板材。

（2）改进栽培管理措施

① 覆盖透光率比较高的新薄膜。一般新薄膜的透光率可达 90% 以上，使用一年后的旧薄膜，视薄膜的种类不同，透光率一般下降为 50%~60%，覆盖效果比较差。

② 保持透明屋面洁净。使塑料薄膜温室屋面的外表面少染尘，经常清扫以增加透光，内表面应通过放风等措施减少结露（水珠凝结），提高透光率。

③ 在保温前提下，尽可能早揭晚盖外保温和内保温覆盖物，增加光照时间。在阴雨雪

天，也应揭开不透明的覆盖物，在确保防寒保温的前提下时间越长越好，以增加散射光的透光率。双层膜温室可将内层改为白天能拉开的活动膜，以利光照。

④ 保持膜面平展。棚膜变松、起皱时，反射光量增大，透光率降低，应及时拉平、拉紧。

⑤ 及时消除薄膜内面上的水膜。常用方法：一是拍打薄膜，使水珠下落；二是定期向膜面喷洒除滴剂或消雾剂，有条件的地方应尽量覆盖无滴膜。

⑥ 合理密植，合理安排种植行向。目的是为减少作物间的遮荫，密度不可过大，否则作物在设施内会因高温、弱光发生徒长，作物行向以南北行向较好，没有死阴影。若是东西行向，则行距要加大，尤其是北方单屋面温室更应注意行向。高架作物则宜实行宽窄行种植，并适当稀植。

⑦ 加强植株管理。黄瓜、番茄等高秧作物及时整枝打杈，及时吊蔓或插架，并用透明绳架吊拉植株茎蔓等。进入盛产期时还应及时将下部老叶摘除，以防止上下叶片相互遮荫。

此外设施栽培应选用较耐弱光的品种，还可采用有色薄膜，人为地创造某种光质，以满足某种作物或某个发育时期对该光质的需要，获得高产、优质。但应注意有色覆盖材料透光率偏低，只有在光照充足的前提下改变光质才能收到较好的效果。

(3) 利用反射光　一是在地面上铺盖反光地膜；二是在设施的内墙面或风障南面等张挂反光薄膜，可使北部光照增加50%左右；三是将温室的内墙面及立柱表面涂成白色。下面就反光膜的应用做一介绍。

反光膜是指表面镀有铝粉的银色聚酯膜，幅宽1m，厚度为0.005mm以上。

① 悬挂此膜有如下优点：可明显增加室内光照强度；可增加室内温度和土温；可降低空气相对湿度，减轻病害发生率；可促进作物生长发育，提高产量和产值。

② 应用方法及注意事项：反光膜宽度不应小于1m，否则反光面太小，对前部的反光作用不明显，也可粘striking 2.0m左右宽的反光膜，把上端分别搭在事先拉好的铁丝上，折过来用透明胶纸粘住，下端用竹竿或细绳拉紧即可。张挂反光膜不要紧贴北墙，因为白天照射的日光全反射到墙面，墙体吸收不上热，到夜间墙体成为冷墙，不利于保温防寒。反光膜使用季节应该是早春1~4月和秋冬季11~12月，此时光照弱，效果明显。

2. 人工补光

连续阴天以及冬季温室采光时间不足时，应进行人工补光。

(1) 人工光源的选择标准　人们在选择人工光源时，一般参照以下的标准来进行选择。

① 人工光源的广谱性能。根据植物对光谱的吸收性能，光合作用主要吸收 $0.4\sim0.5\mu m$ 的蓝、紫光区和 $0.6\sim0.7\mu m$ 的红光区。因此要求人工光源光谱中富有红光和蓝、紫光。

② 发光效率。光源发出的光能与光源的电功率之比称为光源的发光效率。光源的发光效率越高，所消耗的电能越小，这对节约能源、减少经济支出都有明显的效益。光源所消耗的电能，一部分转变为光能，其余的转变为热能。

③ 其他因素。在选择人工光源时还应考虑到其他一些因素，如光源的寿命、安装维护方便、价格等。

(2) 人工光源的选择　对于日光温室蔬菜生产补光的目的来讲，主要是补充光照强度、延长光照时间，所以要选择光谱性能好、发光效率高、光强大的光源，同时考虑价格便宜、使用寿命长的问题。

目前，常用温室人工光源有白炽灯、荧光灯、高压水银灯、金属卤化物灯和氙灯等。一般而言，白炽灯是热辐射，红外线比例较大，发光效率低，但价格便宜，主要应用于光周期的照明光源；荧光灯发光效率高、光色好、寿命长、价格低，但单灯功率较小，只用于育苗；高压水银灯功率大、寿命长、光色好、适合温室补光；金属卤化物灯具有光效高、光色好、寿命长和功率大的特点，是最理想的人工补光的光源。

（3）不同种类和品种的作物对光照的要求　番茄、甜椒、茄子等喜光作物的光饱和点在40000～50000lx，而菠菜、生菜等耐弱光作物光饱和点在20000lx以下，所以，进行人工补光时，应从经济效益角度考虑，确定最适宜的补光参数。表2-5是英国采用的蔬菜人工补光参数，可以看出补光最低光强度为3000lx，最高7000lx。

表 2-5　蔬菜温室人工补光参数

蔬菜种类	幼苗		植株	
	光强/lx	光照时间/h	光强/lx	光照时间/h
番茄	3000～6000	16	3000～7000	16
生菜	3000～6000	12～24	3000～7000	12～24
黄瓜	3000～6000	12～24	3000～7000	12～24
芹菜	3000～6000	12～24	3000～6000	12～24
茄子	3000～6000	12～24	3000～6000	12～24
甜椒	3000～6000	12～24	3000～7000	12～24
花椰菜	3000～6000	12～24	3000～6000	16

（4）补光方法　补光时应考虑光源的配置布局与数量问题，一般用100W白炽灯泡的光度分配是除了灯泡上方近60°角内近于无光外，在其他各个方向光度的分配是比较均匀的，如果配置反光灯罩，使光线集中向下方120°范围内，以获得分布较为均匀的照度。

一般光源距植物1～2m。每一温室按300m²面积计算，如达到3000lx以上光照强度需低压钠灯50个左右。按双行网格布局灯间距2m，每排25个灯，双排布置可达到补光的目的。

3. 遮光

主要材料有遮阳网、荫障、苇帘、草苫等。遮光不仅能够减弱保护地内的光照强度；还能降低保护地内的温度。保护地遮光20%～40%能使室内温度下降2～4℃。初夏中午前后，光照过强，温度过高，超过作物光饱和点，对生育有影响时应进行遮光；在育苗过程中移栽后为了促进缓苗，通常也需要进行遮光。遮光材料要求有一定的透光率，较高的反射率和较低的吸收率。遮光对夏季炎热地区的蔬菜栽培，以及花卉栽培尤为重要。

遮光方法有如下几种。覆盖各种遮荫物，如遮阳网、无纺布、苇帘、竹帘等；薄膜表面涂白灰水或泥浆等措施进行遮荫，一般薄膜表面涂白面积30%～50%时，可减弱光照20%～30%；玻璃面涂白；可遮光50%～55%，降低室温3.5～5.0℃；屋面流水可遮光25%。

二、温度及其调控

温度是园艺作物设施栽培的首要环境条件，任何园艺作物的生长发育都要求一定的温度范围，所谓的"温度三基点"，即最低温度、最适温度和最高温度。设施栽培应根据不同园艺作物对温度三基点的要求，尽可能使温度环境处在其生育适温内。

（一）设施内温度条件的特点

1. 园艺设施的热收支状况

（1）热量来源　设施内的热量主要来自太阳辐射能和加温。

① 太阳辐射。白天，当太阳光线照射到透明覆盖物表面上后，一部分光线透过覆盖物

进入设施内,照射到地面及植株上,地面和植株获得太阳辐射热量,地温和植株体温升高,同时地面和植株也放出长波辐射,使气温升高。由于设施的封闭或半封闭,设施内外的冷热空气交流微弱,以及由于透明覆盖物对长波辐射透过率较低的原因,而使大部分长波辐射保留在设施内,从而使设施内的气温升高。设施的这种利用自身的封闭空气交流和透明覆盖物阻止设施内的长波辐射而使内部的气温高于外界的现象,称为设施的"温室效应"。据研究,在"温室效应"形成的两个因素中,前一个因素的作用占72%,后一个因素的作用占28%。太阳辐射能增温的效果,受到天气、设施类型、透明覆盖物种类和设施方位等因素的影响。

② 加温。加温的升温幅度除了受加温设备的加温能力影响外,设施的空间大小对其影响也很大。据试验,温室的高度每增加1m,温度升高1℃所需的能量相应增加20%~40%。

(2) 热量支出 设施内的热量支出途径主要有:通过地面、覆盖物、作物表面的有效辐射失热;通过覆盖物的贯流放热;通过设施内的土壤表面水蒸发、作物蒸腾、覆盖物表面蒸发,以潜热(由水的相变引起的热量传递)的形式失热;通过保护地内通风换气将显热(由温差引起的热量传递)和潜热排出;通过土壤传导放热等。园艺设施内热量的收支状况见图2-1。

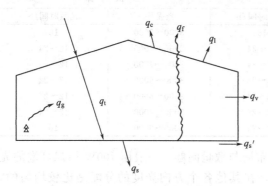

图2-1 园艺设施内热量收支模式图

q_t—太阳总辐射能量;q_f—有效辐射;
q_g—人工加热;q_c—对流传导失热(显热);
q_l—潜热失热;q_v—通风换气失热
(显热和潜热);q_s—地中传热;
$q_{s'}$—土壤横向传导失热

① 辐射放热。辐射放热主要是在夜间,以有效辐射的方式向外放热。在夜间几种放热的方式中,辐射放热占的比例很大。辐射放热受设施内外的温差大小、设施表面积以及地面面积大小等的影响比较大。

② 贯流放热。即设施内的热量以传导的方式,通过覆盖材料或围护材料向外散放。贯流放热的快慢受到了覆盖材料或围护材料的种类、状态(如干湿)、厚度、设施内外的温度差、设施外的风速等因素的影响。材料的贯流放热能力大小一般用热贯流率来表示。热贯流率是指材料的两面温差为1℃时,单位时间内、单位表面积上通过的热量,表示为$kJ/(m^2 \cdot h \cdot ℃)$。材料的热贯流率越大,贯流放热量也越大,保温性能越差。不同材料的热贯流率值见表2-6。

表2-6 几种材料的热贯流率

材料种类	规格/mm	热贯流率/[$kJ/(m^2 \cdot h \cdot ℃)$]	材料种类	规格/cm	热贯流率/[$kJ/(m^2 \cdot h \cdot ℃)$]
玻璃	2.5	20.9	木条	厚5	4.6
玻璃	3~3.5	20.1	木条	厚8	3.8
玻璃	4~5	18.8	砖墙(面抹灰)	厚38	5.8
聚氯乙烯	单层	23.0	钢管	—	41.8~53.9
聚氯乙烯	双层	12.5	土墙	厚50	4.2
聚乙烯	单层	24.2	草苫	—	12.5
合成树脂板	FRP、FRA、MMA	5.0	钢筋混凝土	5	18.4
合成树脂板	双层	14.6	钢筋混凝土	10	15.9

设施外的风速大小对贯流放热的影响也很大,风速越大,贯流放热越快。所以,低温期多风地区要加强设施的防风措施。

③ 通风换气放热。包括由设施的自然通风或强制通风、建筑材料裂缝、覆盖物破损、

门窗缝隙等渠道进行的热量散放。分为显热失热（直接由温差引起的失热）和潜热失热（由水的相变而引起的失热）两部分，主要为显热失热，潜热失热量较小，一般忽略不计。风速对换气放热的影响很大，风速增大时，换气散热量增大。

④ 土壤传导失热。包括土壤上下层之间以及土壤的横向热传递，对设施温度影响大的是水平方向的热传递。据报道，土壤横向传热失热量约占温室总失热量的5%～10%。

(3) 设施保温比　保温比是指设施内的土地面积（D）与覆盖及围护的表面积（S）之比。保温比最大值为1。设施的保温比值越大，覆盖以及围护的表面积越小，则通过设施表面进行的热交换和热辐射量减少，保温能力增强。

设施的形状以及大小等对保温比值的影响较大。一般单栋温室的保温比为0.5～0.6，连栋温室的保温比为0.7～0.8。同一土地面积的大棚，拱圆棚的保温比最小，平顶棚的保温比最大。保温比大的设施，白天增温缓慢，夜间降温也比较缓慢，日较差小，保温比小的设施的日较差则相对较大。

(4) 地-气热交换　白天，当太阳辐射透过透明覆盖物进入设施内后，照到地面上，一部分被土壤吸收，地温增高，另一部分反射回设施内。由于透明覆盖物的阻挡作用，大部分辐射被保留于设施内，而使气温升高。与此同时，地面放出的热辐射也被透明覆盖物阻挡，留于设施内，加速气温提高。由于白天设施内的气温高于地温，土壤在接受太阳光能的同时，也还从空气中吸收热量，加速地温上升。

夜间在不进行加温情况下，由于辐射放热、贯流放热、换气放热等原因，设施内的气温逐渐下降，只有依靠土壤、墙体等中贮存的热量辐射来保持温度，故夜间设施内的地温高于气温。

2. 设施内温度的一般变化规律

(1) 气温

① 日变化规律。一日中，设施内的最高温度一般出现在13：00～14：00，最低温度出现在日出前或保温覆盖物揭起前。

设施内的日较差大小因设施的大小、保温措施、气候等的不同而异。一般大型设施的温度变化比较缓慢，日较差较小；小型设施的空间小，热缓冲能力比较弱，温度变化剧烈，日较差也比较大。据调查，在密闭情况下，小拱棚春天的最高气温可达50℃，大棚只有40℃左右；在外界温度10℃时，大棚的日较差约为30℃，小拱棚却高达40℃。

小型设施由于温度变化剧烈，夜间温度下降较快，有时夜间设施内的气温甚至低于露地气温，易出现棚温逆转现象。该现象多发生于阴天后，有微风、晴朗的夜间。这是因为在晴朗的夜间，地面和棚的有效辐射较大（地面有效辐射＝地面辐射－大气逆辐射），而棚内土壤由于白天积蓄的热量小，气温下降后，得不到足够的热量补充，温度下降迅速；露地由于有空气流动从其他地方带来热量补充，温度下降相对缓慢，从而出现棚内温度低于棚外的温度逆转现象。用保温性能差的聚乙烯薄膜覆盖时更容易发生此现象。夜间对设施加盖保温覆盖后，设施的日较差变小。晴天的日较差较阴天的大。

② 季节变化规律。设施内温度受外界温度的季节性变化影响很大。低温期在不加温情况下，温度往往偏低，一般当外界温度下降到－3℃左右时，塑料大棚内就不能栽培喜温性作物，当温度下降到－15℃以下时，日光温室也难以正常栽培喜温性作物。晚春、早秋和夏季，设施内的温度往往偏高，需要采取降温措施，防高温。

(2) 地温

① 日变化规律。一日内，设施内的地温是随着气温的变化而发生变化。一般而言，一

日中最高地温一般比最高气温晚出现 2h 左右，最低地温值较最低气温也晚出现 2h 左右。一日中，地温的变化幅度比较小，特别是夜间的地温下降幅度比较小。

② 季节性变化规律。冬季设施内的温度偏低，地温也较低。以改良型日光温室为例，一般冬季晴天温室内 10cm 地温为 10~23℃，连阴天时的最低温度可低于 8℃。春季以后，气温升高，地温也随着升高。

（3）地温与气温的关系　设施内的气温与地温表现为"互利关系"，即气温升高时，土壤从空气中吸收热量，地温升高；当气温下降时，土壤则向空气中放热来保持气温。低温期提高地温，能够弥补气温偏低的不足，一般地温提高 1℃，对作物生长的促进作用，相当于提高 2~3℃气温的效果。

（4）温度分布　设施内由于受空间大小、接受的太阳辐射量和其他热辐射量大小以及受外界低温影响程度等的不同，温度分布也不相同。

垂直方向上，白天一般由下向上，气温逐渐升高，夜间温度分布正好相反。水平方向上，白天一般南部接受光照较多，地面温度最高；夜间不加温设施内一般中部温度高于四周，加温设施内的温度分布是热源附近高于四周。

一日内，温室南部的温度日变化幅度较大，温差也较大，这对培育壮苗、防止徒长十分有利，但是在高温、强光照时期，如果通风不良、降温不及时，中午前后也容易因温度偏高而对作物造成高温危害；冬季如果保温措施跟不上，也容易因温度偏低使作物遭受冻害。因此，在温室的温度管理上，要特别注意对南部温度的管理。温室北部的空间最大，容热量也大，再加上北部屋面的坡度小，白天透光量少，因此白天升温缓慢，温度最低。但夜间由于有后墙的保温，再加上容热量大等原因，温度下降较慢，降温幅度较小，温度较高。一日内，北部的温度日变化幅度较小，昼夜温差也较小，一般不会发生温度障碍，但作物生长不壮，易形成弱苗和早衰。温室中部的空间大小及白天的透光量介于南部和北部之间，所以白天的升温幅度也介于两者之间，但由于远离外部，夜间的降温较慢，因此夜温最高。

（二）设施内温度条件的调控措施

园艺设施内温度的调节和控制包括增温、保温和降温三个方面。温度调控要求达到能维持适宜于园艺作物生育的适宜温度，温度的空间分布均匀，时间变化平缓。

1. 增温

随着外界气温的下降，用人工加温的方法补充设施内放出的热量，才能使其内部维持一定的温度。我国北方地区，在严寒的冬季为了维持保护设施内一定的温度水平，以保证作物的正常生育，须进行补充加温，尤其是不能进行外覆盖保温的大型现代化温室，须全程加温。为了既能使保护设施内的作物正常生长发育，又节省能源、降低成本、提高经济效益，在加温设计上必须满足如下要求：加温设备的容量应经常保持室内的设定温度（地温、气温）；设备和加温费要尽量少；保护设施内温度空间分布均匀，时间变化平稳；遮荫少，占地少，便于栽培作业。

各种园艺植物均有对温度的生育下限要求，因此室内设计温度常以不低于生育下限温度为准；关于室外设计气温，多采用数年一遇的低温，或用当地近 30 年中 4 年连续最低气温的平均值。

增温主要依靠增加透光量和人工加温来完成的。增加透光量的具体做法见增加光照的措施部分。人工加温的主要方法有以下几种。

（1）火炉加温　用炉筒或烟道散热，将烟排出设施外。主要燃烧无烟煤，通过炉筒或烟道的热辐射作用提高室内气温。该法结构简单、成本较低，多见于简易温室及小型加温温室，但其预热时间较长，难以控制，费工费力。加温条件下，平均室温20～30℃，最低15～20℃，平均地温15～20℃。

(2) 水暖锅炉采暖加温　水暖锅炉采暖的基本原理是采用煤火加温烧开热水，热水由锅炉流出，通过铁管道散热，水温逐渐下降，最后以低温热水自动进入锅炉，又经过继续加温将温水烧开，往复循环。此法加温均匀性好，但费用较高，主要用于玻璃温室以及其他大型温室和连栋塑料大棚中。一般情况下可增温10℃左右。

(3) 热风炉加温　用带孔的送风管道将热风送入设施内，加温快，也比较均匀，主要用于连栋温室或连栋塑料大棚中。从设备费用看，热风采暖比水暖配管采暖更为经济划算。暖风炉设置在温室大棚内时，要注意室内新鲜空气的补充，供给热风炉燃烧用的空气量，每送出10000J热量每小时约需4.78m³的空气。对于需要较高采暖温度的作物，用热风采暖时产量和品质不如用热水采暖好。

(4) 明火加温　在设施内直接点燃干木材、树枝等易于燃烧且生烟少的燃料，进行加温。加温成本低，升温也比较快，但容易发生烟害。该法对燃烧材料以及燃烧时间的要求比较严格，主要作为临时应急加温措施，用于日光温室以及普通大棚中。

(5) 火盆加温　用火盆盛烧透了的木炭、煤炭等，将火盆均匀排入设施内或来回移动火盆进行加温。方法简单，容易操作，并且生烟少，不易发生烟害，但加温能力有限，主要用于育苗床以及小型温室或大棚的临时性加温。

(6) 电加温　主要使用电炉、电暖器以及电热线等，利用电能对设施进行加温，具有加温快，无污染且温度易于控制等优点，但也存在着加温成本高、受电源限制较大以及易漏电等一系列问题，主要用于小型设施的临时性加温和育苗床的加温。

2. 保温

在生产实践中，常采取如下措施进行保温。

(1) 增强设施自身的保温能力　设施的保温结构要合理，场地安排、方位与布局等也要符合保温要求。如适当降低园艺设施的高度，缩小夜间保护设施的散热面积，有利于提高设施内昼夜的气温和地温。

(2) 用保温性能优良的材料覆盖保温　如覆盖保温性能好的塑料薄膜；覆盖编制密、干燥、疏松、厚度适中的草苫等。

(3) 减少缝隙散热　设施密封要严实，薄膜破孔以及墙体的裂缝等要及时粘补和堵塞严实。通风口和门关闭要严，门的内、外两侧应张挂保温帘。

(4) 多层覆盖　多层覆盖材料主要有塑料薄膜、草苫、纸被、无纺布等。

① 塑料薄膜。覆盖形式主要有地面覆盖、小拱棚、保温幕以及覆盖在棚膜或草苫上的浮膜等。一般覆盖一层薄膜可提高温度2～3℃。

② 草苫。覆盖一层草苫通常能提高温度5～6℃。生产上多覆盖单层草苫，较少覆盖双层草苫，必须增加草苫时，也多采取加厚草苫法来代替双层草苫。不覆盖双层草苫的主要原因是便于草苫管理。草苫数量越多，管理越不方便，特别是不利于自动卷放草苫。

③ 纸被。多用作临时保温覆盖或辅助覆盖，覆盖在棚膜上或草苫下。一般覆盖一层纸被能提高温度3～5℃。

④ 无纺布。主要用作保温幕或直接覆盖在棚膜上、草苫下。

(5) 在设施的四周设立风障　一般多于设施的北部和西北部设风障，多风地区设风障的保温效果较为明显。

(6) 保持较高地温　主要措施有以下几种。

① 覆盖地膜。最好覆盖透光率较高的无滴地膜。

② 合理浇水。低温期应于晴天上午浇水，不在阴雪天及下午浇水。一般当10cm地温低于10℃时不得浇水，低于15℃要慎重浇水，只有20℃以上时浇水才安全。另外，低温期要尽量浇预热的温水或温度较高的地下水，不浇冷凉水；要浇小水、浇暗水，不浇大水和明水。

③ 挖防寒沟。在设施的四周挖深宽30cm左右，深与当地冻土层相当的沟，内填干草或稻壳，上用塑料薄膜封盖，减少设施内的土壤热量散失，可使设施内四周5cm地温增加4℃左右。单屋面温室多在南侧挖防寒沟。

3. 降温

保护设施内的降温最简单的途径是通风，但在温度过高，依靠自然通风不能满足园艺作物生育要求时，必须进行人工降温。常见方法有以下几种。

(1) 遮光降温法　遮光20%～30%时，室温相应可降低4～6℃。在与温室大棚屋顶部相距40cm左右处张挂遮光幕，对温室降温很有效。考虑塑料制品的耐候性，一般塑料遮阳网都做成黑色或墨绿色，也有的做成银灰色。室内用的白色无纺布保温幕透光率70%左右，也可兼做遮光幕用，可降低棚温2～3℃。在室内挂遮光幕，降温效果比挂在室外差。

(2) 屋面流水降温法　流水层可吸收投射到屋面的太阳辐射8%左右，并能用水吸热冷却屋面，室温可降低3～4℃。采用此方法时需考虑安装费和清除玻璃表面的水垢污染问题。水质硬的地区需对水质作软化处理再用。

(3) 蒸发冷却法　使空气先经过水的蒸发冷却降温后再送入室内，达到降温目的。

① 湿垫排风法。在温室进风口内设10cm厚的纸垫窗或棕毛垫窗，不断用水将其淋湿，温室另一端用排风扇抽风，使进入室内空气先通过湿垫窗被冷却再进入室内。但冷风通过室内距离过长时，室温分布常常不均匀，而且外界湿度大时降温效果差。

② 细雾降温法。在室内高处喷直径小于0.05mm的浮游性细雾，用强制通风气流使细雾蒸发达到全室降温，喷雾适当时可均匀降温。

③ 屋顶喷雾法。在整个屋顶外面不断喷雾湿润，使屋面下冷却了的空气向下对流。降温效果不如上述通风换气与蒸发冷却相配合的好。

①和③法水质不好时，蒸发后留下的水垢会堵塞喷头和湿垫，需作水处理，水质未处理时纸质湿垫用几年即严重积垢而失效。

(4) 强制通风降温　大型连栋温室因其容积大，需利用强制通风系统进行通风降温。

三、湿度及其调控

园艺设施内的湿度环境一般包含空气湿度和土壤湿度两个方面。

(一) 设施内湿度条件的特点

1. 空气湿度变化

设施内的空气湿度是由土壤水分的蒸发和植物体内水分的蒸腾而形成的。湿度通常用绝对湿度和相对湿度两种方法表示。绝对湿度表示的是1m³空气中所含水蒸气的质量（g）；相对湿度表示的是空气中的实际含水量与同温度下最大含水量的百分比值，通常所说的空气湿度一般就是指空气的相对湿度。

设施内作物由于生长势强，代谢旺盛，作物叶面积指数高，通过蒸腾作用释放出大量水蒸气，在密闭情况下会使棚室内水蒸气很快达到饱和，空气相对湿度比露地栽培高得多。因此，高湿是园艺设施湿度环境的突出特点。

一般，一日中的空气相对湿度最高值出现在上午设施升温前，不通风时相对湿度通常在95%以上。随着温度的升高，空气相对湿度值减小。中午当气温达最大值时，空气相对湿度降到一日中的最低值。而夜间的相对湿度值则由于温度的下降而增大。空气的绝对湿度变化则和气温的变化规律基本一致，白天随着气温的升高，绝对湿度值也升高，到中午时达到最大值；夜间则由于气温的下降，空气的容水能力减弱，空气中大量的水蒸气凝聚到薄膜、铁丝、立柱等物体的表面，形成露珠，而使空气中的含水量减少，一般到日出前，空气绝对湿度值下降到最低值。

2. 土壤湿度变化

土壤湿度也有绝对湿度和相对湿度两种表示方法，生产上常用的是相对湿度表示法。

与空气湿度相比较，土壤湿度比较稳定，变化幅度较小。土壤湿度受设施温度、作物生长情况、空气湿度及浇水等的影响较大。一般低温期土壤湿度容易偏高且变化较小，高温期的变化较大。设施内各部位的土壤湿度也有差异，如在塑料拱棚内由于蒸发、蒸腾的水分在塑料薄膜内面上结露，不断地顺着薄膜流向棚的两侧，逐渐使棚内中部的土壤干燥而两侧的土壤湿润，引起土壤局部湿差和温差，所以在中部一带需多灌水。

（二）设施内湿度条件的调控措施

1. 空气湿度的调控

（1）降低空气湿度

设施内常见的是降低空气湿度，保持设施内相对干燥。主要措施有以下几种。

① 通风换气。设施内造成高湿主要是由于密闭所致。为了防止室温过高或湿度过大，在不加温的设施里进行通风，其降湿效果显著。一般采用自然通风，可通过调节风口大小、位置和通风时间达到降低室内湿度的目的，但通风量不易掌握，而且室内降湿不均匀。一般高温期间温室的通风量较大，各部位间的通风排湿效果差异较小，而低温期间则由于通风不足，容易出现通风死角。在有条件时，可采用强制通风，可由风机功率和通风时间计算出通风量，而且便于控制。

一日内设施的通风排湿效果最佳时间是中午，此时设施内外的空气湿度差异最大，湿气容易排出。其他时间也要在保证温度要求的前提下，尽量延长通风时间。温室排湿时，要特别注意加强以下5个时期的排湿：浇水后的2~3天内、叶面追肥和喷药后的1~2天内、阴雨（雪）天、日落前后的数小时内（相对湿度大，降湿效果明显）、早春（温室蔬菜的发病高峰期，应加强排湿）。

② 减少地面水蒸发。主要措施是覆盖地膜，在地膜下起垄或开沟浇水。大型保护设施在浇水后的几天里，应升高温度，保持32~35℃的高温，加快地面的水分蒸发，降低地表湿度。对裸露的地面应勤中耕松土。不适合覆盖地膜的设施以及育苗床在浇水后应向畦面撒干土压湿。

③ 合理使用农药和叶面肥。低温期，设施内尽量采用烟雾法或粉尘法使用农药，不用或少用叶面喷雾法；叶面追肥以及喷洒农药应选在晴天的上午10:00后、下午15:00前进行，保证在日落前留有一定的时间进行通风排湿。

④ 使用除湿机降低湿度。利用氯化锂等吸湿材料，通过吸湿机可降低设施内的空气湿度。也可使用除湿型热交换通风装置，除湿时能防止随通风而产生的室温下降，同时可补充室内二氧化碳。

⑤ 减少薄膜表面的聚水量。主要措施有以下几种。

a. 选用无滴膜。选用普通薄膜时，应定期做消雾处理。

b. 保持薄膜表面排水流畅。薄膜松弛或起皱时应及时拉紧、拉平。

(2) 增加空气湿度

大型园艺设施尤其是连栋玻璃温室在进行周年生产时，到了高温季节会遇到空气湿度不够的问题，当栽培要求空气湿度高的作物如黄瓜和某些花卉时，也必须加湿以提高空气湿度。常见的加湿方式有以下几种。

① 喷雾加湿。喷雾器种类较多，如103型三相电动喷雾加湿器、空气洗涤器、离心式喷雾器、超声波喷雾等，可根据设施面积选择合适的喷雾器。此法效果明显，常与降温（中午高温）结合使用。

② 湿帘加湿。该方法主要是用来降温的，同时也可达到增加室内湿度的目的。

③ 温室内顶部安装喷雾系统，降温的同时可加湿。

2. 土壤湿度的调控

土壤湿度的调控应当依据作物种类及生育期的需水量、体内水分状况以及土壤湿度状况而定。主要是保持适宜的土壤湿度，防止土壤湿度长时间过高。主要措施有以下几种。

(1) 科学合理灌溉　设施内环境处于半封闭或全封闭状态，灌水采用滴灌、喷灌等方式，特别是膜下滴灌，可有效减低空气湿度，减少灌水量。为了避免灌水过多、过勤，空气湿度过高，诱发病害，应严格控制灌水时间，一般在晴天设施内温度高，适宜灌水，低温阴雨（雪）天，不宜浇水。

(2) 采用农业技术措施控制土壤湿度　采用高垄或高畦栽培，防止土壤湿度长时期过高；适时中耕保墒，减少灌水。

四、气体及其调控

设施作物是设施的主体，根据设施内气体对作物是有益还是有害，可将气体分为有益气体和有害气体两种。

有益气体主要指的是二氧化碳（CO_2）和氧气（O_2）。光合作用是作物生长发育的物质能量基础，而 CO_2 是绿色植物进行光合作用的重要原料之一。在自然环境中，CO_2 的浓度为 $300\mu l/L$ 左右，能维持作物正常的光合作用。各种作物对 CO_2 的吸收存在补偿点和饱和点。在一定条件下，作物光合作用吸收的 CO_2 量和呼吸作用放出的 CO_2 量相等，此时的 CO_2 浓度称为 CO_2 补偿点；随着 CO_2 浓度升高光合作用也会增加，当 CO_2 浓度增加到一定程度，光合作用不再增加，此时的 CO_2 浓度被称为 CO_2 饱和点；长时间的 CO_2 饱和浓度可对绿色植物光合系统造成破坏而降低光合效率。把低于饱和浓度可长时间保持较高光合效率的 CO_2 浓度称为最适 CO_2 浓度，最适 CO_2 浓度一般为 $600\sim800\mu l/L$。

同样，作物生命活动需要氧气，尤其在夜间，光合作用因为黑暗的环境而不再进行，呼吸作用则需要充足的氧气。地上部分的生长需氧来自空气，而地下部分根系的形成，特别是侧根及根毛的形成，需要土壤中有足够的氧气，否则根系会因为缺氧而窒息死亡。此外，在种子萌发过程中必须要有足够的氧气，否则会因酒精发酵毒害种子使其丧失发芽力。

有害气体主要指的是氨气、二氧化氮、二氧化硫、乙烯、邻苯二甲酸二异丁酯等气体。设施具有半封闭性，在低温季节，温室大棚经常密闭保温，很容易积累有毒气体造成危害。如当大棚内氨气达 $5\mu l/L$ 时，植株叶片先端会产生水渍状斑点，继而变黑枯死；当二氧化氮达 $2.5\sim3\mu l/L$ 时，叶片发生不规则的绿白色斑点，严重时除叶脉外，全叶都被漂白。

(一) 设施内空气条件的特点

1. 有益气体

自然界中大气 CO_2 浓度存在着一定的日变化和年变化规律，一般为日出前高、日中低，日较差在 100ml/L 左右。冬季高、夏季低，年较差在 50μl/L 左右。与自然界完全不同，设施内环境是相对密闭的，塑料拱棚、温室等设施内的二氧化碳主要来自大气以及植物和土壤微生物的呼吸活动。由于设施的保温需要而密闭，白天设施内大部分时间里的二氧化碳浓度低于适宜浓度，适宜浓度的保持时间只有 0.5h 左右，不能满足作物高产栽培的需要。设施内 CO_2 浓度变化规律一般为：日出前 CO_2 浓度最高，可达 1100~1300μl/L；日出后 2h 则迅速降至 250μl/L 以下，放风前甚至可降至 150μl/L，下午放风后基本可维持在 300μl/L 左右，晚上在密闭条件下，因呼吸作用及土壤释放等原因而逐渐增加至日出前的最高值。可见设施内 CO_2 浓度日变化幅度明显高于露地。日出前设施内有较高的 CO_2 浓度，但因缺乏光照，作物不能进行光合作用；日出后作物进行旺盛的光合作用，生成大量的有机物质，设施内存贮的 CO_2 很快被消耗掉，因其密闭，得不到外界的补充，因而会造成严重的 CO_2 亏缺，使作物光合效率下降，光合产物减少。所以，CO_2 供给不足会直接影响作物正常的光合作用，而造成减产减收。温室内和土壤中 CO_2 收支模式如图 2-2 所示。

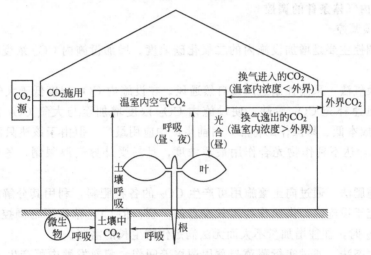

图 2-2　温室内和土壤中 CO_2 收支模式图

设施内各部位的 CO_2 浓度分布不均匀。以温室为例，晴天当室内天窗和一侧侧窗打开，作物生育层内部 CO_2 浓度比生育层的上层低 30% 左右，仅为大气 CO_2 标准浓度的 50% 左右。但在傍晚阴雨天则相反，生育层内 CO_2 浓度高，上层浓度低。设施内 CO_2 浓度分布不均匀，使作物植株各部位的产量和质量也不一致。

塑料大棚横断面的中部与边区的 CO_2 浓度分布也不均匀，使大棚中部光合强度与边区的差异大，造成大棚中部为高产区、边区为低产区。

设施内特殊的密闭环境条件一方面可以防止 CO_2 逸散，使 CO_2 浓度有可能高于自然大气；另一方面在不通风的条件下，若无 CO_2 补充，因光合作用又易造成 CO_2 亏缺，降低光合作用强度。所以，在设施内温光水肥等条件优化的基础上，CO_2 亏缺就会成为制约光合速率的主要因素。

2. 有害气体

设施栽培具有相对封闭性，因而一旦在比较封闭的环境中出现有害气体，其危害作用往往要比露地栽培影响大得多。

氨气和二氧化氮的产生主要是由于氮肥使用不当所致。一氧化碳和二氧化硫产生主要是用煤火加温，燃烧不完全，或煤的质量差造成的。而乙烯、邻苯二甲酸二异丁酯等则是由于薄膜和塑料管老化释放所致。设施内主要有害气体及其危害症状见表2-7。

表2-7 主要有害气体及危害特征

有害气体	主要来源	产生危害的浓度/(ml/m³)	危害症状
氨气	施肥	5.0	由下向上,叶片先呈水浸状,后失绿变褐色干枯。危害轻时一般仅叶缘干枯
二氧化氮	施肥	2.0	中部叶片受害最重。先是叶面气孔部分变白,后除叶脉外,整个叶面被漂白、干枯
二氧化硫	燃料	3.0	中部叶片受害最重。轻时叶片背面气孔部分失绿变白,严重时叶片正反面均变白枯干
乙烯	塑料制品	1.0	植株矮化、茎节粗短,叶片下垂、皱缩,失绿转黄脱落;落花落果,果实畸形等
邻苯二甲酸二异丁酯	塑料制品	0.1	叶片边缘及叶脉间叶肉部分变黄,后漂白枯死

(二) 设施内气体条件的调控

1. 二氧化碳调控

二氧化碳调控主要是增加设施内的二氧化碳浓度。增加设施内CO_2浓度的方法有如下几种。

(1) 通风换气法 采用强制通风或自然通风。在设施内CO_2浓度低于大气中CO_2浓度时,通风法可迅速补充CO_2亏缺,使设施内CO_2浓度增加至与大气CO_2浓度相同,约300ul/L,具有成本低、易操作的特点,目前生产中应用最广。但由于该法只能使CO_2浓度增加到300ul/L,达不到作物光合作用最适浓度,且易受外界气温限制,冬季使用有一定困难。

(2) 土壤施肥法 通过向土壤施用可产生CO_2的各种肥料,利用其分解缓释出的CO_2持续不断地补充于设施内,供给作物生长发育的需要。但CO_2浓度不易调控,当晴天上午需要高浓度CO_2时,往往增加量不大而无法满足作物生长的需要。

(3) 生物生态法 通过实行蔬菜与食用菌培养间作,菌料发酵中可产生CO_2或发展种养一体的棚室蔬菜生产,利用动物产生的CO_2供给蔬菜生长,是一种很好的生物CO_2供给法。有些地区发展"种、养、沼"三位一体生物生态法向作物提供CO_2,是一种简易且经济有效的CO_2施肥法,应大力倡导、积极推广。

(4) 化学反应法

① 利用酸与碳酸盐反应生成CO_2的方法,是目前设施内增施CO_2的主要方式。原料来源广泛,成本低廉,方法简便。所用原料为硫酸和碳酸氢铵化肥,反应后可生成CO_2和硫酸铵肥料,不产生对作物有害物质。一般1亩的温室大棚每天用碳酸氢铵3~4kg,加入硫酸2.0~2.5kg,可使设施内CO_2浓度达约1000ml/L,其计算公式为:

$$每日用碳酸氢铵量(g) = 设施内体积(m^3) \times 所需CO_2浓度 \times 0.0036$$

$$每日用硫酸量(g) = 每日需要碳酸氢铵量 \times 0.62$$

② CO_2施放点分布。由于CO_2比空气重,扩散缓慢,应多设施放点才能使CO_2浓度分布均匀,每个施放点控制面积以20m²左右为宜,每亩设置30~40个点,施放点可挖0.3m×0.3m×0.3m的小坑,为使CO_2分布均匀,也可用塑料桶挂至距地面0.5m的高度,内加硫酸和碳酸氢铵作为施放点,有利于CO_2扩散均匀和被植物吸收利用。

③ 施用方法。在桶内或地面的小坑内,可一次加入稀释后硫酸3日量0.7~1.0kg。每天于揭苫后将碳酸氢铵日用量分别加入到30~40个坑(桶)内,每个坑(桶)内加入100g

左右，使酸和碳酸氢铵反应生成 CO_2。

为了简化 CO_2 施肥方法，目前生产上应用了简易塑料桶 CO_2 发生装置，其主要结构由贮酸罐、CO_2 净化吸收桶与输气导管部分组成，通过控制硫酸供给量可有效控制 CO_2 生成量。

（5）燃烧法　通过燃烧煤或其他碳氢化合物等燃料产生 CO_2。例如某公司研制开发的"CO_2 气肥发生器"是将煤燃烧产生的气体，经过滤除去 SO_2 等有害气体，获得较纯净的 CO_2，通过管道输入到设施内。燃烧 1kg 煤炭或液化石油气，可产生 3kg CO_2，具有应用时间、浓度易调控，方法简便等优点，但成本较高。此外还可以沼气、丙烷、酒精等为燃料，燃烧产生 CO_2，进行设施内 CO_2 施肥。燃烧法由于燃料不同及燃烧程度差异，可能在所产生的气体中混有 SO_2 等有害气体，因此一定要采取措施加以滤除，防止其对作物产生不利影响。

（6）液态（钢瓶）CO_2 法　液态 CO_2 是一些化工厂、酿造厂的副产品，纯度很高，一般一个 40L 的钢瓶内可装放 25kg 纯净的 CO_2，不含有害气体。使用时开启减压阀门，通过出口压力和开启时间控制 CO_2 施用量，与有孔的塑料管连接可将 CO_2 均匀地分布到设施内的各个角落，使用时间、数量、浓度可自由调控，安全方便，但成本较高，适用于大型连栋温室或高产值作物应用。

二氧化碳的补充时期：产品器官形成期为作物对碳水化合物需求量最大的时期，也是二氧化碳气体施肥的关键期。此期即使外界的温度已高，通风量加大了，也要进行二氧化碳气体施肥，把上午 8~10 时植物光合效率最高时间内的二氧化碳浓度提高到适宜的浓度范围内。苗期补充二氧化碳应从真叶展开后开始，以花芽分化前开始施肥的效果为最好。栽培后期，生产量减少，栽培效益也比较低，一般不再进行施肥，以降低生产成本。

二氧化碳施肥应在晴天进行。塑料大棚在日出 0.5h 后，温室则在卷起草苫 0.5h 左右后进行；阴天以及温度偏低时，以 1h 后施肥为宜。下午施肥容易引起植株徒长，除了植株生长过弱，需要促进情况外，一般不在下午施肥。每日的二氧化碳施肥时间应尽量地长一些，一般每次的施肥时间应不少于 2h。但长时间高浓度地施用 CO_2 会对作物产生有害影响。

施用 CO_2 的最适浓度与作物种类、生育阶段、天气状况等密切相关。在温、光、水、肥等较为适宜的条件下，一般蔬菜作物在 600~1500μl/L CO_2 浓度下，光合速率最快，其中，果菜类以 1000~1500μl/L、叶菜类以 1000μl/L 的浓度为宜。欧美及日本等许多国家以 1000μl/L CO_2 浓度为标准，芹菜用 1000~2000μl/L，黄瓜、茄子、青椒用 800~1500μl/L，番茄、甜瓜用 500~1000μl/L，若连续长期应用，选择适宜浓度的低限较为经济且效果稳定。

2. 改善土壤氧气供应

设施中作物进行光合作用放出大量氧气，茎叶呼吸不会出现缺氧问题。作物生长发育要求土壤具有良好的通气性，而土壤中常因浇水、地面覆盖影响水分蒸发、土壤过实等引起根系缺氧，土壤气体中 O_2 的缺乏，能影响作物种子的发芽、根的生长和根对养分的吸收。通常采用增施腐熟的有机肥、中耕松土、适当浇水等措施造成土壤疏松透气，改善土壤氧气供应。

3. 预防有害气体发生

（1）合理施肥　有机肥要充分腐熟后施入土壤，并且要深施；严格禁止在土壤表面追施生鸡粪和在有蔬菜生长的温室发酵生马粪；不用或少用挥发性强的氮素化肥；深施基肥，地面不追肥；肥料用量要适当，不能施用过量；施肥后及时浇水等。

(2) 覆盖地膜　用地膜覆盖垄沟或施肥沟，阻止土壤中的有害气体挥发。

(3) 正确选用、保管塑料薄膜与塑料制品　应选用无毒的农用塑料薄膜和塑料制品，不在设施内堆放塑料薄膜或制品，以免产生有害气体污染设施内的空气。

(4) 发现土壤酸度过大时，可适当施用生石灰和硝化抑制剂　因为土壤酸度过大（pH<5.0）时，有机态氮往往会在微生物的作用下放出有害气体。

(5) 正确选择燃料、防止烟害　应选用含硫低的燃料加温，并且加温时，炉膛和排烟道要密封严实，严禁漏烟。有风天加温时，还要预防倒烟。

(6) 勤通风　特别是当发觉设施内有特殊气味时，要立即通风换气。

(7) 建造设施应正确选址　如果园艺设施建在空气污染严重的工厂附近，工厂排出的有毒气体如氨气、二氧化硫、氯气、氯化氢、氟化氢以及煤烟粉尘、金属飘尘等都可从外部通过气体交换进入室内，给作物造成危害。所以应避免在上述污染严重的工厂附近修建温室大棚等设施，防止作物受害。

(8) 不用过大浓度乙烯利　生产实践中使用乙烯利时应注意适当通风。

(9) 采用指示植物检测、防止有害气体污染　如荷兰检测二氧化硫用菊、莴苣、苜蓿、三叶草、荞麦等；检测氟化氢用唐菖蒲、洋水仙。日本检测二氧化硫用大麦、棉、胡椒；检测氟化氢用唐菖蒲、杏树、李树、玉米；检测氯气用水稻；检测甲烷用兰草；检测臭氧用葡萄、烟草、柠檬、矮牵牛等。

五、土壤及其调控

(一) 设施内土壤条件的特点

设施内由于缺少酷暑严寒、雨淋、曝晒等自然因素的影响，加上栽培时间长、施肥多、浇水少、连作严重等一系列栽培特点的影响，土壤的性状较易发生变化。主要特点表现如下。

1. 土壤营养失衡

冬、春季节设施内土壤温度较低，施入的肥料不易分解和被作物吸收，容易造成土壤内养分的残留。生产者盲目认为施肥越多越好，往往采用加大施肥量的办法以弥补地温低、作物吸收能力弱的不足，结果适得其反，造成营养过剩，各种养分比例不正常。

设施内作物栽培的种类比较单一，为了获得较高的经济利益，往往连续种植产值高的作物，而不注意轮作换茬。久而久之，使土壤中的养分失去平衡，某些营养元素严重亏缺，而某些营养元素却因过剩而大量残留于土壤中，产生连作障碍。

2. 土壤盐渍化

土壤盐渍化是指土壤溶液中可溶性盐的浓度明显过高的现象。

设施是一个相对密闭的空间，自然降雨受阻，再加上长期的地表覆盖栽培，使土壤的盐分失去雨水的淋溶作用而大量积聚，造成土壤盐分表积现象明显。在生产中，为了防止设施内湿度增加和地温下降，人们长期采用"小水勤浇"和滴灌等灌水方式，不能把多余的盐分淋洗到土壤深层，也在一定程度上增加了盐分在土表层的积累。

盐害严重时，往往引起设施蔬菜死苗。含盐量高的设施土壤对黄瓜和番茄等果菜类蔬菜危害较为严重，具体表现为黄瓜、番茄定植后缓苗慢，叶色变深，叶片变小，缓苗后生长速度也较正常土壤中的幼苗慢。

3. 土壤酸化

土壤酸化是指土壤的pH值明显低于7，土壤呈酸性反应的现象。

引起土壤酸化的原因比较多，其中施肥不当是主要原因。大量施用氮肥导致土壤中积累较多的硝酸是引起土壤酸化最为重要的原因。此外，过多地施用硫酸铵、氯化铵、硫酸钾、氯化钾等生理酸性肥也能导致土壤酸化。

4. 土壤中病原菌聚集

由于设施内的环境比较温暖湿润，这就为一些土壤中的病原菌提供了越冬、繁殖的场所，使土传病虫害严重，一些在露地栽培可以消灭的病虫害，在设施内难以绝迹。如黄瓜枯萎病的病原菌孢子是在土壤中越冬的，设施土壤环境为其繁衍提供了理想条件，发生后难以根治。

（二）设施土壤环境的调控措施

1. 防止土壤营养失衡的措施

（1）测土施肥　定期测量土壤中的营养元素含量，并结合作物的施肥规律进行施肥，避免盲目施肥。

（2）合理施肥　施肥时基肥、追肥并重。基肥以充分腐熟的有机肥为主，集中深施，全面补充营养元素。追肥要氮、磷、钾肥配合施用，提高肥效，避免营养失调。

2. 土壤酸化的调控措施

（1）要合理施肥　氮素化肥和高含氮有机肥的一次施肥量要适中，应采取"少量多次"的方法施肥。

（2）施肥后要连续浇水　一般施肥后连浇 2 次水，稀释、降低酸的浓度。

（3）加强土壤管理　如进行中耕松土，促根系生长，提高根的吸收能力。

（4）对已发生酸化的土壤应采取淹水洗酸法或撒施生石灰中和的方法提高土壤的 pH 值，并且不得再施用生理酸性肥料。

3. 土壤盐渍化的调控措施

（1）选择耐盐品种　作物品种不同，其耐盐性也会存在着较大差异。一般蔬菜的耐盐次序为：番茄＞茄子＞芹菜＞甜椒＞黄瓜。在积盐较重的老龄大棚，可选择种植耐盐的品种，这样既能相对缓解盐化的危害，又能起到轮作换茬的作用，是调节土壤养分平衡、防止土壤返盐、促进设施可持续利用的有效途径。

（2）合理的栽培管理　将不同生长习性的作物进行间、轮、套作，可充分合理地利用不同肥料的养分和不同深度土壤的养分。例如在冬季低温时节种植耐寒的葱蒜类蔬菜，既能实现轮作，又能抑制土壤病菌寄生繁殖。

（3）合理的土壤耕作　定植前需要深翻土壤，使盐分较多的表层土壤与深层土壤混合，以达到稀释设施土壤表层盐分浓度的目的。在作物生长期间，应注意进行适当的中耕，这样可疏松土壤，减弱毛细管作用。降低地下水位，可阻止土壤中盐类物质随毛细管上移。

（4）平衡施肥　在设施栽培中，结合土壤的实际肥力，采用以有机肥为主、化肥为辅和氮、磷、钾、微肥按不同蔬菜种类需求比例施用的原则平衡施肥，并且需要注意基肥深施、追肥限量和少量多次的施肥技术，以提高肥料利用率。

（5）合理灌溉　蔬菜生长期要选择较好的水源浇灌，每次灌水应浇足浇透，将表土积聚的盐分稀释淋溶供作物根系吸收。在土壤休闲期，采用大水灌溉或去掉覆盖物利用自然降雨对设施土壤进行淋洗，将土表积聚的盐分有效地稀释淋溶。

（6）生物除盐　生物除盐法在国内外已有了较多的应用。具体方法是在设施轮作倒茬的季节短期种植黄豆、玉米、苏丹草、田菁、青蒜之类的植物来降低土壤耕层的盐分含量。此法对降低土壤耕层不同层次的盐分含量较为有效，从整个设施土壤环境中的物质循环来说是最优的，但目前还存在经济效益低、占用茬口时间较长等不足之处。

（7）客土　在设施土壤发生次生盐渍化而无法种植或种植效果极差的情况下，可考虑采取客土法。即将已严重发生次生盐渍化的设施土壤取出，重新换入新的栽培基质。可以用客土来交换原土，置换的土壤厚度可视根系发育状况等具体情况而定。也可采取基质栽培的措施，利用泥炭、砂砾、蛭石、珍珠岩等基质来替换原土。选择这两种形式时应当考虑蔬菜设施栽培土壤环境中次生盐渍化发生的严重程度。

（8）地膜覆盖　设施内应用地膜覆盖属于双膜覆盖栽培形式，对保持地温、减少水分蒸发、控制盐分积累、降低棚内湿度、减少病虫害有明显的效果。据研究，膜下25～50cm土层含盐量仅为露畦土层含盐量的35%。因而，设施内铺地膜是防止土壤盐害的一项重要措施。

4. 消除土壤中的病原菌的措施

要消除土壤中的病原菌，首先种植前实行轮作换茬，其次要进行土壤消毒。土壤消毒常见的措施有药剂消毒、太阳能消毒、热水消毒等。

（1）药剂消毒

① 甲醛（40%）。又称福尔马林，使用浓度为50～100倍液，用于栽培床上消毒。操作方法是：先深翻土地→喷洒药剂→再翻土地→盖塑料布2天→使甲醛充分发挥杀菌作用→打开通风。

② 氯化苦。用于防治土壤中病菌和线虫。操作方法是：先将床土堆成高30cm、宽2m、长度不限的条状→每隔30cm² 开一个10cm深的洞穴→注入3ml的药剂→盖薄膜7天→打开通风。这是一种熏蒸剂，造成病虫窒息性死亡。

（2）太阳能消毒　在炎热的夏季，利用强光高温杀菌是一种简便有效的方法。具体方法是：在7～8月份不生产季节里，每1000m² 温室准备切断的稻草1000kg，石灰石1000kg，撒施入室内，翻土作垄、沟中灌水、浸泡土壤→土面盖上塑料薄膜→密闭温室，当温室温度上升到50～70℃时，维持7～14天→揭膜通风，翻耕土地。

（3）热水消毒　采用直径35～76mm的镀锌钢管作热水管，埋入地下20cm，间距30cm，使用时给管内通入80～90℃热水，并进行强制循环，待土温达60℃左右，可杀死土壤中线虫。

第二节　设施环境综合调控

一、设施环境综合调控的概念及意义

园艺设施内光、温、湿、气、土五个环境因子是同时存在的，综合影响作物的生长发育。它们具有同等重要性和不可替代性，当其中某一个因子起变化时，其他因子也会受到影响而随之变化。例如，温室内光照充足，温度也会升高，土壤水分蒸发和植物蒸腾作用加快，使空气湿度也加大，此时若开窗通风，各个环境因子就会出现一系列的变化，生产者在管理时要有全局观念，不能偏向于某一个方面。

所谓综合环境调控，就是以实现作物的增产、稳产为目标，把关系到作物生长的多种环境要素（如室温、湿度、二氧化碳浓度、气流速度、光照等）都维持在适于作物生长的水平，而且要求使用最少量的环境调节装置（通风、保温、加温、灌水、施用二氧化碳、遮光、利用太阳能等各种装置），既省工又节能，便于生产人员管理的一种环境控制方法。这

种环境控制方法的前提条件是对于各种环境要素的控制目标值（设定值），必须依据作物的生育状态、外界的气象条件以及环境调节措施的成本等情况综合考虑。

如对温室进行综合环境调节时，不仅要考虑温室内、外各种环境因素和作物的生长、产量状况，而且要从温室经营的总体出发，考虑各种生产资料的投入成本、产出产品的市场价格变化、劳动力和栽培管理作业、资金等的相互关系，根据效益分析进行环境控制，并对各种装置的运行状况进行监测、记录和分析，以及对异常情况进行检查处理等，这些管理称为综合环境管理。从设施园艺经营角度看，要实现正确的综合环境管理，必须考虑上述各种因素之间的复杂关系。

二、设施环境综合调控的发展

从国内外设施控制技术的发展状况来看，设施环境控制技术大致经历三个发展阶段。

1. 手动控制

这是在设施技术发展初期所采取的控制手段，当时没有真正意义上的控制系统及执行机构。生产一线的种植者既是设施环境的传感器，又是对设施作物进行管理的执行机构，他们是设施环境控制的核心。通过对设施内外的气候状况和对作物生长状况的观测，凭借长期积累的经验和直觉推测及判断，手动调节设施内环境。种植者采用手动控制方式，对作物生长状况的反应是最直接、最迅速且是最有效的，它符合传统农业的生产规律。但这种控制方式的劳动生产率较低，不适合工厂化农业生产的需要，而且对种植者的素质要求较高。

2. 自动控制

这种控制系统需要种植者输入设施作物生长所需环境的目标参数，计算机根据传感器的实际测量值与事先设定的目标值进行比较，以决定设施环境因子的控制过程，控制相应机构进行加热、降温和通风等动作。计算机自动控制的设施控制技术实现了生产自动化，适合规模化生产，劳动生产率得到提高。通过改变设施环境设定目标值，可以自动地进行设施内环境气候调节，但是这种控制方式对作物生长状况的改变难以及时作出反应，难以介入作物生长的内在规律。目前我国绝大部分自主开发的大型现代化设施及引进的国外设备都属于这种控制方式。

3. 智能化控制

这是在设施自动控制技术和生产实践的基础上，通过总结、收集农业领域知识、技术和各种试验数据构建专家系统，以建立植物生长的数学模型为理论依据，研究开发出的一种适合不同作物生长的设施专家控制系统技术。设施控制技术沿着手动、自动、智能化控制的发展进程，向着越来越先进、功能越来越完备的方向发展。由此可见，设施环境控制朝着基于作物生长模型、设施综合环境因子分析模型和农业专家系统的设施信息自动采集及智能控制趋势发展。

三、设施环境综合调控的方式及设备

1. 设施环境综合调控的方式

（1）按自动化程度划分

① 测量仪器自动调控型。即根据测量仪器的信号或是其演算处理的结果，自动变换设定值。

② 测量、手动型。即根据测量仪器的记录值，人为变动设定值，如对土壤水分、肥料成分以及对强风、暴雪的处理调控。

③ 人感、手动型。用仪器测量有困难时，根据人的感官观察外界气象条件和生物的生育状态而变动设定值。

(2) 按设定值变动的原因划分

① 气象型。根据外界天气条件、室外的日射量、气温、风速等的变化而变动。

② 生育状态型。按照生物状态进行变动。

③ 时间型。利用时间继电器按预定的时间进行变动。

(3) 按时间等级划分

① 分、小时型。设定值每隔几分钟至几小时变动一次，如按日照量改变室温设定值等。

② 日型。每隔几小时至一日变动一次设定值，如按白天的累积日射量改变夜间的室温设定值等。

③ 周型。每隔几日至几周变动一次设定值，如变动地温、肥料成分等的设定值。

(4) 按模拟和计数划分

① 模拟型。用电的、机械的手段以连续量、模拟量为基础，执行综合调控。

② 计数型。利用数字电子计算机、微型电子计算机以离散量、计数量为基础，实现综合调控。

(5) 按判断标准划分

① 优先顺序型。在优先顺序高的环境要素设定值要得到保证的条件下，调控下一个要素。如室温超过30℃以前关闭窗户，进行CO_2施肥，若室温超过30℃，则打开窗口优先调控室温。

② 综合判断型。用某种综合标准，如考虑了节能、省力、增产等的评价函数来决定各被调控环境要素的设定值及调控机器的操作方法。如在综合判断了室温、CO_2浓度、湿度三个环境要素对作物生长的影响之后，决定白天换气窗的开启程度。利用数字电子计算机综合环境调控可以用模拟型方式，也可以用计数型方式。但计算机方式比模拟方式更优越，将成为今后发展的主流。

2. 设施环境综合调控的设备

20世纪80年代以来，我国先后从荷兰、以色列等国引进了几十套大中型温室，对于消化、吸收国外先进的温室生产经验起到了积极作用。由于引进的温室价格和运行成本都很高，我国科技人员进行了温室的环境控制研究，但我国的设施大都比较简单，大量的作业和调整都靠人工操作，作物生长小环境中环境因子调控程度很低，这样使温室生产的生产潜力和生产效率与国外的自动化控制和工厂化生产相比尚有很大差距。近些年，我国科技人员在夏季降温、冬季加温等技术方面取得了不少进展。我国的温室产品中技术较为成熟的设备以下几种。

(1) 加热系统 吸取荷兰温室预混组-混合组多级控制和适宜作物栽培管理的优点，利用热水锅炉，通过加热管道对温室进行加热。此外，也开发了利用热风炉、传感器反馈控制风机将热风送入温室进行加热的技术。

(2) 帘幕系统 开发了内帘幕系统、外遮荫系统。帘幕驱动系统因采用构件的不同一般有两种形式。一种是由减速电机、轴承、传动管轴、牵引钢丝绳、滑轮组件、链轮和链条等组成的钢缆驱动平托幕系统。另外一种形式的驱动系统是齿轮齿条拉幕系统。马达转动带动驱动轴转动，经过齿轮箱、驱动轴的转动转换为推拉杆的水平移动，从而实现帘幕的展开与收拢。

(3) 通风系统 主要有强制通风系统和自然通风系统两种。强制通风系统一般设计换气次数为 0.75~1.5 次/min。由于强制通风需耗费大量能量，为获得更好的降温效果，一般配合湿帘，利用蒸发制冷原理降温。自然通风是一种较经济的通风方式。它是通过顶窗或侧窗的启闭，利用风力和温差实现温室内外空气交换，达到温室内降温和降湿的目的。有时，在没有 CO_2 施肥系统的情况下，还可利用自然通风来补充温室内的 CO_2。

目前，我国的计算机控制技术还大多处于单控制器+单传感器+执行机构这种较原始的状态，由于温室特殊的高温、高湿环境，各类国产传感器的可靠性、稳定性也是一个较为重要的问题，急需解决。此外，温室控制的计算机软件也有待于进一步开发。

四、设施环境综合调控的措施

1. 计算机综合调控的发展与特点

自 20 世纪 60 年代开始，荷兰率先在温室环境管理中导入计算机技术，随着 20 世纪 70 年代微型计算机的问世以及此后信息技术的快速发展和价格的不断下降，计算机日益广泛地用于温室环境综合调控和管理中。

我国自 20 世纪 90 年代开始，中国农业科学院气象研究所、江苏大学、同济大学等也开始了计算机在温室环境管理中应用的软硬件研究与开发，随着 21 世纪我国大型现代温室的日益发展，计算机在温室综合环境管理中的应用，得到日益发展和深化。

虽然计算机在综合环境自动控制中功能大、效率高，且节能、省工省力，成为发展设施农业优质高效高产和可持续生产的先进实用技术，但温室综合环境管理涉及温室作物生育、外界气象条件状况和环境调控措施等复杂的相互关联因素，有的项目由计算机信息处理装置就能做出科学判断进行合理管理，有些必须通过电脑与人脑共同合作管理，还有的项目只能依靠人们的经验进行综合判断决策管理，可见电脑还不能完全替代人脑完成设施农业的综合环境管理。

2. 计算机综合环境调控

(1) 输出原理

① 开关（ON、OFF）调控。屋顶喷淋和暖风机的启动与关闭等采用 ON、OFF 这种最简单的反馈调节法，为防止因计测值不稳定而开关频繁，损伤装置，可在暖风机控制系统中只对停止加温（OFF）加以设定。

② 比例积分控制法。如换气窗的开闭，在调节室内温度时，换气窗从全封闭到全部开启是一个连续动作，电脑指令换气窗正转、逆转和停止，可调节换气窗成任意开启角度，采用比例加积分控制法，是根据室温与设定温度之差来调节窗的开度大小，是一种更加精确稳定的方式。

③ 前馈控制法。如灌溉水调控没有适宜的感应器，技术监测不可能时，可根据经验依据辐射量和时间进行提前启动。

(2) 加温装置的调控 通常有暖风机加温和热水加温两种。现在多以开关调节，在加温负荷小时，很易超调量，要缩小启动间隙（关闭的设定值提高 0.2~1.0℃）。有效积分控制是一种更有效的方法，均有配套软硬件组装设备。热水加温装置由调控锅炉运行，从而能精确调节水温。

(3) 换气窗的调控 以比例积分法控制，外界气温低时，即使开启度很小也会导致室温的很大变化，依季节不同调整设定值，根据太阳辐射量和室内外温差做出指令，自动调节窗的开闭度。遇强风时，指令所有换气窗必须关闭，依风向感应器和风速也可仅关闭顶风侧的窗，仅调节下风侧的换气窗的开闭，降雨时指令开窗关闭到雨水不侵入温室的程度。

(4) 保温幕的调控 依辐射、温度和时间的不同而开闭，以保温为目的，通常根据温室热收支计算结果，做出开闭指令，但存在需要确保作物一定的光照长度和湿度的矛盾，因此必须在不发生矛盾的原则下进行调节。输入设定值还要根据幕的材料而异，反射性不透明的铝箔材料则依辐射强度来设定，透明膜则依热收支状况来设定。保温幕的调节与换气设备、加温设备调控密切相关，如不可能发生开窗而保温幕关闭的状态。又如日落后，加温装置开启前，关闭保温幕可以节省能耗，三者需配合协调。

（5）湿度调控　包括加湿与除湿调控。用绝对湿度作为设定值，除开启通气窗来调节外，也有的利用除湿器开关控制即可，加湿一般采用喷雾方式，但同时造成室温下降，相对湿度升高，输入设定值时必须考虑温度指标，并根据绝对湿度和饱和指标。

（6）二氧化碳调控　不论利用二氧化碳发生器或罐装二氧化碳均采用开关简单调节电磁阀开关。按太阳辐射量定时定周期开放二氧化碳气阀，并按二氧化碳浓度测定计送气和停气，以防止换气扇开启时二氧化碳外溢浪费气源。

（7）环流风机控制　使室内气温、二氧化碳浓度分布均匀而采用。即使换气窗全封闭时，少量送风，也有防止叶面结露，促进光合与蒸腾的效果。在温室关窗全封闭时或加热系统启动供暖时运转十分有效。

（8）营养液栽培及灌水的调控　水培作物营养液采用循环式供液时，控制供液水泵运转间隔时间和基质无土栽培营养液的滴灌，应该根据日辐射量设定供液量和供液间歇时间，通常采用前馈启动调节。营养液的调节通常通过 pH 计测定。EC 计测定值决定加入酸、碱和营养液的量。

3. 计算机控制系统在现代化温室中的应用

现代化温室是一个高投入高产出的行业，它运用了多种先进的科学技术和仪器设备，从温室的降温到保温，从光照调节到 CO_2 增施，从精确施肥到节水灌溉，设备繁多，专业性强，因此如何使这些复杂的设备协调运作、便于控制和管理，成为温室使用水平高低的象征，温室计算机控制系统则是专门用于对整个温室环境进行综合控制的先进手段。计算机控制系统由温室控制器、室外气象站、通讯单元、监视器及输出单元组成。

温室控制器主要从室内传感器及气象站接收各类环境因素信息，通过复杂的逻辑判断和运算，控制相应温室设备运作，以调节温室环境。室外气象站主要完成温室外部温、湿、光、风、雨、雪等环境因素的检测。通讯单元则担负着在室外气象站、室内传感器与温室控制器及温室控制器与上位计算机之间的数据通讯作用，而计算机和输出打印设备则帮助种植者作全面细致的数据分析，直观监测和打印、保存历史数据。通过计算机集成监控系统，根据室内外气候条件的变化，可对温室的天窗、侧窗、遮阳幕、微雾、湿帘、加热器等设备进行精细控制，实现温室的通风降温、除湿、加湿、遮阳保温、智能加温、空气对流、补光补气、科学灌溉、施肥、抗风、防雨雪、pH 值及 Ec 值的检测与调节，故障报警等功能，为温室种植者提供一个更易管理、便于操作的全新方法。即使整座温室分成多个不同的种植区，而每个种植区栽培不同作物，配置不同设备，实施不同管理，智能计算机温室控制系统也一样能应付自如，毫不费力。

目前温室控制器的种类很多，国内外高、中、低档温室控制器应有尽有。其主要区别在于控制理念上的不同，如比较高档的控制系统，其控制理念属于模糊控制，具有一定的预见性，可以根据温室内外各种条件综合判断其发展趋势，在控制点还没有到达时提前采取措施，因此其控制精度要高于其他控制器。比如冬季的某个上午，光照较好，室内暖气还在加热，室内设定温度为 15~18℃，此时室内温度为 15℃，由于光照强度会逐渐增强，室内温度会由于阳光的进入而逐渐升高。此时，高档的控制器会逐渐减少暖气的供热量，使温度保持在一个较恒定的数值，而低档的控制器会等到温度升到 18℃ 时才会有反映，而且其反映可能不是关掉暖气，反而是开打天窗进行降温以达到温度要求。但并不是说控制器功能越强大就越好，毕竟其价格昂贵，因此要根据温室的具体配置情况进行选择，经济性和实用性是必须要考虑的两个因素。

第三节　设施灾害性天气及预防对策

温室、大棚等设施主要在冬、春季节进行生产，难免遭受灾害性天气的危害，因而要有预备防范措施，避免意想不到的损失。常见灾害性天气主要有大风、大雪、强降温、连阴天等。

一、大风

1. 大风的危害

风力大到足以危害人们的生产活动和经济建设的风，称为大风。我国中央气象台规定风速大于等于 17m/s（8 级）以上的风作为发布大风的标准。实际上，5 级风就能对作物造成危害。

大风影响园艺设施的稳固，能吹倒棚架，砸伤植株，直接导致植株死亡；容易吹散、吹破棚架、棚膜，致使设施内的作物倒伏、枝干折断，严重时导致作物出现失水、萎蔫，影响植株开花授粉等。同时大风还污染棚体，减弱棚内的光照强度。

2. 大风的预防对策

① 营造防风林带和风障。
② 根据当地的风力设计抗风的园艺设施。
③ 选择避风场所建造园艺设施。
④ 根据天气预报临时加固大棚、温室等园艺设施。
⑤ 遇到大风天，一旦出现薄膜有鼓起现象时，放下部分（半卷）草苫压在温室前屋面的中部。

二、大雪

1. 大雪的危害

我国气象上规定，下雪时，水平能见距离小于 500m、24h 内降雪量大于 5mm 的为大雪。

冬季降雪过多可形成多种灾害。大雪常压垮大棚，破坏园艺设施；积雪过久威胁作物越冬，降低作物生长速度，延迟作物生长发育，严重时造成设施作物冻害。另外，暴风雪通常伴随强寒潮，寒冷潮湿天气由过冷却雨滴凝成的透明或毛玻璃状密实冰层又叫雨凇、冻雨、积冰，加重设施内作物灾害程度，亦可导致树木倒折、路面打滑、电线着地。例如 2008 年春季的江南雪灾、冰灾，导致大量园艺设施受损、设施内的作物被冻死、冻伤等灾害，造成华南地区蔬菜、水果等供应出现较为紧缺的现象。

2. 大雪的预防对策

① 保持草苫干燥，加强防大雪管理。根据天气预报，无论白天，还是夜间，要对相关园艺设施在雨前或刚下雨时卷帘，防止雨水将草苫浸透，增加重量，给卷苫带来困难；防止草苫湿后上冻，卷放困难。雪大时，要及时除雪，防止大雪压坏棚架；防止雪化湿苫。
② 连雪天，下雪时间长，每天必须揭苫 1～2h，要在中午卷苫 1～2m 高，让室内见光

1~2h。让设施内的作物接受散射光,千万不能捂棚。在降雪天气温不太低时,尽量卷起草苫,让雪直接落在棚膜上,便于清扫,棚膜上积雪也有一定的保温作用。雪过后及时放苫子保温。在设施内使用加温炉等进行增温,也可以在室内悬挂大功率灯泡,进行补光加温。

③ 加固修复倒塌的大棚。

④ 积极防冻、防病、治病。

⑤ 组织技术人员检查指导。尤其是广大南方,应当以科学有效的应对措施来规避大雪灾害,把预防雪灾摆在与防台风、防暴雨同等重要的位置。

三、强降温

1. 强降温的危害

气象学上定义:72h内,日平均气温下降≥8.0℃叫强降温(主要指3~4月和10~11月期间)。

强降温往往伴有大风、雷雨、阵雨、寒潮等天气,处理不及时易造成设施内作物冻害,特别影响设施内作物开花授粉,亦能导致正处于灌浆的作物出现倒伏或机械性损伤,影响其正常灌浆,将对后期产量形成带来较大的影响。还能导致部分果树落花落果。如低温持续时间较长,还会出现僵苗、烂苗的现象。

2. 强降温的预防对策

① 提高幼苗对日光和低温的耐性:炼苗。在定植前对秧苗低温炼苗。

② 保温、增温。做好已经播种或正处育苗阶段的农作物的保温工作,增加植被覆盖,如四层牛皮纸能增加夜温3℃以上;加放底角苫或纸被,能增加夜温1℃;温室前底角没有防寒沟的,要填些乱草防风寒,北墙或山墙外也应堆草木等防寒;进入温室的门要放门帘子,或内设暖冲间,严防冷风直接进入。

③ 稳固保温设施,增强设施自身的保温能力。设施内的保温结构要合理,场地安排、布局与方位等也要符合保温要求;用保温性能较好的覆盖保温材料;必要时进行牢固棚膜,有孔要及时补上,保持棚膜良好;减少棚膜缝隙,防止散热。

④ 采用临时加强措施。温室里临时扣中、小拱棚,对于高棵作物不便于扣棚时,可用燃气罐、电炉子、升火炉、炭火盆等人工加温措施达到防寒目的,但要防火。升火炉加温必须有烟筒,不向室内漏烟。用炭火盆加温,在室外生火,当木炭完全烧成红色已不冒烟时,再移入室内。

另外,温室遭受冻害多在温室的前部,因此遇到强降温天气时,夜间在靠近前底脚处,按1m的间距点燃一支蜡烛,可保持前底脚处不受冻害。必要时还要在设施周围,特别是在设施的北部和西北部加设风障,减少风力因素造成的温度下降。

四、连续阴天

1. 连续阴天的危害

连续4~5天或以上的阴雨天气现象叫连续阴天。各地气象台站根据本地天气气候特点及对农业生产影响的情况,其规定略有差异。降水强度可以是小雨、中雨,也可以是大雨或暴雨。南方地区春季、江淮地区秋季、华北平原春末夏初、华南地区的秋季等都常有连阴雨发生。

在作物生长发育期间因持续阴雨天气,设施内的土壤和空气长期潮湿,日照严重不足,使作物生长发育不良,严重影响产量和质量。其危害程度因发生的季节、持续的时间、气温高低和前期雨水的多少及作物的种类、生育期、设施内的环境等的不同而异。例如长江下游一带春季连阴雨，因光照不足，会发生设施内的作物出现烂种等现象。在收获季节出现连阴雨，能造成设施内的作物等发芽霉烂，块根类作物腐烂等。另外，由于连阴雨，设施内湿度过大，如果不能及时排湿，还可引发某些作物病虫害的发生及蔓延。

2. 连续阴天的预防对策

① 应研究和掌握本地连阴雨天气发生及其危害的规律，制订合理的设施结构和布局，并做好设施作物及品种的布局和季节的安排。

② 必须保持透明覆盖物良好的透光性，这是减轻或避免连阴雨天气危害的前提。

③ 应根据各地的不同情况，分别采取相应的防御措施。一是针对南方早播期间的连续阴天，除根据天气变化规律，在冷尾暖头抢晴播种，设施内采用薄膜覆盖育苗外，搞好设施内的田间管理，调节设施内的小气候是防御低温阴雨天气影响，培育壮秧的主要措施。二是针对长江中下游地区作物主要生育期内的连续阴天，要搞好设施内的基本建设，排水畅通，低洼地区要做好水上整治，降低内河水位，沟渠配套，降低地下水位，提高栽培技术，改良土壤，推行中耕、培土等。注意收听天气预报，做好排渍和病虫防治工作。三是针对作物收获季节的连续阴天，应根据天气预报及时做好抢收、抢晒工作。在条件许可的情况下，应配备必要的烘干设备，使雨天收的作物能及时烘干，避免发芽、霉烂而遭受损失。四是针对设施内的高架作物实行宽窄行种植，并适当稀植，及时整枝打杈，去除老叶，并使用透明绳吊秧，实现通风透光、保温等目的。

④ 增光、提温、排湿。遇到连续阴天，只要温度不是很低，就应该揭开草苫，减少保温覆盖物遮荫或者应用人工补光等措施，尽量增加室内温度。一般阴天，或有短时间露出太阳，室内温度就会有一定程度的升高。另外，如果在温室后部张挂反光幕或者在地面上铺盖反光地膜，在连阴天时也会起到一定增光和提高温度的作用。冬季阴雨（雪雾）天气较多的低纬度地区，应该提早覆盖薄膜，使土壤中储积较多的热量。冬季遇到连阴天时，由于地温较高，在一定程度上，能提高保温效果，减少低温冻害的发生。

本 章 小 结

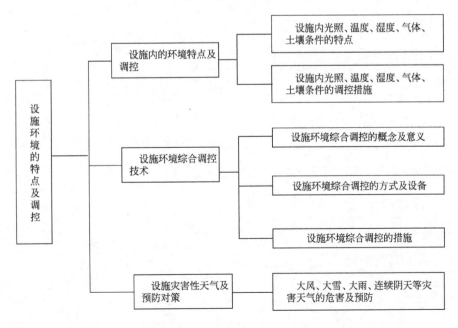

复习思考题

1. 影响设施透光率的主要因素有哪些?
2. 如何改善设施内的光照条件?
3. 设施热支出途径有哪些?
4. 何谓贯流放热、温室效应、保温比、温度逆转现象?
5. 试述提高设施保温性的主要措施。
6. 如何有效降低设施内的湿度?
7. 设施内有害气体主要种类有哪些?如何降低有害气体积累?
8. 设施土壤次生盐渍化的原因及其防控途径。
9. 何为设施环境综合调控?设施环境综合调控的方式有哪些?
10. 计算机综合调控的设备有哪些?这些设备如何进行设施环境的调节?
11. 设施常见的灾害性天气有哪些?
12. 灾害性天气对园艺设施有哪些危害?
13. 怎样避免或减轻灾害性天气的危害?

第三章　现代设施园艺技术基础

知识目标

掌握园艺作物播前种子处理、苗床育苗、嫁接育苗、穴盘育苗、扦插育苗的基本知识，掌握化控技术在设施园艺中应用的基本知识。

技能目标

通过练习学会播前种子处理的方法，营养土、基质配制技术，苗床制作技术，播种技术，苗期管理技术，嫁接技术，扦插技术等基本技能，达到能够独立进行生产育苗操作的目的。

第一节　设施育苗技术

育苗是园艺植物生产的重要环节。近几年来随着农村产业结构的调整，园艺植物种植面积的逐年扩大和园艺植物生产中育苗质量的不断提高，各种类型的设施育苗（如夏秋季的遮阳网、防虫网育苗，冬春季节的阳畦、温床、温室育苗等）在我国各地得到广泛应用。在各种设施育苗中，苗床育苗、容器育苗和嫁接育苗是目前生产上普遍运用的几种育苗方式。

一、苗床育苗

1. 播前种子处理

作为播种材料的种子，在播种前一般要经过选种、晒种、浸种、拌种、催芽等环节，目的在于提高种子价值、进行种子消毒、促进种子发芽出土、促进壮苗增产、增强抗逆性，对有些种子还可以打破休眠。

（1）选种　播前选种就是采用一定的方法将种子中的秕粒、小粒、破损粒、有病虫害的种子和各种杂物除去。目的是保证种子纯净、饱满、生活力强，发芽出苗整齐一致。常用的选种方法有三种：粒选、风选和液选。

① 粒选。根据种子粒形、粒色、脐色等标准采用手工或机械逐粒精选符合品种典型特征的饱满、整齐、完好的健壮种子，作为播种材料。

② 风选。又称扬谷、扬场等，是指借助自然或机械风力吹去混杂于种子中的秕粒、泥砂杂质等夹物，选留饱满洁净种子的方法。

③ 液选。液选就时利用一定密度的液体，将轻重不一的种子分开，充实饱满的种子下沉底部，轻粒则上浮液体表面。液选常用的溶液有清水、泥水、盐水、硫酸铵水等。不同作物应配制不同密度的溶液，液选时，从种子浸入至捞出，时间应短，捞出后，需用清水洗净，晒干后待用或进入下一步浸种催芽过程。

（2）晒种　在播种前利用阳光翻晒种子2~3天（图3-1），可增强种子透性，促进种子后熟，并使种子干燥一致，便于浸种时吸水均匀，晒种还能打破休眠，提高种子内酶的活性和胚的生活力，降低种子内发芽抑制物质的浓度，提高发芽势和发芽率，从而促进发芽。同时，晒种还有一定的消毒作用。具体的晒种时间因种子成熟程度和日光强弱而异。

图 3-1　晒种

图 3-2　浸种

（3）浸种　浸种（图 3-2）是指将种子浸泡于清水或一定的药液中，使其在短时间充分吸水，达到萌发所需的基本水量，以促进种子发芽和消灭病原物。常用的方法有：一般浸种、温汤浸种、热水浸种和药剂浸种。

① 一般浸种。用温度为 20～30℃ 的水浸泡种子。此法对种子只起供水作用，无灭菌和促进种子吸水作用。适用于种皮薄、吸水快的种子。如花卉中的一串红、翠菊、金莲花等种子和蔬菜中的十字花科类种子。

② 温汤浸种。将种子放于 55～60℃ 的温水中，保持恒温 15min。然后自然冷却，转入一般浸种。由于 55℃ 是一般病菌的致死温度，因此温汤浸种有消灭病菌的作用。此法适用于种皮较薄、吸水较快的种子，如蔬菜中的茄果类种子。

③ 热水浸种。将种子投入 75～85℃ 的热水中，然后用两个容器来回倾倒搅动，直至水温降至室温，转入一般浸种。热水浸种有利于提高种皮透性，加速种子吸水，并起灭菌消毒作用。此法适用于一些种皮坚硬、革质或附有蜡质、吸水困难的种子，如西瓜、丝瓜、苦瓜等种子，对于种皮薄的种子不宜采用此法，避免烫伤种胚。

④ 药液浸种。把种子投在药液中浸泡一定时间后，捞出晾干或再用清水淘洗作播种用。但最好是随浸随播，否则易发生药害，浸种的药液必须是溶液或乳浊液，生产上常用的浸种药液有 800 倍的 50% 多菌灵溶液、800 倍的托布津溶液、100 倍的福尔马林溶液、10% 的磷酸三钠溶液、1% 的硫酸铜溶液、0.1% 的高锰酸钾溶液。具体使用时应根据不同作物、不同的病虫害选择不同药剂及浓度，药液用量一般为种子的 2 倍左右，并严格掌握药剂的浸种时间。

浸种前应将种子充分淘洗干净，除去果肉物质和种皮上的黏液，以利于种子迅速充分吸水。浸种水量以种子量的 5～6 倍为宜，浸种过程应保持水质清新，可在中间换 1 次水，并根据作物种类及品种注意浸种时间。

图 3-3　催芽

（4）催芽　催芽（图 3-3）多在浸种的基础上进行，是将已吸足水分的种子，置于黑暗或弱光环境里，并给予适宜的温度、湿度和氧气条件，促使其迅速发芽。催芽期间，一般要求每 4～5h 翻动种子 1 次，以保证种子萌动期间有充足的氧气供给，同时，每天用清水清洗 1～2 次，以除去黏液、呼吸热并补充水分。

(5) 拌种　拌种是将一定数量和一定规格的拌种剂与种子混合拌匀，使药剂均匀黏附在种子表面上的种子处理方法。这种方法便于大量种子机械化处理，处理后即可播种。目的是防止病虫危害，促进发芽和幼苗健壮。但种子表面附着拌种剂有一定限度，且易脱落，常因药量不足而导致防效下降。搅拌既可在干燥条件下进行，也可加少量水分，以利黏附。拌种剂分药剂和肥料两类。拌种常用的肥料有菌肥、磷肥，常用药剂有克菌丹、敌克松、福美双等。拌种剂的用量一般为种子用量的0.2%～0.5%。药剂需精确称量。

(6) 其他处理　包括种子的包衣处理、硬实处理、层积处理、激素处理、辐射处理及变温处理等。

① 包衣处理。用种子包衣机直接在种子表面裹上一层种子专用处理剂使之成为丸粒状，且具有较高硬度、外表光滑度及大小形状一致的包衣种子（图3-4）。目的是能较有效控制种子和土壤带菌并传染病菌及某些害虫的危害。提供作物苗期生长所需的养分，提高种子出苗率，促进幼苗生长健壮而且可减少农药对环境的污染和对天敌的杀伤。

图3-4　包衣种子

② 硬实处理。用粗砂、玻璃碎屑擦伤一些种皮较厚或坚硬的种子（如草木樨、紫云英、菠菜等的种子）表皮，以利于吸水、发芽。

③ 层积处理。对于要求在低温和湿润条件下完成休眠的种子，如牡丹、蔷薇、梨等种子，就是在冬季用湿砂和种子相互叠积，放在0～5℃的低温下1～3个月，如图3-5所示。通过层积处理，目的是促使种子通过休眠期，春播后发芽整齐。

图3-5　种子室外层积处理

④ 激素处理。利用一定浓度的生长调节剂处理种子。如用150～200mg/L的赤霉素溶液浸种12～24h，有利于打破休眠，促进发芽。

⑤ 辐射处理。用低剂量（100～1000R）（$1R=2.58\times10^{-4}C/kg$）的某种射线如γ、β、X射线等照射种子，这些处理均有利于壮苗和增产。

⑥ 变温处理。把种子放在高、低温变动的条件下处理，即当种子萌动时，放在-2～0℃低温下12～18h，用凉水化冻后，放入18～22℃温度下6～12h，如此反复处理2～5天，直到出芽，目的是为了增强种子的抗寒性。

⑦ 微量元素处理。微量元素是酶的组成部分，参与酶的活化作用。播种前用微量元素溶液浸泡种子，可使胚的细胞质发生内在变化，使之长成健壮、生命力强、产量较高的植

株。目前生产上应用的浸种微肥有硫酸铜、硫酸锌、硫酸锰和硼酸等，常用的浓度为 0.02%。

⑧ 干热处理。将干燥（含水量低于 2.5%）的种子置于 60~80℃ 的高温下处理几小时至几天，以杀死种子内外的病原菌和病毒。

2. 营养土配制及苗床准备

营养土是供给作物幼苗生长发育所需水分、营养和空气的基础，与幼苗的生长发育好坏关系非常密切。因此，科学配制营养土，是确保苗全、苗齐、苗壮的关键。一般营养土应具备：营养充分，物理性能良好，疏松、透气、保水保肥，pH 值 6.5~7.5，不含有害物质，无病菌虫卵及杂草种子，重量轻，便于搬运等特点。

(1) 营养土的原料　配制营养土的原料一般有三类：有机肥、园土和化肥。

① 有机肥。主要有畜禽粪便（如马粪、牛粪、猪粪、鸡粪、大粪干等）和植物残体［山区黑壤土、腐叶土、泥炭土、木屑（或锯末）、腐叶、松针］两大类。不论用哪类配制，在配制前均应经高温堆制发酵、充分腐熟捣细过筛后用。切勿用未腐熟的新鲜有机肥，否则易发生烧苗，或造成根部病害。

② 园土。又称田园土，这是普通的栽培土，因经常施肥耕作，肥力较高，团粒结构好，是配制培养土的主要原料之一。

③ 化肥。常用的有复合肥和过磷酸钙等。

(2) 营养土的配方　营养土的配方种类很多，具体选用时应根据园艺作物对土壤的要求和当地的材料来选择适宜的配方。生产上常用的配方有两种：一种是草炭 50%，腐熟马粪 20%，大粪干 10%，大田土 20%；另一种是肥沃大田土 60%，充分腐熟的厩肥 40%。

(3) 营养土的配制　先按配方准备好所有材料，并按配方比例进行混合并充分搅拌均匀待用。使用前要用药剂消毒营养土，而后在播种前 15 天左右测定和调节土壤 pH。

(4) 营养土消毒　为防止营养土带菌，引发苗期病害，可采用下列方法消毒土壤。

① 药土消毒。将药剂先与少量土壤充分混匀后再与所计划的土量进一步拌匀成药土。播种时，2/3 药土铺底，1/3 药土覆盖，使种子四周都有药土，以便有效控制苗期病害。药土消毒的常用药剂有多菌灵和甲基托布津等，苗床用量为 8~10g/m³。

② 甲醛熏蒸消毒。一般用 40% 甲醛 100 倍的溶液喷洒床土，拌匀后覆盖塑料薄膜密闭 5~7 天，然后揭开薄膜待药味挥发后即可使用。

③ 蒸气消毒。在配好的培养土上盖上塑料薄膜等覆盖物后，通入 100℃ 的高温水蒸气，把土壤加热到 60~80℃，经 15~30min 即可。

④ 药液消毒。用代森锌或多菌灵等药液消毒，一般用原药 10g/m³，配成 200~400 倍药液喷洒或淋浇即可。

⑤ 太阳能消毒。夏季高温季节，在大棚或温室中，把床土平摊 10cm 厚，关闭所有的通风口，中午棚室内的温度可高达 40~60℃，这样维持 7~10 天，可消灭床土中部分病原菌。

(5) 营养土酸碱度的测定和调节　取少量营养土，放入玻璃杯中，按土∶水＝1∶2 的比例加水充分搅拌，而后用石蕊试纸或广泛 pH 试纸蘸取澄清液，根据试纸颜色的变化判定其酸碱度。如果过酸，可在培养土中掺入一定比例的石灰粉或增加草木灰（砻糠灰也可）；如果过碱，可加入适量的硫酸铝（白矾）、硫酸亚铁（绿矾）或硫磺粉。

(6) 苗床准备　应根据育苗季节、育苗种类和当地的具体情况做好育苗设施的合理选择，苗床一般有播种苗床和分苗苗床两种。分苗苗床可采用以下护根措施。

① 制作营养土块。方法一般有两种。一种是压制法，即将配制好的营养土加入适量水

搅拌均匀，至手握成团时，装入压制模内压成方块。另一种是和泥切割法，即将配制好的营养土，铺在整平的苗床上，厚10cm，再用木板抹平，浇水后按所需苗距切成方块，在切缝处撒少许砂子、草木灰等，以便于起苗和防止重新粘连。营养土块中央可扎穴，以备播种。

② 塑料钵。它是由工厂生产的专门用于育苗的成品，形似花盆，上口大，下口小，底部有小孔洞。塑料钵有多种规格，具体使用时可根据幼苗大小而定。往塑料钵内装营养土时，上口应留出1.5~2.0cm的距离，不要装得太满，便于浇水和播种后覆土。

③ 塑料薄膜袋。分有底（袋）和无底（筒）两种。有底容器中、下部有小孔，小孔间距为2~3cm。

④ 营养钵。这是指用机器将配制的营养土压制成定型的营养土钵，在使用前制备，贮存备用。预制营养钵在应用前应先浸透，否则幼苗不易发根。

⑤ 蜂窝状容器。以纸或塑料薄膜为原料制成，将单个容器交错排列，侧面用水溶性胶黏剂黏合而成，可折叠，用时展开成蜂窝状，无底，见图3-6。在育苗过程中，容器间的胶黏剂溶解，可使之分开。

⑥ 其他容器　各地因地制宜使用竹篓、竹筒、泥炭以及木片、牛皮纸、报纸、树皮、陶土等制作的容器。

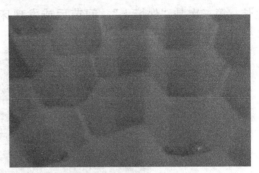

图3-6　蜂窝状容器

3. 苗床播种技术

(1) 确定播种期　应根据园艺作物种类、育苗设施类型、当地气候条件、苗龄、预计定植期等因素来确定。适宜的播种期是由人为确定的定植期减去秧苗的苗龄后，向前推算出的日期。例如，喜温蔬菜类作物，在露地栽培时，必须在终霜期过后才能定植。因此，播种期就需考虑终霜期和苗龄，使苗育成后刚好可以定植到大田为宜。如果用于早春大棚保护地栽培，因定植期提前，播种期也应该相应提前。

(2) 播种量及播种面积的确定

$$每亩播种量(g) = \frac{每亩定植株数}{每克种子粒数 \times 种子使用价值} \times 安全系数(1.2 \sim 2)$$

$$播种面积(m^2) = \frac{播种量(g) \times 每克种子粒数 \times 每粒种子所占面积(cm^2)}{10000}$$

中小粒种子可按每平方厘米分布3~4粒种子计算每粒种子所占面积，较大粒种子按每粒有效种子占苗床面积4~5cm²来计算。

$$分苗床面积(m^2) = \frac{分苗总株数 \times 单株营养面积(cm^2)}{10000}$$

幼苗单株营养面积根据苗龄的长短可按64~100cm²来计算。

(3) 播种方法　播种宜选择晴天上午，此时温度高，出苗快且整齐。阴雨天播种，地温低，迟迟不出苗，易造成种芽腐烂。对于小粒种子一般采用撒播法，如一串红、鸡冠、石竹、芹菜等；中粒种子采用条播法，如文竹、天门冬等。大粒种子则采用点播法，如紫茉莉、牡丹、芍药、西瓜、南瓜等，对于过细小的种子为保证出苗均匀可混拌细砂播种。播种前应先浇足底水，待底水下渗后播种，播种后覆一层细土，覆土厚度一般为种子直径的2~3倍，大粒种子可稍厚，小粒种子宜薄，以不见种子为度。微粒种子可不覆土，播后轻轻镇压即可。覆土后应立即采用增温保墒措施，一般喜温园艺作物温度控制在25~30℃，喜凉园艺作物温度控制在20～25℃。

4. 苗床管理技术

苗期管理既是培育壮苗的重要环节，又是整个育苗过程中最复杂的一个环节。因为这个时期引发育苗成败的因素复杂，受威胁的时间又长。设施育苗苗床管理的主要内容是调节温度、湿度、光照和营养条件，以满足幼苗正常健壮生长发育的需要。这期间既不能让幼苗生长太快成徒长苗，又不能使幼苗生长停滞成僵化苗。

（1）覆土　覆土是苗床保墒和降低床内空气湿度的主要措施，对培育壮苗有着重要的作用。一般在播种床中覆三次土：第一次叫"脱帽土"，在幼芽顶土时，覆一次培养土，见图3-7，增加土表压力，防止子叶尖端带着种皮出土，妨碍子叶展开和幼苗生长；第二次叫"齐苗土"，苗出齐后覆土，填补幼芽出土造成的缝隙，减少床土水分的蒸发并促进幼苗根系生长；第三次是"保墒土"，间苗后或发现床土裂缝时覆土，以利保墒。每次覆土厚度为0.4～0.6cm。

图3-7　第一次覆土

（2）分苗（移植）　分苗就是将小苗从播种床内起出，按一定距离移栽到分苗床中或护根育苗容器中。分苗的目的是扩大幼苗的营养面积，满足光照和土壤营养条件。分苗时期以破心前后为最好，见图3-8。分苗前3～4天，应逐渐降低床内温度、湿度，给以充足阳光，增强幼苗的抗逆性，以利分苗后迅速缓苗。缓苗前不通风，如中午高温秧苗萎蔫，可适当遮荫。

图3-8　分苗

（3）温度调节　床内温度是关系育苗成败和好坏的主导因素。苗期温度管理的一般规律，在于掌握好"三高三低"即"白天高，晚上低；出苗前、分苗后高，出苗后、分苗前和定植前低"。不同园艺作物及同一种类不同育苗阶段对温度条件的要求和反应都不相同。设施育苗温度的调节主要是通过加温、保温、通风、降温等方式进行的。具体调节时应结合幼苗的生长情况灵活掌握。

① 播种到出苗。指从播种到子叶开心显露（破心）为止。此期主要靠种子贮藏养分生活，在苗床底水充足、覆土均匀的条件下，温度是影响出土的主要因素。因此，播种后立即采取增温措施，有利于促进幼苗出土。

子叶出土，心叶显露时，幼苗生长势增强，此时如继续保持高温、高湿，就会出现幼苗胚轴迅速伸长而形成"高脚苗"（图3-9）。所以，此期要控制相对较低的温度。

图 3-9　高脚苗

图 3-10　僵化苗

② 破心到三四叶期。为了促成幼苗健壮生长，既要防止出现徒长苗，又要防止出现僵化苗（图3-10）。一般采用变温锻炼的方法：即每长一片新叶前，都尽量保持幼苗正常生长的温度，以促进迅速生长，待每片新叶长出展开后，又给予2~3天的较低温锻炼，以控制和锻炼幼苗，如此反复，直至定植前进行6~7天的炼苗。

（4）光照调节　光照是幼苗生长的基础，所以在育苗过程中要尽可能保证充足的光照。为了改善床内光照条件，除了要及时早揭晚盖苗床或设施覆盖物和清洁透明屋面外，还可通过一些农业措施改善光照条件，如通过移苗将小苗移至温光条件好的中间部位，苗子长大后可通过疏散摆放扩大受光面积，防止相互遮荫。但每次移苗后必然损伤部分根系，因此，应注意浇水防萎蔫，冬季弱光季节可在苗床北部张挂反光幕增加光照。同样，夏秋季节育苗若光照过强，也应采取适当遮阳措施减弱光强。

（5）湿度调节　水分管理既要保证幼苗生长的需要，又要防止土壤含水过多而影响根部的正常呼吸，还要防止空气湿度过大，抑制叶的蒸腾作用。掌握水分供应的原则应根据园艺作物种类、幼苗生长的不同阶段和具体的天气变化而定。

① 幼苗生长的不同阶段。一般从播种到分苗前，如底水充足可以不浇；在分苗前1~2天可在播种床内浇水，以利起苗；分苗移栽时要浇足稳苗水；分苗后到定植前浇水量应随作物的生长以及叶面积增大而增加。但需尽量减少浇水次数，以土壤见干见湿为好。如果此期水分过多易引起徒长；水分控制过度则幼苗趋于"老化"。

② 具体的天气变化。一般原则是晴天浇水，阴天蹲苗；土温低时少浇，必要时浇温水；育苗后期温度升高，每次浇水量宜多，但间隔时间要长。

③ 园艺作物种类。对于那些幼苗生长速度快、根系比较发达、吸水力强的种类，为防止徒长，应严格控制水分；对于那些幼苗生长速度较慢、育苗期间需要保持较高温度和湿度的种类，应满足它们对水分的要求，水分控制不宜过严；对于那些幼苗生长速度快、叶片蒸腾量大，而根系又较弱的种类宜保持较高的土壤湿度和较低的空气湿度，即底水要足，在整个苗期不宜多次或大量浇水，以免造成徒长或沤根。

二、穴盘育苗

1. 穴盘育苗的意义

穴盘育苗（图3-11）技术是采用草炭、蛭石等无土材料做育苗基质，机械化精量播种，一穴一粒，一次性成苗的现代化育苗技术。我国引进后称机械化育苗或工厂化育苗，目前多称穴盘育苗。它与传统育苗方法相比，表现出如下几方面优点。①节能省工省力、效率高。穴盘育苗采用精量播种，一次成苗，从基质混拌、装盘、播种、覆盖等一系列作业实现了自动控制，苗龄比常规苗缩短10～20天，节省能源2/3，劳动效率提高了5～7倍。②适合远距离运输和机械化移栽。穴盘育苗是以轻基质无土材料做育苗基质，具有相对密度小、保水能力强、根坨不易散等特点，缓苗快，成活率高。穴盘育苗还可配备机械化移栽。③有利于推广优良品种。由于穴盘育苗采用工厂化、专业化生产方式育苗，减少假冒伪劣种子的泛滥危害，有利于规范化科学管理，提高商品苗质量。④无毒化处理。种苗业比较容易实行整个生产环节的无毒化处理，防止病虫害侵入种苗，保证提供无病虫害商品苗，建立良好的商业信誉。

图3-11 穴盘育苗

穴盘育苗是欧美国家20世纪70年代兴起的一项新的育苗技术，是现代农业、工厂化农业的重要组成部分。在蔬菜、花卉、果树生产上得到了广泛的应用，成为许多国家专业化商品苗生产的主要方式。20世纪80年代中期，我国开始引进欧美穴盘育苗精量播种生产线及其技术，并在此基础上通过消化吸收，实现了播种机国产化的适合我国国情的穴盘育苗新技术。应用该技术一方面可以克服我国广大北方地区冬季严寒和南方地区盛夏酷热且多暴雨等不利气候条件对园艺作物育苗的影响；另一方面，有利于面对我国人多地少，人均耕地面积日益减少存在潜在食品短缺的严峻形势，促成我国农业走向高度集约化经营道路。因此，穴盘育苗技术是我国高效集约化型农业、高科技工厂化农业、持续农业和无公害农业的最佳选择之一，是未来高新技术农业的标志，具有很重要的地位和很大的发展潜力。它必将随着我国农业现代化高潮的到来，在园艺作物生产上迅速推广开来。

2. 穴盘育苗的场地

穴盘育苗的场地由播种车间、催芽室、育苗温室和包装车间及附属用房等组成。

（1）播种车间　播种车间占地面积视育苗数量和播种机的体积而定，一般面积为100m²，主要放置精量播种流水线和一部分的基质、肥料、育苗车、育苗盘等，播种车间要求有足够的空间，便于播种操作，使操作人员和育苗车的出入快速顺畅，不发生拥堵。同时要求车间内的水、电、暖设备完备，不出故障。

（2）催芽室　催芽室设有加热、增湿和空气交换等自动控制和显示系统，室内温度在20～35℃范围内可以调节，相对湿度能保持在85%～90%，催芽室内外、上下温、湿度在允许范围内相对均匀一致。

(3) 育苗温室　育苗温室是穴盘育苗的主要场地，大规模的穴盘育苗企业均建有现代化的连栋温室作为育苗温室。

3. 穴盘育苗的主要设备

(1) 穴盘精量播种系统　包括以每小时 40～300 盘的播种速度完成拌料、育苗基质装盘、刮平、打洞、精量播种、覆盖、喷淋全过程的生产线。这种播种生产线的价格一般都很昂贵，在国外大型育苗场，一般生产线全年都是满负荷运行，目的是尽快收回投资成本。因此，在购买播种生产线时，应先做好效益可行性研究。穴盘育苗播种机（图 3-12）是这个系统的核心部分，根据播种器的作业原理不同，精量播种机有真空吸附式和机械转动式两种类型。真空吸附式播种机对种子形状和粒径大小没有严格要求，播种之前无需对种子进行丸化加工。而机械转动式播种机对种子粒径大小和形状要求比较严格，一般要求把种子加工成近圆球形。

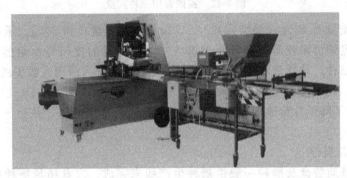

图 3-12　穴盘育苗播种机

(2) 育苗环境自动控制系统　育苗环境自动控制系统主要指育苗过程中的温度、湿度、光照等环境控制系统。我国多数地区园艺作物的育苗是在冬季和早春低温季节（平均温度 5℃，极端低温 -5℃ 以下）或夏季高温季节（平均温度 30℃，极端高温 35℃ 以上），外界环境不适于园艺作物幼苗生长的时期进行的。由于温室内的环境必然受到外界天气的影响，而园艺作物幼苗对环境条件敏感，要求严格，所以需要通过仪器设备进行调节控制，满足幼苗对光、温度及湿度（水分）的要求，以便培育优质壮苗。

(3) 灌溉和营养液补充设备　穴育育苗一般配有高精度的喷灌设备，其供水量和喷淋时间可以调节，并能兼顾营养液的补充和喷施农药。

(4) 运苗车与育苗床架　运苗车包括穴盘转移车和成苗转移车。穴盘转移车将播完种的穴盘运往催芽室，车的高度及宽度根据穴盘的尺寸、催芽室的空间和育苗数量来确定。成苗转移车一般为多层结构，车体多为分体组合式，利于不同种类园艺作物种苗的搬运和装卸。

育苗床架可分为固定床架和移动式育苗床架。苗床上铺设有电加温线、珍珠岩填料和无纺布，以保证育苗时根部生长所需温度，每个育苗床的电加温都有独立的组合式控温仪控制。

4. 基质与穴盘的选择

穴盘育苗常用的基本基质材料有珍珠岩、草炭（泥炭）、蛭石等。国际上常用草炭和蛭石各半的混合基质育苗。穴盘育苗对基质的总体要求是尽可能使幼苗在水分、氧气、温度和养分供应上得到满足。

穴盘育苗为了适应精量播种的需要和提高苗床的利用率，国际上已实现了标准化的育苗穴盘。其规格为长 54.4cm，宽 27.9cm，高 3.5~5.5cm；孔穴数有 50 孔、72 孔、98 孔、128 孔、200 孔、288 孔、392 孔、512 孔等多种规格。我国使用的穴盘以 72 孔、128 孔和 288 孔者居多，见图 3-13，每盘容积分别为 4630ml、3645ml、2765ml。

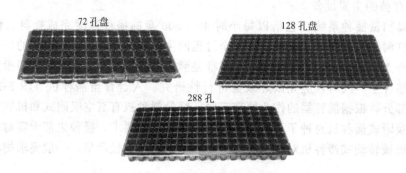

图 3-13　我国常用三种穴盘

育苗穴盘的重量有 130g（轻型穴盘）、170g（普通穴盘）和 200g（重型穴盘）三种规格，一般轻型穴盘的价格较重型穴盘低 30%左右，但后者的使用寿命是前者的两倍。选用穴盘应根据所育品种、计划育成成品苗的大小而定，一般育大苗用穴数少的穴盘，育小苗则用穴数多的穴盘。我国育二叶一心苗多用 288 孔穴盘，4~5 叶苗用 128 孔穴盘，5~6 叶苗用 72 孔穴盘。为了降低育苗成本，穴盘用后应尽量回收重复使用，并在下一次使用前进行清洗消毒。

5. 基质装盘及播种

穴盘育苗的基质装盘及播种一般由播种生产线来完成。穴盘精量播种技术包括种子精选、种子包衣和各类园艺作物种子的自动化播种技术。穴盘育苗对种子的纯度、净度、发芽率、发芽势等质量指标有很高的要求。一些大型种苗企业都拥有自己的良种繁育基地、科技人员、种子精选设备等，在新品种推广之前都要进行适应性试验，以免影响精量播种的效率、播种量的计算、育苗时间的控制和供苗时间。在具体使用播种生产线时，为了保证穴盘育苗整齐一致，一般都要进行精确调整，以使每穴的基质填充量、压实程度、冲穴深浅、播种粒数、覆土厚度、浇水量基本一致。

6. 苗期管理

(1) 温、光、湿度管理　适宜的温度、水分和充足的光照是园艺作物幼苗健壮生长所需的基本环境条件。但不同园艺作物种类以及在作物的不同生长发育阶段所需的基本环境条件不同。因此，在利用穴盘育苗的环境自动控制系统进行调节时，应根据园艺作物种类以及作物不同生长阶段尽量将环境条件控制在适宜的范围内。部分蔬菜幼苗生长期对温度的要求见表 3-1。

表 3-1　部分蔬菜幼苗生长期对温度的要求

蔬菜种类	白天温度/℃	夜间温度/℃	蔬菜种类	白天温度/℃	夜间温度/℃
茄子	25~28	15~18	西瓜	23~26	15~18
辣椒	25~28	15~18	生菜	18~22	10~12
番茄	22~25	13~15	甘蓝	18~22	10~12
黄瓜	22~25	13~16	花椰菜	18~22	10~12
甜瓜	23~26	15~18	芹菜	20~25	15~20

(2) 营养液的管理　育苗过程中营养液的添加取决于基质成分和育苗时间，采用草炭、

生物有机肥料和复合肥合成的专用基质，育苗期以浇清水为主，适当补充一些大量元素即可。采用草炭、蛭石、珍珠岩作为育苗基质，营养液配方和施肥量是决定种苗质量的重要因素。

① 营养液的配方。园艺作物营养液的配方各地介绍很多，一般在育苗过程中营养液配方（表3-2）以大量元素为主，微量元素多由水和基质提供。使用时注意浓度和调节EC值及pH值。

表 3-2 穴盘育苗营养液简单配方

营养元素	用量/(mg/L)	营养元素	用量/(mg/L)
四水硝酸钙	472.5	磷酸二铵	76.5
硝酸钾	404.5	螯合铁	10
七水硫酸镁	241.5		

引自：蔬菜栽培. 韩世栋. 中国农业出版社.

② 营养液的管理。穴盘育苗营养液的管理包括营养液的浓度、EC值、pH值以及供液的时间次数等。一般情况下，育苗期的营养液浓度相当于成株期浓度的50%~70%，EC值0.8~1.3mS/cm，配制时应注意当地的水质条件、温度及幼苗的大小。灌溉水的EC值过高会影响离子的溶解度；温度较高时应降低营养液的浓度，较低时可考虑取营养液浓度的上限，子叶期与真叶期以浇水为主或取营养液浓度的下限，随着幼苗的生长逐渐增加营养液的浓度。营养液的pH值随园艺作物种类不同而稍有变化，苗期的pH值应在5.5~7.0，适宜值为6.0~6.5。营养液的使用时间与次数取决于基质的理化特性、天气状况以及幼苗的生长状态，原则上晴天多用，阴雨天少用或不用；气温高时多用，气温低时少用；大苗多用，小苗少用。穴盘育苗的肥水运筹和自动化控制应建立在环境（温度、湿度、光照等）和幼苗生长的相关模型的基础上。

(3) 防治病害　园艺作物幼苗期易感染的病害主要有猝倒病、立枯病、灰霉病、病毒病、霜霉病、菌核病、疫病等；由于环境因素引起的生理性病害有寒害、冻害、热害、烧苗、旱害、涝害、盐害、沤根、有害气体毒害、药害等。对于以上各种病理性和生理性的病害应以预防为主，做好综合防治工作。

① 杜绝传染途径。做好穴盘、器具、基质、种子以及进出人员和温室环境的消毒工作。

② 经常检查。及时拔除病苗，清除到育苗温室外，集中处理。对于环境因素引起的病害，应加强温、湿、光、水、肥的管理，以防为主，保证各项管理措施到位。

③ 适时进行药剂防治。育苗期间常用的化学农药有75%的百菌清粉剂600~800倍液，可防治猝倒病、立枯病、霜霉病、白粉病等；50%的多菌灵800倍液可防治猝倒病、立枯病、炭疽病、灰霉病等；以及64%杀毒矾M8的600~800倍液、25%的瑞毒霉1000~1200倍液、70%的甲基托布津1000倍液和72%的普力克400~600倍液等对苗期病害防治都有较好的效果。为降低育苗温室及基质湿度，打药时间以上午为宜。对于猝倒病等发生于幼苗基部的病害，如基质及空气湿度大，则可用药土覆盖方法防治，即用400~500倍的多菌灵喷洒基质配成毒土，撒于发病中心周围幼苗基部。

(4) 定植前炼苗　幼苗在移出育苗温室前必须进行炼苗，以适应定植地点的环境。如果幼苗定植于有加热设施的温室中，只需保持运输过程中的环境温度；若幼苗定植于没有加热设施的塑料大棚内，则应在定植前3~5天采取降温、通风等措施炼苗；若幼苗定植于露地无保护设施的秧苗，必须在定植前7~10天严格做好炼苗工作，采取逐渐降温的方法，使温室内的温度逐渐与露地相近,防止幼苗定植时因不适应环境而发生冷害。另外,幼苗移出育苗温室前2~3天应施一次肥水,并进行杀菌剂、杀虫剂的喷洒,做到带肥、带药出室。

(5) 其他管理

① 穴盘位置调整。在育苗过程中,由于微喷系统各喷头之间出水量的微小差异,使育苗时间较长的秧苗出现带状生长不均匀,观察发现后应及时调整穴盘位置,促使幼苗生长均匀。

② 边际补充灌溉。各苗床的四周边际与中间相比,水分蒸发速度比较快,尤其在晴天高温情况下蒸发量要大一倍左右,因而易造成穴盘边缘的植株生长势弱于穴盘中央植株的现象。因此在每次灌溉完毕,都应对苗床四周10~15cm处的秧苗进行补充灌溉,以利于全盘幼苗生长整齐一致。

③ 补苗。对于一次成苗的,需在幼苗出土后,及时将缺苗补齐。

三、嫁接育苗

(一) 嫁接的意义及现状

嫁接就是将植物体的芽或枝(称接穗)接到另一植物体(称砧木)的适当部位,使两者接合成为一个新植物体的技术。采用嫁接技术培育秧苗的方法称为嫁接育苗。

嫁接育苗法在园艺植物上使用很普遍,嫁接可以利用砧木的特性,增强嫁接苗的抗逆性和适应性,保持接穗的优良性状,提早结果,提高观赏价值,加快繁殖。

设施蔬菜生产上应用嫁接育苗,可以预防土壤传染病害的发生,同时能增强植株的抗逆性和对肥水的吸收能力,从而提高产量和品质。

对于花卉等观赏植物,嫁接是繁殖手段,也是提高观赏价值的一种手段。通过嫁接花卉可提早开花,或一株花卉开出多种颜色的花朵,并可实现特殊观赏树木品种如龙爪槐、垂枝桃、垂枝梅的繁殖造型等。

嫁接在果树生产上除用以保持品种优良特性外,也用于提早结果、克服有些种类不易繁殖的困难、抗病免疫、预防虫害;此外还可利用砧木的风土适应性扩大栽培区域、提高产量和品质;以及使果树矮化或乔化等。

(二) 蔬菜嫁接育苗技术

1. 嫁接前的准备

(1) 嫁接场所的选择

① 温度要适宜。适宜的温度不仅便于操作,也利于伤口愈合。一般嫁接场所温度以20~25℃为宜。

② 空气湿度要大。为防止切削过程中幼苗失水萎蔫,空气湿度要大,以达到饱和状态为宜。

③ 适当遮光。为防止强光直晒秧苗导致萎蔫,嫁接场所应具备遮光条件。

④ 无风且环境整洁。安静整洁的场所不仅便于操作,也利于提高嫁接质量和嫁接效率。

(2) 嫁接用具的准备　需准备双面刮胡刀片(纵向对半折断),竹签(粗2mm、长6cm左右,两端削成粗细两种楔形,顶端锋利、削面光滑),嫁接夹(或透明胶带、塑料条、回形针),75%酒精棉球,塑料膜,竹片,工作台,放苗的盆或盘,遮光用的麻袋片或草帘、毛毡等。在嫁接场所附近准备好放苗小拱棚,宽1.5m,长2~5m,用竹片作好拱架,放上棚膜,灌足水备用。

(3) 砧木与接穗的选择　砧木与接穗选择适当与否,关系到设施蔬菜栽培能否成功并在很大程度上决定着经济效益,因此接穗应选择适应设施栽培环境、耐低温或高温、弱光、早熟、抗病、品质好、丰产、嫁接效果好的品种,如黄瓜选用密刺和津春系列,西瓜选用四倍体、西农八号、新红宝,西葫芦选用早春一代等。

选择的砧木应与接穗有较高的亲和力,对某些病害具有免疫性或较高抗性,对某些不良条件有较强的抗逆性,或能明显增产和改善产品品质、提早成熟。蔬菜嫁接苗常用的砧木见表3-3。

表3-3 常用蔬菜嫁接育苗常用砧木

蔬菜种类	砧 木 种 类
番 茄	番茄抗病砧木121、128,服务员1号,磁石,LS-89,兴津101号,影武者等
茄 子	赤茄、托鲁巴姆、CRP、刺茄、耐病VF、野茄2号、台太朗(农林交台2号)等
黄 瓜	黑籽南瓜、南砧1号、新土佐、壮士、共荣、ART-辉、领班人、悠悠-辉黑型等
西葫芦	黑籽南瓜
西 瓜	长瓠瓜、圆葫芦、"相生"瓠瓜、新土佐、新丰F1、勇士、黑籽南瓜、砧王、青研砧木1号、新疆野生西瓜等
甜 瓜	新土佐系列南瓜、圣砧1号(白籽南瓜)、冬瓜、甜瓜共砧等
苦 瓜	黑籽南瓜
甜 椒	抗病青椒或尖椒(PFR-K64、PFR-S64、LS279)

(4)确定适宜的播种期 嫁接育苗时,由于嫁接需一定的缓慢愈合时间,一般嫁接后7~10天才开始恢复生长,并且刚刚成活的幼苗生长缓慢,所以嫁接苗龄比常规育苗龄要长些,播种期也应适当提前,一般接穗播种期比常规育苗播种期提前1~2周。接穗播种期确定后,再根据砧木幼苗生长速度及嫁接方法对苗龄的要求确定砧木的播种期,使砧木、接穗的适宜嫁接时期相遇。用不同嫁接方法时砧木、接穗的适宜播种期见表3-4。

表3-4 用不同嫁接方法时砧木、接穗的适宜播种期

接穗	砧木	砧木的播种期(与接穗比较)				
		靠 接	插 接	劈 接	贴 接	针 接
黄瓜	南瓜	晚播3~4天	早播3~4天	早播3~4天	早播3~4天	
西瓜	瓠瓜	晚播5~7天	早播5~7天	早播5~7天	早播5~7天	
甜瓜	南瓜	晚播3~4天	早播3~4天	早播3~4天	早播3~4天	
	赤茄	早播5~7天	早播10~15天	早播5~7天	早播5~7天	早播5~7天
茄子	耐病VF	早播3~5天	早播5~7天	早播3~5天	早播3~5天	早播3~5天
	CRP	早播15~20天	早播30~35天	早播25~30天	早播25~30天	早播25~30天
	托鲁巴姆	早播25~30天	早播30~40天	早播30~40天	早播30~40天	早播25~30天
番茄	LS-89 兴津101	与接穗同时播种	早播7~10天	早播3~7天	早播3~7天	与接穗同时播种

(5)砧木和接穗苗的培育 砧木及接穗种子处理和催芽方法见苗床育苗。

砧木和接穗分别播种后,应保持较高的育苗温度,昼温28~35℃,夜温不低于12℃。当有70%幼苗出土后及时揭去地膜,揭膜要在下午或傍晚进行,早晨揭膜易使秧苗失水而萎蔫甚至死亡。幼苗出土后要及时降低温度,防止徒长,白天22~25℃,夜间16~18℃;控制浇水,尤其是嫁接前1~2天,以免嫁接时胚轴劈裂,降低成苗率。播种后到揭膜前应特别注意,如晴朗天气,地膜中气温可达50℃以上,稍一疏忽会烤伤苗子或幼芽,所以要经常观察苗床温度,高于33℃时及时通风或遮荫。

2. 蔬菜的嫁接技术

蔬菜嫁接方法很多，生产上应根据蔬菜种类，结合各地区的栽培形式、砧木和接穗生长特点、嫁接操作效率综合选择。如瓜类蔬菜嫁接的方法有顶插接、侧接、靠接、劈接、横插接、贴接、套管接等，黄瓜嫁接常采用靠接和顶插接，有些地方也习惯应用侧接或横插接，而劈接（顶劈接、断茎劈接）、贴接应用较少。茄子嫁接多用劈接法，也有应用顶插接及靠接法。西瓜、葫芦、甜瓜等瓜类嫁接与黄瓜基本相同，多采用靠接及顶插接，番茄、辣椒嫁接多采用靠接法。日本等发达国家劳力昂贵，蔬菜嫁接已由人工嫁接为主过渡到机器嫁接为主，并已开发出系列嫁接机。

蔬菜嫁接方法虽然很多，但最常用的方法归纳起来主要有插接法、靠接法和劈接法等。

（1）插接法　适用于黄瓜、甜瓜、西瓜、西葫芦等瓜类蔬菜，尤其适用于胚轴较粗的砧木种类。

最适嫁接苗龄是砧木两片子叶展开真叶露心，接穗以两片子叶展平时为最佳。过于幼嫩的苗，嫁接时不易操作；过大的苗，因胚轴髓腔扩大中空而影响成活。一般瓠瓜砧木应较接穗早播5～7天，砧木第一真叶展开时为嫁接适期；南瓜砧木应较接穗早播3～4天，砧木第一真叶显现时为嫁接适期。

嫁接时先用竹签去掉砧木的真叶和生长点，然后用竹签从砧木一片子叶基部的内侧向另一子叶的正下方斜插深度0.6～0.8cm，以不划破砧木皮为度。插时右手拿签，左手食指与拇指捏住砧木下胚轴，小心插入，暂不抽出竹签。取接穗，左手握住接穗的两片子叶，右手用刀片在接穗子叶下1cm处截断，两侧向下各削一刀，削成楔形，然后左手拿砧木，右手抽出竹签，将削好的接穗沿插口插入砧木孔中，使砧木与接穗切面紧密吻合，同时使砧木与接穗子叶成"十"字形，如图3-14所示。

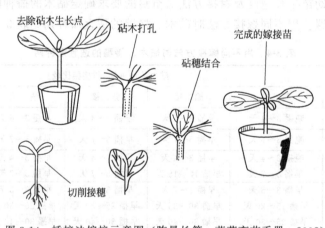

图3-14　插接法嫁接示意图（陈景长等．蔬菜育苗手册，2008）

整个嫁接过程要做到快、稳、准、紧。嫁接后及时将嫁接苗放入小拱棚内保湿、遮荫。此法如砧木和接穗苗大小适宜，嫁接技术熟练，一般不用固定物。插接法嫁接的部位一般比较高、防病效果好、方法简便、工效高，嫁接及管理得当，成活率高，是目前生产上常用的嫁接方法，大部分蔬菜都可以选用此法进行嫁接。但要求嫁接后要精心管理，管理不当，成活率较低，风险较大。

（2）靠接法　此法适用于黄瓜、甜瓜、西瓜、西葫芦、苦瓜、番茄等蔬菜。

嫁接适宜期因蔬菜种类不同而异，瓜类蔬菜嫁接适宜期为砧木两片子叶展开，第一片真叶显露，接穗第一片真叶始露至半展；番茄嫁接适宜期为砧木具3～4片真叶，接穗具2～3

片真叶。嫁接过早，幼苗太小，操作不方便；嫁接过晚，成活率低。

此法要求砧木、接穗幼苗胚轴直径大小相近。一般瓜类接穗播种 3~7 天后，再播种砧木，就可使两种苗子茎粗相近，易于嫁接。如瓠瓜砧木比西瓜接穗迟播 5~7 天；南瓜砧木比黄瓜接穗迟播 3~5 天；甜瓜比南瓜早播 5~7 天，甜瓜、共砧需同时播种；番茄砧木比接穗早播 3~5 天。一般当砧木苗高 6~7cm，接穗苗高 5~6cm 时即可进行嫁接。

嫁接时分别将砧木与接穗取出，放入盆或盘内，用双层或多层纱布盖好根部保湿。用刀或竹签剔除砧木生长点，在砧木子叶下 1~1.5cm 处用刀片向下呈 30°左右自上而下斜切一刀，长度 0.5~0.8cm，切入胚轴直径的 1/2。接穗削法与砧木相反。在接穗子叶下相应的位置自下向上呈 35°左右斜切一刀，切入胚轴直径的 2/3，长 0.5~0.8cm。将削好的砧木与接穗的切口互相嵌入贴紧，从接穗一方用嫁接夹固定，使嫁接夹夹面与切口平面垂直，也可用透明胶带（塑料条）、回形针等固定，如图 3-15 所示。除透明胶带不用去除外，嫁接夹等固定物要在嫁接苗定植前、后去除。嫁接后立即将苗移入营养钵或苗床，使砧木和接穗相距 1cm 左右，以便嫁接伤口愈合完成，嫁接苗成活后切除接穗的根，接口距土面 3cm 左右，避免接穗切口产生不定根与土壤接触。嫁接 10 天左右，当嫁接苗充分成活后，在接口下 1cm 处将接穗胚轴切断。

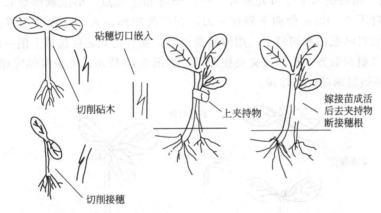

图 3-15 靠接法嫁接示意图（陈景长等. 蔬菜育苗手册，2008）

靠接法保留了接穗原来的根系，嫁接成活后再把它切断，操作容易，成活率也很高，苗的生长也整齐，缺点是嫁接较费时、效率低，但苗龄过大或高温期嫁接必须采用此法。

（3）劈接法　主要适用于茄子和番茄的嫁接。

嫁接适宜时期：砧木 4~6 片真叶，接穗 3~5 片真叶，茎半木质化，茎粗 3~5mm 时。一般要求砧木提早播种，如茄子嫁接砧木一般提前 7~15 天播种，CRP 提前 20~25 天播种，托鲁巴姆提前 25~30 天播种，番茄砧木提前 5~7 天播种。

嫁接时先用刀片在砧木茎高 4cm 左右处平切去上部，保留 2 片真叶（番茄保留 1 片真叶），然后用刀片在砧木茎断面中间垂直向下切入 1~1.5cm 深；接穗保留 2~3 片真叶切断，削成楔形，削面长度与砧木切口深度一致，及时将削好的接穗插入砧木切口中，对齐后用嫁接夹或其他固定物贴紧固定好即可，如图 3-16 所示。茄子木质化程度高，用劈接法简便、成活率有保证，全国各地普遍采用劈接法嫁接茄子，其他顶插接、靠接等应用较少。

（4）其他嫁接方法

① 侧接法。用刀片切去砧木心叶，在砧木子叶节下 1cm 处沿 30°由上向下斜切深及下胚轴的 2/3，切口长约 0.8cm；在接穗子叶节下 2cm 处削成楔形，将接穗及时插入砧木切口

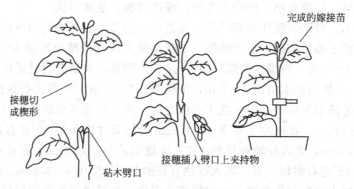

图 3-16　劈接法嫁接示意图（陈景长等. 蔬菜育苗手册，2008）

中，对齐贴紧，用嫁接夹从接穗插入一侧上夹，避免将接穗挤出。也可用塑料条、回形针、质量好的透明胶带等固定。嫁接时使砧木与接穗子叶交叉成"十字形"，以利光合作用，嫁接后立即放入小拱棚中保湿管理。此法工效仅次于顶插接，高于靠接，管理得当，成活率可达 90% 以上。缺点是需要固定物固定，对嫁接管理要求高。此法部分地区用于黄瓜嫁接。

② 贴接法。切去砧木子叶节处真叶、一片子叶和生长点，形成椭圆形长 5～8cm 的切口；在接穗子叶下 8～10cm 处向下斜切一刀，切口为斜面，大小应和砧木斜面一致，然后将接穗沿斜面切口贴在砧木切口上，用嫁接夹固定。换言之就是在接穗上削一斜面，在砧木上削一斜面，二斜面对齐，用嫁接夹夹住即可，如图 3-17 所示。此法接穗应比砧木早播 3～4 天，砧穗下胚轴粗细接近时嫁接。

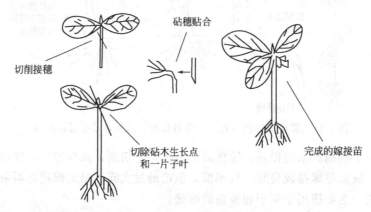

图 3-17　贴接法嫁接（辜松. 蔬菜工厂化嫁接育苗生产装备与技术，2006）

采用贴接法，要求砧木与接穗胚轴径应尽量接近，以利于伤口愈合，因此砧木比接穗早播 3～7 天，嫁接适期为砧木具有一片真叶，接穗子叶展开时。

③ 针式嫁接法。也称轴接，是采用断面为六角形、长 1.5cm 的陶瓷针，将接穗和砧木连接起来。该嫁接法的作业工具还包括两面刀片和插针器。此法主要在瓜类蔬菜和茄果类蔬菜中广泛使用，效率大大高于插接、贴接、靠接、劈接等方法，而且简便易行。

瓜类（黄瓜、西瓜、甜瓜等）蔬菜嫁接适宜时期为子叶期，嫁接时用嫁接刀以 10°～20°角斜切去砧木真叶及一片子叶，把针插入砧木，一半留在外；再以 10°～20°角将接穗在子叶下 1cm 处切断，插入砧木连接针上，使接穗切面与砧木切面完全吻合，如图 3-18 所示，注意使接穗子叶方向和砧木子叶方向一致，不要使嫁接针从接穗生长点冒出。

茄科类蔬菜针式嫁接时，嫁接苗应稍微大一些，一般以接穗为 2.5 片真叶左右，砧木为

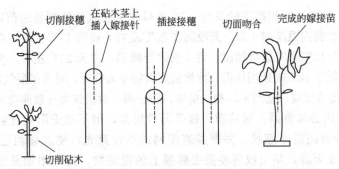

图 3-18 针式嫁接示意图（辜松. 蔬菜工厂化嫁接育苗生产装备与技术，2006）

3~3.5片真叶为宜，将砧木和接穗在子叶下方水平切断，要求砧木与接穗轴径大致相等，用插针器将针插入砧木中，另一半插入接穗，使两个切面相互吻合在一起。

针式嫁接法所用的刀片和嫁接针及插针器要严格消毒，刀片要非常锋利，切时要一次成形，嫁接速度越快越好。

④ 套管嫁接法。此法不仅可以提高嫁接苗的成活率，而且可以降低嫁接苗生产成本。砧木3~5片真叶，接穗2~3片真叶时为嫁接适宜期，采用良好扩张弹性的橡胶或塑料软管作为嫁接接合材料（如气门芯胶管），嫁接苗伤口保湿性好。

套管嫁接时，将砧木的下胚轴斜着切断，在砧木切断处套上专用嫁接支持套管，将接穗的下胚轴对应斜切，把接穗插入支持套管，使砧木与接穗贴合在一起。砧木和接穗的切断角应尽量成锐角（相对于垂直面25°），向砧木上套支持管时，应使套管上端的倾斜面与砧木的切断面方向一致，向支持套管内插入接穗时，也要使接穗切断面与支持套管的倾斜面相一致，在不折断、损伤接穗的前提下，尽量用力向下插接穗，使砧木与接穗的切断面很好地压附在一起，如图3-19所示。

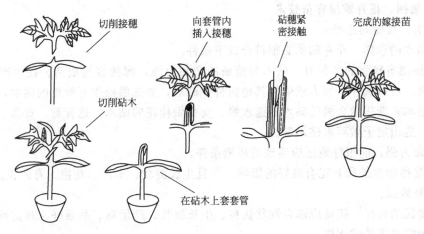

图 3-19 套管式嫁接示意图（辜松. 蔬菜工厂化嫁接育苗生产装备与技术，2006）

3. 嫁接后的管理

嫁接后半月内的管理是嫁接成活的关键，主要以保湿、保温、遮荫、通风等为主。

（1）保湿 嫁接后前5天内相对湿度保持95%以上，后5天保持85%~90%。为了保持前期相对湿度，除小拱棚及苗钵内浇足水外，还可在小拱棚装满嫁接苗后，从棚内四周空址或苗钵外浇55℃左右的适量温水，然后立即扣膜封棚产生蒸汽，提高棚内湿度。4天后逐渐换气降湿，7天后要让嫁接苗逐渐适应外界条件，早上和傍晚温度较高时逐渐增加通风换气时间和换气量。换气可抑制病害的发生。10天后注意避风并恢复普通苗床管理。

（2）保温　小拱棚内温度前5天白天控制在25℃左右，夜间18℃左右，高于30℃应及时通风，遮荫降温，低于15℃时应适当加温。后5天适当降温，白天23℃左右，夜间15℃左右，高于28℃通风降温，低于12℃时适当加温。嫁接苗要固定专人管理，每天午后气温最高时，都应视气候、环境条件及苗情反应，适时采取相应措施，防止因一时疏忽而导致前功尽弃。

（3）遮荫　苗床必须遮荫，嫁接苗可接受弱散射光，但不能受阳光直射。嫁接苗的最初1~3天内，应完全密闭苗床棚膜，并覆盖遮阳网或草帘遮光，使其微弱受光，以免高温和直射光引起萎蔫；3天后，早上或傍晚撤去棚膜上的覆盖物，逐渐增加见光时间；7天后在中午前后强光时遮光，保持采受薄光；10天后恢复到普通苗床的管理。注意如遮光时间过长，会影响嫁接苗的生长。

（4）通风　嫁接3~5天后，从小拱棚顶端开口通风，并逐渐扩大通风口，逐渐延长通风时间，先下午日落前、上午日出前通风，后逐渐延长，温度过高时，还应及时搭凉棚遮荫通风。通风时应注意观察苗情，若出现萎蔫，应及时遮荫喷水，停止通风，苗期通风要防止通底风、通透风。更应防止久扣不放风或通风过急、大揭大放，保持由小到大，由短到长，由上到下，逐渐进行的通风原则。

（5）及时断根除萌芽　靠接苗10~15天后可以给瓜类接穗苗断根，用刀片割断接穗苗根部以上的茎，并随即拔出，并注意观察，秧苗出现萎蔫时应及时遮荫保湿。嫁接时砧木的生长点虽已被切除，但在嫁接苗成活生长期间，在子叶节接口处会萌发出一些生长迅速的不定芽，与接穗争夺营养，影响嫁接苗的成活，因此，要随时切除这些不定芽，保证接穗的健康生长。切除时，切忌损伤砧木子叶及摆动接穗。

（6）其他管理　嫁接苗成活后及时剔除未成活苗，并将成活好的苗放到一起，适当稀放；成活不太好的苗集中保湿管理。定植前后要除去嫁接夹等固定物。

（三）果树、花卉嫁接育苗技术

1. 砧木、接穗的选择

（1）砧木的选择　花卉砧木必须符合以下条件。

① 与接穗有较强的亲和力。砧木与穗条的亲和力强，嫁接容易成活。在生产中一般选择本砧嫁接。也可选择亲和力较强的其他树种作砧木，如选黑松做五针松的砧木，选桃、李做梅花的砧木，选枳做金橘的砧木，选水蜡、女贞做桂花的砧木，选青蒿、黄蒿、白蒿等做菊花砧木，选山定子做苹果砧木等。

② 生命力强，能很好地适应当地的环境条件。

③ 对接穗的生长和开花有良好的影响，并且生长健壮、丰产、花艳、寿命长。

④ 容易繁殖。

（2）接穗的选择　接穗应选自性状优良、生长健壮、产量高、品质好、观赏价值或经济价值高，无病虫害的成年树。

2. 嫁接时期的选择

嫁接时期因接穗而异。枝接多在春季进行，以砧木树液开始流动时为适期；芽接在整个花木生长季节均可进行，以砧木皮层易剥离时为适期。

3. 嫁接前的准备

开展嫁接活动以前，应做好用具用品、砧木和接穗三个方面的准备工作。

（1）嫁接工具及材料的准备

① 劈接刀。用来劈开砧木切口。其刀刃用以劈砧木，其楔部用以撬开砧木的劈口。

② 手锯。用来锯较粗的砧木。
③ 枝剪。用来剪接穗和较细的砧木。
④ 芽接刀。芽接时用来削接芽和撬开芽接切口。
⑤ 水罐和湿布。用来盛放和包裹接穗。
⑥ 绑缚材料。用来绑缚嫁接部位，以防止水分蒸发和使砧木、接穗能够密接紧贴。常用的绑缚材料有塑料条带、橡皮筋等。

(2) 砧木的准备　木本果树、花卉砧木需要1年或2～3年以前播种或繁殖，草本花卉则可当年播种。砧木在嫁接前一星期，最好能施一次肥料，这样能使接穗生长健旺，有利于嫁接后愈合和成活。但嫁接后，未成活前不可施肥。木本花卉嫁接前，如土壤干燥，应在前一天灌水，增加树木组织内的水分，以便嫁接时撕开砧木接口的树皮。

(3) 接穗的准备　一般选择树冠外围中、上部生长充实、芽体饱满的新梢或1年生发育枝作为接穗。然后将选择好的接穗集成小束，做好品种名称标记。夏季采集的新梢，应立即去掉叶片和生长不充实的新梢顶端，只保留叶柄，并及时用湿布包裹，以减少枝条的水分蒸发。取回的接穗不能及时使用可将枝条下部浸入水中，放在阴凉处，每天换水1～2次，可短期保存4～5天。

春季枝接和芽接采集穗条，最好结合冬剪进行，也可在春季树木萌芽前1～2周采集。采集的枝条包好后放在井中或放入冷窖内砂藏，若能有冰箱或冷库在5℃左右的低温下贮藏则更好。

4. 嫁接的方法

果树、花卉的嫁接方法有很多，常用的嫁接方法有枝接、芽接、根接等。

(1) 枝接　多用于嫁接较粗大的砧木，根据嫁接时间及具体方法不同，枝接又分为以下几种。

① 切接法。切接法是枝接中最常用的一种方法，一般用于直径2cm左右的小砧木，切接的时间在春季或秋季（春季最好，早春顶芽刚要开始萌动还没抽梢展叶时进行）。

砧木：距地面3～20cm处水平截去砧木的上部枝干。用切接刀在砧木截面的一侧（略带木质部，在横断面上约为直径的1/5～1/4）垂直向下切，深2～3cm。

接穗：选生长健壮的一年生枝条，在中部剪成长6～10cm、具2～3个充实饱满芽的作接穗。用刀将接穗的下端削成大小不同相对的两个斜面，一面长约3cm，另一面长1～1.5cm，使接穗下端成短楔形。削面要光滑，一刀削成，不能起伏不平，否则与砧木不能完全密接。

结合：将削好的接穗长削面向里插入砧木切口，使双方形成层对准密接。接穗插入的深度以接穗削面上端露出0.2～0.3cm为宜，俗称"露白"，有利于愈合成活。如果砧木切口过宽，可对准一边形成层。

绑扎：用塑料条由下向上捆扎紧密，使形成层密接和伤口保湿。必要时可在接口处涂蜡或封泥，可减少水分蒸发，达到保湿目的。为防止细嫩的接穗抽干，最好用塑料袋把接口和整个接穗罩上，当接穗萌发后再去塑料袋（图3-20）。

② 劈接法。当砧木较粗而接穗细小时常采用此法。木本果树、花卉劈接多

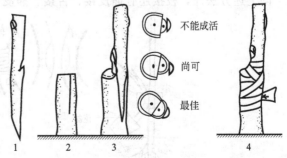

图3-20　切接法
1—削接穗；2—切砧木；3—形成层对齐；4—包扎

在春季进行，仙人掌类花卉和菊花也可用劈接。

砧木：离地面 10～15cm 处将砧木上部水平截去，于中央处垂直向下劈，深 3～4cm，尽量避免砧木中间部位有劈碎的木质部或髓部。常绿花木如山茶花、杜鹃花等在枝上嫁接不同花色的接穗时，选适当枝条作砧木，剪去顶端后用锋利的刀劈开。

接穗：将接穗下端削成长 3～4cm 的楔形，相对两侧长短应该一致，上部保留 2～3 个饱满的充实的芽。这和切接对接穗的处理不一样。

结合：将接穗插入砧木切口中的一侧，使接穗外侧与砧木外侧的形成层对齐。还可在一个砧木的切口两侧，各插入 1 个接穗，以保障至少有 1 个成活。北方也可于封冻前将砧木挖出，在室内进行劈接，接后假植于冷处或阳畦内，第 2 年春季栽于露地。

绑扎：嫁接后用塑料条绑扎。砧木的切口涂上液体石蜡或粘上泥，避免干燥。同时，用塑料袋将接穗和砧木的上部套上，防止雨水进入砧木的切口引起发霉而影响成活率，如图 3-21 所示。

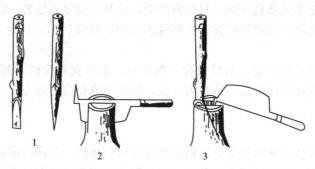

图 3-21 劈接法（苏金乐．园林苗圃学，2003）
1—削接穗；2—劈砧木；3—插入接穗

③ 靠接法。靠接是接穗和砧木都带根，它们的枝条靠近嫁接在一起，使其成为优良新株。多用于其他嫁接方法不易成活的常绿木本花卉，如桂花、白兰、山茶花、含笑、腊梅、金橘等。

在生长旺季进行，但不宜在雨季和伏天靠接。先将砧木与接穗移植在一起，即砧木和接穗都带根，或使两盆靠近。选两者粗细相近的枝条，在适当部位将它们都削成梭形切口，两者的削口长短要一致，切口一般长 3～5cm，深达木质部，切面要平滑，然后使两者的形成层密切接合。如果两者切口宽度不等，要使一侧形成层密接，最后用塑料带绑扎。当愈合成活后，将接穗截离母株，并截去接口以上部分的砧木，如图 3-22 所示。

除上述方法外，枝接还有插皮接、舌接、插皮舌接、腹接等。

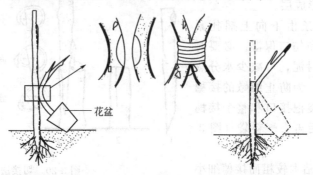

图 3-22 靠接法（张彦平等．设施园艺，2002）

(2) 芽接　是以芽片为接穗的嫁接繁殖方法。如月季、蔷薇、杜鹃花、梅花、丁香、苹果、梨等都可以用芽接繁殖。芽接繁殖可嫁接时期长，成活率高，有利于大量繁殖苗木。芽接法又可根据芽片是否附带木质部分为带木质芽接和不带木质芽接两类。在皮层与木质部容易脱离时可用不带木质的皮芽嫁接。皮层不易剥离时，可采用带少量木质部芽接。芽接时期多在形成层细胞分裂旺盛时进行，容易愈合和成活。

我国无论南方和北方，春、夏、秋季，只要接芽发育充实，砧木达到嫁接粗度，砧穗双方形成层细胞分裂活跃，均可进行芽接。

花卉上常用芽接方法有以下几种。

①"T"形芽接。也称"丁"字形芽接或盾状芽接，是一种应用最普遍的芽接法。砧木枝条较粗的多采用"T"形芽接。

砧木：嫁接时在砧木离地面3~5cm处下刀，一竖一横，深度以切断皮层为准，切成丁字形切口。

接穗：在健壮的当年生枝条上面选充实饱满的腋芽（通称接芽），在接芽的下方0.5~1cm处，从下往上进行上宽下窄的盾形切削，削取长1.5~2.5cm、宽0.6cm左右，比砧木切口长宽稍小的盾形芽片作接穗，取下芽片，芽片一般不带木质部。

结合：用芽接刀撬开砧木切口的两片表皮，从上向下插入芽片，让芽片紧贴在砧木上，并使上端水平切口相对齐。用撬开的砧木两片表皮盖好盾片，并露出芽。

绑缚：用塑料条绑扎牢固，松紧要适度，同时把叶柄露在外面，一般从上往下绑扎，防止芽片从水平接口处被挤出。有叶片的接穗应保留叶柄，可用于判断将来嫁接成活与否，如图3-23所示。

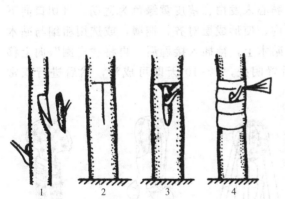
图3-23　T形芽接法（张彦平等. 设施园艺，2006）
1—取芽；2—切砧；3—装芽片；4—包扎

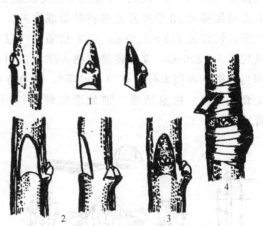
图3-24　嵌芽接法（王玉珍. 果树栽培基本原理与技术，2002）
1—削接芽；2—削砧木接口；3—插入接芽；4—绑缚

② 嵌芽接。此法不受离皮与否及季节限制，且嫁接后接合牢固，利于成活，在生产中广泛应用。嵌芽接适用于大面积育苗。具体方法如图3-24所示。

切削芽片时，自上而下切取，在芽的上部1~1.5cm处稍带木质部往下切一刀，再在芽的下部1.5cm处横向斜切一刀，即可取下芽片，一般芽片长2~3cm，宽度不等，依接穗粗度而定。砧木的切法是在选好的部位自上向下稍带木质部削一与芽片长宽均相等的切面。将此切开的稍带木质部的树皮上部切去，下部留有0.5cm左右。接着将芽片插入切口使两者形成层对齐，再将留下部分贴到芽片上，用塑料胶带绑扎好即可。

芽接方法还有方块芽接、套芽接等。

（3）根接　这是以根为砧木，将接穗直接接在根上的嫁接方法。各种枝接的方法均可在根接上采用。根据接穗与根砧的粗度不同，可以正接，即在砧木上切接口；也可倒接，即将根砧按接穗削法切削，在接穗上进行嫁接，如图3-25所示。一些肉质根类花卉可用此法嫁接，如用芍药根作砧木嫁接牡丹枝条。嫁接好后将接口处用湿土埋住，成活后即可移栽。

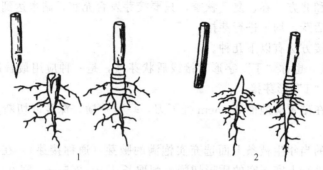

图 3-25　根接法（苏金乐．园林苗圃学，2003）
1—正接；2—倒接

（4）草本花卉的嫁接　用嫁接法繁殖的草本花卉主要有菊花和仙人掌科植物等。

① 菊花嫁接。嫁接的菊花一株可以开出多色的花或多种花型的花，而且生长健壮、着花多、开花早，最适于培养大丽菊、塔菊等。砧木可选用黄蒿、青蒿、白蒿等。早春自野外选取健壮的幼苗上盆培养，施足基肥，精心管理，促其多生分枝。嫁接时间为4～6月份，嫁接方法多采用劈接法。接穗选带顶芽的梢部（以枝条未出现白色髓心为好），长5～8cm，上部可保留2～3个叶片或再将叶剪成半叶，下部的叶片全部去掉；从两侧各削一刀，使成楔形，切口长1.5～2.0cm；砧木切断处，以髓心未发白、茎皮黄绿色为适期。自切口向下纵切1.5～2.0cm，立即将接穗插入砧木切口内，使形成层对齐，捆绑，或选用粗细与砧木相当的柳、木槿等枝制成的"皮圈"，先套在砧木上，待插入接穗后，再将"皮圈"向上移动套住接口，松紧适度，则效果最佳。接后置阴处，7～10天即可成活，然后进行正常管理。

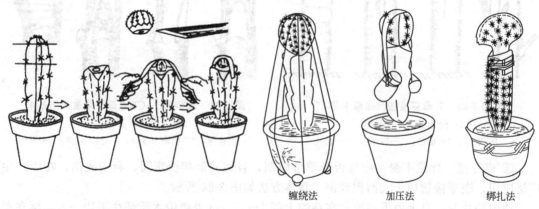

图 3-26　平接（以三棱箭为砧木）
（张彦平等．设施园艺，2002）

图 3-27　仙人掌类嫁接绑扎方法

② 仙人掌类的嫁接。多用于加速接穗生长、提高观赏效果；或用来嫁接由于不能进行光合作用，而不能独立生存的红色或黄色等栽培品种。

常用砧木为仙人掌、仙人球、三棱箭、秘鲁天轮柱等。嫁接方法多用平接（对口接）和劈接，整个生长季均可进行。平接用于柱状或球形种，将砧木在选择的高度横切，切口的大小要考虑接穗的体量，使二者的切口大小相近；接穗也水平横切，切口要平滑，将接穗放在砧木切口上，二者维管束要有部分密接（图3-26）。然后用细线纵捆缚，每次要绕过盆底，一周周往复缠绕，相邻两条线间距离要相等，用力要均匀，使砧、穗密接即可，如图3-27所示。

嫁接蟹爪、仙人指等多用劈接法，砧木可选用三棱箭、仙人掌或叶仙人掌，接穗选生长健壮的植株，可含1~3茎节，将下面的一个茎节，两侧各削一刀，切口长约1cm，然后，将接穗插入切口内，接穗可用仙人掌的硬刺固定，一般不必捆缚，如图3-28所示。

（5）嫁接后的管理

① 温度。嫁接后的愈伤组织需要在一定温度下才能形成，大多数花卉以20~25℃为宜，原产热带的花卉要求25~30℃。温度过高或过低愈伤组织形成基本停止，有时会引起死亡，从而导致嫁接失败。

图3-28 蟹爪的劈接（杨先芬.花卉工厂化生产，2002）

② 湿度。空气相对湿度在90%左右最适合愈伤组织的形成。这是由于一方面愈伤组织的形成需要一定的湿度，另一方面接穗要在一定湿度的环境才能保持活力，如果湿度过低，细胞容易失去水分，从而引起接穗死亡。嫁接数量少可用塑料薄膜绑扎，大量生产的除了塑料薄膜绑扎外，还可封蜡。

③ 光照。光照强使接穗蒸发量增加，容易失去水分造成枯萎。黑暗条件有利于促进愈伤组织的生长，直射光明显抑制愈伤组织的形成，因此嫁接的初期需适当遮光保湿。

④ 及时检查成活情况。枝接一般在接后3~4周检查成活，如接穗已萌发或接穗鲜绿表明已成活。芽接的1周后检查成活情况，用手触动芽片上保留的叶柄：如一触即落，表明已成活；否则芽片已死亡，应及时补接。仙人掌类嫁接7~10天后，如接穗仍新鲜，则成活，嫁接未成活的，也要及时补接。

⑤ 解除绑扎物。枝接的接穗成活1个月后，即新芽长到2cm左右时应解除绑扎物，一般不宜太早，否则接穗愈合不牢固，受到风吹容易脱落，也不宜过迟，否则绑扎处受到伤害影响生长。秋天芽接成活后腋芽当年不再萌发的，不要把绑扎物去掉，等第2年早春接芽萌发后再解除。

⑥ 剪除砧木、抹芽、去萌蘖。一般枝接苗成活后当年就可剪除砧木，大部分芽接苗可在当年分1~2次剪除砧木。除了去掉砧木萌生的大量萌芽外，还应将接穗上过多的萌芽一并剪去。以上工作要及时进行，以保证养分集中供应，到接穗旺盛生长后砧木上的萌芽就不长了。

四、扦插育苗

（一）扦插育苗的意义及现状

扦插是一项传统的植物无性繁殖技术。早在三四千年前，我们的祖先就探索了扦插技术。最初只作为一种易生根植物的繁殖手段，经过几千年、特别是近数百年的发展，扦插已成为园艺作物一种重要的无性繁殖育苗手段。

扦插育苗是指取植株营养器官的一部分，插入疏松湿润的基质中，给予适宜的环境条件，利用其再生能力，使之生根发芽，成为新植株的育苗方法。扦插用的这段枝条叫做插穗，扦插成活的新植株称为扦插苗。扦插苗的优点是成苗快、开花早、能保持母株遗传性状，缺点是不能形成主根、寿命比播种苗短、抗性不如嫁接苗强。可按取用植物器官的不同，分为枝插、根插、芽插和叶插等。扦插时间因植物的种类和性质而异，一般草本植物对于插条繁殖的适应性较强；除冬季严寒或夏季干旱地区不能进行露地扦插外，凡温暖地带及有温室、温床、塑料棚等设施的地区，四季都可以扦插。木本植物的扦插时期又可根据落叶树和常绿树而定，一般分休眠期扦插和生长期扦插两类。

虽说扦插苗一般不能形成主根、寿命比播种苗短、抗性不如嫁接苗强，但由于它成苗快、开花早、与母株遗传性状完全一致、适合大规模商品苗生产，因此同嫁接、压条和分株等育苗一样，已广泛地应用于花卉、苗木、果树和蔬菜生产，在日常生活中起非常重要的作用。有很多观赏树木主要靠扦插繁殖，如常见的桂花主要靠扦插来繁殖等；日本近百年来一直用扦插法繁殖柳杉；德国仅1973年就栽植了100万株挪威云杉扦插苗；意大利发展杨树优良无性系，主要靠扦插育苗，已成功生产了大量木材。果树扦插如葡萄、石榴、香蕉等是国内外的传统技术。花卉的扦插繁殖应用更为广泛，是花卉生产最常用、最重要的繁殖方法，如常春藤的生产就是通过不断扦插来获得的。在蔬菜方面，也开始利用扦插法，如马铃薯的扦插脱毒法已获得良好的效果。除利用扦插作为育苗重要手段外，人们还利用扦插能保持母株优良性状这一特性来繁殖优良无性系，利用植物的"芽变"来培育新品种，因而扦插又成为人们选种、育种的一种手段。

扦插育苗作为一种优良无性系繁殖技术，随着植物激素、各种新技术和现代化设施的广泛应用，成苗速度越来越快，新植株质量越来越高，成本越来越低，也越来越趋向规模化、现代化。

目前广泛采用的是全光照喷雾嫩枝扦插育苗技术。即在全日照条件下，利用植物半木质化的嫩枝作插穗，在排水通气良好的插床上采取自动间歇喷雾的现代技术，进行高效率的规模化育苗。它与传统硬枝扦插繁育相比，具有扦插生根容易、成苗率高、育苗周期短、穗条来源丰富且规模化等优点；同时具有容易掌握、操作简单、投资少、效益高等特点。而应用较多的电温床硬枝扦插育苗技术，所需设备简单、操作方便、可避免时间限制、随时可以进行，可实施工厂化育苗，易于进行产业化发展；扦插成活率高，便于移栽。生长激素处理扦插技术则是通过用激素浸泡插条可使扦插的成功率大大提高。

在国外，利用具有自动控制喷雾系统的温室，并利用具有控制气温、土壤温度、光照强度的设备，可使原来不易生根的植物大量生根。德国在温室里大量繁殖扦插苗，现已进入工业化生产阶段。在对环境条件上使用新技术的同时，为了提高扦插成活率，各国家对各种不同的扦插基质进行了试验，以寻求不同植物所需要的最佳基质。使用较多的基质有河砂、砾石、素黄土、珍珠岩、蛭石、泥炭、苔藓等。日本用的扦插基质还有赤土、鹿沼土、石英砂（花岗岩风化分解之砂）。瑞士则还采用一种聚氨基甲酸酯的合成材料作基质。

（二）选择插穗的要求

在生产过程中，不同的植物可以选择不同的扦插方法，选择插穗的标准和方法也不同，但有一个共同的要求，就是要选择生根能力强、无病虫害、生长健壮的插穗作为扦插材料。同时要注意插穗母树的年龄、遗传型、采取插穗的部位、采条季节、植物体内抑制物质的含量、插穗内营养物质的贮存量以及外界满足扦插苗生根成活的条件等因素。

随着母树年龄的增加，扦插成活率随之降低；枝龄较小的插穗比枝龄较大的插穗容易成活，如西洋樱桃采用喷雾嫩枝扦插时，梢尖部分作插穗比用新梢基部作插穗的成活率高。枝条的营养状况也影响扦插的成活率，生长正常、营养良好的母株上采的枝条，体内含有丰富的各种生根物质，扦插容易成活；从枝条长而粗的母株上采取的插穗，其生根率高；而从枝条细而短的母株上采取的插穗，生根率则较次。一年中采穗季节对扦插成活率也有重要影响，不同树种在不同气候条件下，采取插穗的最佳季节是不同的。

在剪取插穗时，还应根据不同的培育目的进行，如要培育果树时，应在树冠外围采取插穗，因这个部位的插穗具有较高的发育阶段，能提前开花结果；如为培育用材林，应在树干基部或树冠下采取一二年生的萌条，这些部位的枝条发育处于年轻阶段，有较长的营养生长期，避免使树木过早开花结实而分散养分，影响主干生长。

不同的扦插方法决定着插穗的选择。硬枝插穗要选择已木质化的一二年生枝条；半软枝插穗要求选择当年生已生长充实、基部已半木质化的枝条；软枝插穗要求当年生的枝梢，特别是用生长强壮或年龄较幼小的母株枝条上的插穗生根容易，生根率也高；叶芽插穗要求叶柄能长出不定根，如果是不能发出不定芽的植物，则用基部带一个芽的叶片或顶芽进行扦插，能形成新的植物株。以叶片为插穗进行繁殖的种类，大都具有粗壮的叶柄、叶脉或肥厚的叶片。有些木本花卉和宿根花卉的根能发出不定芽，母株茎基部附近中等粗细（一般为0.5~1cm）的侧根可作插穗。

（三）扦插育苗方法

1. 花卉扦插育苗方法

（1）扦插床的准备

① 盆插。以较大的花盆、木箱等作扦插床，为传统的扦插方式，也是家庭少量扦插繁殖的常用方法。一般盆（或木箱）内装入细砂土、炉渣、蛭石、珍珠岩等基质，基质可单独使用也可几种混合使用。

② 普通扦插床。我国目前扦插繁殖中普遍使用的一种。扦插床通常宽1m左右，长度根据育苗多少而定。四周用砖砌成，高40~50cm，插床下部铺15cm左右的卵石或碎砖块等排水物，上铺厚20cm左右的粗砂、蛭石、珍珠岩、泥炭等混合基质，顶部作拱形支架，用来扦插后覆盖薄膜。

大规模生产扦插苗时，扦插床可设在温室、大棚内或露地，但在温床或大棚内更容易控制环境条件。

（2）扦插方法

① 硬枝扦插。常绿花木及一些果树在停止生长前至春天树液流动前取已木质化的一二年生枝条进行扦插，如栀子、海桐、鹅掌柴等可以用此法；落叶花木在落叶后萌芽前剪取硬枝插穗扦插，如紫薇、迎春等，北方多在冬季落叶后将当年生枝条剪成长20~30cm，在温床中扦插，或捆成捆埋在湿润砂土中，第二年春季取出露地扦插；也可以在春季树木萌动前结合修剪，剪取插穗进行扦插。剪成5~10cm，一般有2~4节。剪口要平滑，在距顶芽约0.5cm处剪成水平面，下端在靠近节处剪成斜面。

用直接扦插、扎孔扦插或开沟扦插等方法，将插穗插入准备好的插床内，露出床面约1/3，插后浇水。也可单芽插，插穗上仅具一芽。以芽为中心，两端各留1~2cm。将插穗插入床内，芽稍埋于土中（以免日光直射）。

扎孔扦插是芽插或枝插应用最多的一种方法。用直径和插穗相同的棍子在基质上扎孔，孔的深度和插穗的深度相同。接着把插穗顺孔插入，千万不要将插穗直接往里硬插，以免损伤插穗，影响生根。开沟扦插则是先开一条与扦插深度相同的沟，把插穗摆在沟内，覆上基质，再开第二条沟，再把插穗摆在沟内，覆上基质，插完后浇水。一般把插穗的1/2~2/3插入基质中。

② 半软枝扦插。取当年生已生长充实、基部已半木质化的枝条，剪成长8~25cm，每个插穗一般有2~4节，适当保留叶片（除去一部分叶片或将较大叶片剪去1/2~2/3），插穗的花芽全部剪去。方法同硬枝扦插，插后浇水，亦可用薄膜保护。

③ 软枝扦插。多用于草本花卉或温室花卉，如菊花、香石竹等。取健壮的当年生枝梢，剪成长3~10cm的一段或直接用3~10cm顶梢，顶端保留一部分叶片。其余叶片从基部剪去，插穗采下后需尽快扦插，避免叶片失水。但仙人掌科植物及多浆花卉的插穗必须放置数小时到几天，等到切口干燥后才能扦插，否则容易腐烂。彩叶草、一串红、菊花、龟背竹、绿萝、香石、竹梅花、月季等用扎孔扦插法直接将插穗插入准备好的、浇足水的插床内或装好栽培基质且浇足水的花盆中，使插穗露出床面约1/3。

④ 叶芽扦插。多用于叶柄能长出不定根，但不能发出不定芽的植物，要用基部带一个芽的叶片或顶芽进行扦插，能形成新的植株，橡皮树、牡丹、山茶花、茉莉、栀子、八仙花等可用此法。在生长季节选叶片已成熟、腋芽发育良好的枝条，削成带1芽1叶作插穗，带少量木质最好。用与茎同等大小的棒子在基质上插一孔后，再插入扦插床中，仅露出芽尖即可。此法尤其要注意保持空气和土壤湿度，防止水分过分蒸发，使芽干死。

⑤ 叶插。叶片上发生不定芽或不定根的种类，如长寿花、大岩桐、非洲紫罗兰、膜叶秋海棠、豆瓣绿属植物、虎尾兰、景天类等一般用此法扦插。

a. 全叶插。以完整的叶片作为插穗。将叶片正面向上平铺于基质上，再用竹针和小石块等固定，使主脉和基质密切贴合。不同种类花卉具体方法略有不同，落地生根平铺后保持湿润的基质，其叶缘处产生幼小植株；秋海棠类可用健壮的发育充分的整片叶子，切去叶柄和叶缘薄嫩部分以减少蒸发，在粗大叶脉或叶脉交叉处用刀切割，再平铺于基质中，使其在切割处产生新植株。豆瓣绿、豆瓣绿带叶柄直接插于基质中，很快就会在叶柄基部长出新植株。

b. 片叶插。蟆叶秋海棠、大岩桐、虎尾兰等可将叶片分切成数块，分别扦插，在每块叶片上形成不定根和不定芽。将蟆叶秋海棠叶柄叶片从基部剪去，分切成数块，使每块上都有一条主脉，再剪去叶缘较薄的部位，然后将插穗下端插入基质中，不久就会从叶柄基部生出幼小的植株。虎尾兰叶片较长，可将其横切成4~6cm的一段，将其基部插入基质中，数月即可形成新植株，但在扦插中要注意叶片的上下两端不能颠倒，否则不能成活。

⑥ 根插。芍药、荷包牡丹、腊梅、凌霄、紫藤、丁香、贴梗海棠等根部可以生不定芽的植物，可选母株茎基附近的中等粗细的侧根，剪成长5~12cm的一段作插穗，直插于基质中，上端稍露于空气中；而秋牡丹、宿根福禄考、白绒毛矢车菊等可将根剪成长3~5cm，插于基质上，覆盖约1cm厚的基质。待形成新植株后再移植。

(3) 促进生根的方法　植物种类不同，对各种处理也有不同的反应。同种植物的不同品种，对一些药剂反应也不同，这是由于母株的年龄不同、插条发育阶段不同、母株的营养条件及扦插时期等方面的差异所致。促进扦插生根的方法很多，现简略介绍如下。

① 植物生长激素处理。目前使用最广泛的有吲哚乙酸、吲哚丁酸、萘乙酸，对茎插均有明显效果，但对根插和叶插效果不明显，处理后常抑制不定根的发生。生长素的应用方法较多，可分为粉剂处理、溶液处理、酯剂处理，但以粉剂处理、溶液处理为多。使用时，对容易生根的花木使用浓度为20~50mg/L，浸泡12~24h；对难生根的植物使用浓度为100~200mg/L，浸泡6h。使用ABT生根粉1、2号处理难于生根的花木，一般浓度为50~

100mg/L。用嫩枝扦插的使用浓度应低，硬枝扦插的使用浓度应高；使用的浓度越高浸泡时间越短，浸泡时间越长使用浓度越低。浸泡时将插穗基部2～3cm浸泡于溶液中。

除用生长激素外，还可以将插穗基部浸入0.1%～0.5%高锰酸钾溶液中，浸泡12～14h，取出后立即扦插，或用蔗糖溶液处理插穗，草本花卉用浓度为2%～5%的蔗糖溶液处理，木本植物用浓度为5%～10%的蔗糖溶液处理，将插穗基部2cm左右浸入糖液中约24h取出，用清水将插穗黏着的糖液冲洗干净后扦插。

② 机械处理。一是剥皮。对木栓组织比较发达的枝条，或较难发根的木本植物的种和品种，扦插前可将表皮木栓层剥去（勿伤韧皮部），对促进发根有效。剥皮后能增加插条皮部吸水能力，幼根也容易长出。二是纵伤。用利刀或手锯在插条基部一两节的节间处刻划五六道纵切口，深达木质部，可促进节部和茎部断口周围发根。三是环剥。在取插条之前15～20天对母株上准备采用的枝条基部剥去宽1.5cm左右的一圈树皮，在其环剥口长出愈合组织而又未完全愈合时，即可剪下进行扦插。

③ 软化处理。软化处理对部分木本植物效果较好。在插条剪取前，拟切取的插穗为半木质化时，先用不透明的材料在剪取部分的新梢顶端进行遮光，待遮光部分变白软化，即可自遮光处剪下扦插。

④ 浸水处理。休眠期扦插，插前将插条置于清水中浸泡12h左右，使之充分吸水，插后可促进根原始体形成，提高扦插成活率。

⑤ 加温催根处理（一般北方使用）。人为地提高插条下端生根部位的温度，降低上端发芽部位的温度，使插条先发根后发芽。常用的催根方法有阳畦催根、酿热温床催根、火炕催根和电热温床催根。

除以上的几种方法外，还有自动间歇喷雾法、增加地温法、绞缢法等也是常用的方法。

（4）扦插后的管理

扦插后发芽、生根的快慢及成活率的高低一方面受扦插材料的影响，而更重要的是受扦插成活过程中的温度和湿度等环境条件的影响。

① 温度。植物的种类不同，要求的扦插温度不同，但适宜温度一般与发芽温度相同。多数植物生根的适宜温度为20～25℃，原产热带的植物要求25～30℃或更高，耐寒性植物要求的温度稍低，在春季用硬枝扦插的植物以保持15～20℃为宜，基质温度比气温高3～5℃有利于插穗生根。另外床面温度应均衡，有利于扦插苗生长一致。

② 光照。软枝扦插一般带有顶芽叶片，在日光下能通过光合作用产生营养物质和生长激素，能促进生根，但在强光下易造成插穗蒸发过度而失水萎蔫，不利生根。因此在扦插期间，需用遮阳网进行遮荫，待生根后再进行充足光照。

③ 湿度。插条无根，蒸腾大，因此必须保持高湿环境。空气相对湿度在80%～90%时有利于大多数插穗生根，软枝扦插要求空气湿度大，最好在90%以上，太高则易发生病虫害。依植物种类不同，基质湿度也不同，通常以50%为宜，水分过多常导致插穗腐烂。扦插后用塑料薄膜覆盖或在大棚和温室中能有效保湿，用间歇喷雾法可以有效控制和保持湿度。

扦插后3～4周及时检查生根情况，生根后要迅速从繁殖床移走栽植，否则易老化，一般根长1cm左右移植最好。

2. 果树扦插育苗方法

（1）枝插法　可分为硬枝扦插、绿枝扦插和带芽插。

① 硬枝扦插。落叶果树于早春休眠期进行，常绿果树于生长期进行，常用此法的有葡

萄、油橄榄、无花果等。

用生长充实的 1~2 年生木质化的枝条进行扦插。落叶果树插条在落叶后至翌年早春树液流动前采集，砂藏贮存，剪成约 50cm 长，50~100 根一捆，挂标签，分层埋在湿砂中，贮藏期间温度 1~5℃。葡萄落叶后结合冬剪采集插条。

扦插前将枝条剪成具 2~4 个芽的插条，长约 10~20cm（珍贵品种或插条较少，也可剪成一芽一条），剪截插条应在下端近节部呈 45°角斜剪，节部贮藏营养物质较多，有利于发根。插条上端平剪，剪口距芽 0.5~1cm。

一般生根较困难的树种或品种扦插前应进行催根，在扦插前 25 天左右进行。多用温床（电热温床等），当床内温度达到 20~25℃ 时，将剪好的插穗浸水 24h，打捆后，下端插于温床的湿砂中，只露出上部芽眼，气温应低于床内温度。约 20 天左右即可长出愈伤组织和根原基。

扦插密度为行距 20~40cm，株距 10~15cm。苗床育苗（速生绿苗）密度应加大。斜插，只露出上部芽眼，覆地膜，盖土。成活的关键是地温高、气温低。

② 绿枝（嫩枝）扦插。利用半木质化的新梢在生长期进行带叶扦插，生产上应用的有柑橘、油橄榄、葡萄、猕猴桃等。绿枝扦插比硬枝扦插容易发根，但绿枝扦插对空气和土壤湿度的要求严格，因此多用室内弥雾扦插繁殖，使插条周围湿度 100%，叶片被有一层水膜，叶温比气温低 5.5~8.5℃，室内平均气温为 21℃ 左右，达到降低蒸腾作用，增强光合作用，降低呼吸作用，从而使难发根的插条保持生活力的时间长些，以利生根生长。露地绿枝扦插多在生长季进行。葡萄在 6 月中下旬选具有 2~4 节的新梢，去掉插条下部叶片，保留上部 1~2 片叶作为插条；南方柠檬、枳、紫色西番莲等，可选取当年生嫩枝，留顶部 2~3 片叶作为插条。插后遮荫并勤浇水，待生根后逐渐除去遮荫设备。大面积露地绿枝扦插以雨季进行效果最好。

③ 带芽叶插法。我国广东省用菠萝的冠芽、吸芽或蘗芽带叶扦插，每个冠芽可取 40~60 个带叶芽片，比直接有芽插繁殖系数高 10~15 倍。方法是剪去叶尖，削去茎部老叶，用刀连芽的叶片和部分茎一起切下，经过晾晒后，将带芽叶片以 45°角斜插于苗床，成活率高。

(2) 根插 在枝插不易成活或生根缓慢的树种中，如枣、柿、核桃、长山核桃、山核桃等根插较易成活。李、山楂、樱桃、醋栗等根插较扦插成活率高。杜梨、秋子梨、山定子、海棠果、苹果、营养系矮化砧等砧木树种，可利用苗木出圃剪下的根段或留在地下的残根进行根插繁殖。根段粗 0.3~1.5cm 为宜，剪成 10cm 左右长，上口平剪，下口斜剪。根段可直插或平插，切勿插倒。

(3) 茎插 主要用于香蕉、菠萝，可在短期内培育大量芽苗。香蕉用地下茎切块于 11 月份至翌年 1 月份扦插繁殖。

第二节　化控技术

一、化控技术的概念

化控技术是指栽培环境不适合园艺作物（蔬菜、花卉、果树）生长发育的条件下，应用植物生长调节剂调节植株的生长和发育，使其朝着人们预期的方向发生变化，确保优质高产的技术。

化控技术随着设施园艺的发展在设施园艺中得到了广泛的应用，比如：在调节植株生长，保持植株适宜的生长势；促进生根，提高植株的扦插成活；调节花的性型，提高有效花率；打破植物休眠，及时投入反季节生产；调节花期，适时开花结果；提高坐果率，防止落花落果；延迟产品衰老，保持产品新鲜等方面应用化控技术来调节生长和发育，达到预期的目的。

二、常用化控剂的种类及性能

1. 植物生长促进剂

（1）吲哚乙酸（IAA） 又叫苗长素、生长素、异生长素。纯品为无色结晶，工业品为玫瑰色或黄色，有吲哚臭味，不溶于水，溶于酒精、乙醚、苯、丙酮等有机溶剂中。自然状态下易分解，不易贮藏；对人、畜安全，无毒性。

IAA可促进细胞的分裂、伸长、增大，诱发组织分化；诱导雌花和单性结实，刺激种子形成，加快果实生长，提高坐果率；促进种子发芽和根的形成；使叶片增大，防止落花、落叶、落果，抑制侧枝的生长。由于稳定性差，一般不单独使用，产品须用黑色包装物包装，存放在阴凉干燥处，需要经复合加工成为稳定剂以后，才能大量广泛应用。

（2）吲哚丁酸（IBA） 纯品为白色或浅黄色的结晶，有吲哚臭味，不溶于水，可溶于酒精、乙醚和丙酮中，自然光照下会缓慢分解；产品有98%的原粉和10%的可湿性粉剂等。

IBA能刺激细胞分裂和组织分化，诱导单性结实和无籽果实，促进枝条生根。活性与吲哚乙酸类似。最有利于促进移栽植物早生根、多生根。与萘乙酸等复合应用，生理活性更高，使用范围更广。

（3）萘乙酸（NAA） 纯品为白色结晶，无臭无味，溶于热水，不溶于冷水，可溶于酒精、乙醚、丙酮等有机溶剂中，结构稳定，耐贮藏。产品主要有90%的粉剂等。

其生理作用和机理类似于吲哚乙酸。能刺激细胞分裂和组织分化，促进子房膨大，诱导单性结实和无籽果实，促进开花；防止落花、落叶、落果；诱发枝条不定根的形成，提高插枝的生根速度；低浓度促进生长发育，高浓度起到催熟作用。一般高浓度药液的处理时间应短，低浓度药液的处理时间宜长。

（4）赤霉素（GA） 纯品为白色结晶体，能溶于酒精、甲醇、丙酮等有机溶剂中，难溶于水、煤油、醚、苯。在低温和酸性条件下比较稳定，水溶液的温度高于50℃以及在碱性条件下，容易分解失效；对人、畜安全无毒。产品有80%的原粉、4%乳油、片剂。

GA有利于植物的坐果和无籽果实形成；增大叶面积，加快营养体生长，加速枝条生长，活化形成层，打破休眠，促进发芽，延缓衰老；抑制成熟、侧芽休眠和块茎形成；可改变作物雌、雄花比例，促进开花；调节花期，保持植株新鲜；诱导单性结实，加速果实生长，促进坐果。赤霉素制剂要随配制随使用，不要长时间存放；不要与碱性药剂混合使用；药剂要在低温、干燥条件下贮存，不要存放在50℃以上的高温环境中。

（5）2,4-D 原粉为白色粉末制剂，能溶于酒精、丙酮、乙醚等有机溶剂中，难溶于水，不溶于石油，不吸湿，有腐蚀性，低毒。产品有20%乳油、80% 2,4-D钠盐水溶性粉剂、72% 2,4-D丁酯乳油、1%水剂。

2,4-D经植株根、茎、叶吸收以后，输送到植株生长活跃组织处，有生长素活性，能促作物进子房膨大和单性结实，也能使果实保鲜、保绿。多数园艺作物品种的茎叶较花器对2,4-D反应敏感，不要涂抹到茎叶上，否则易造成药害，只能处理花器；经过2,4-D处理的果实中，一般没有种子，不能用于种子生产；瓜类对2,4-D反应敏感，不宜使用；2,4-D能腐蚀金属，配制药液时应避免使用金属容器。

（6）防落素（PCPA） 又叫番茄灵，商品防落素为白色粉末，能溶于乙醇、酮等有机溶剂和热水中，水溶液比较稳定，低毒，对作物安全无药害，比 2,4-D 安全。产品有 95% 粉剂、1% 乳油。

PCPA 能预防落花落果，加速果实生长，促进早熟。

（7）增产灵（PIPA） 又称 4-碘苯氧乙酸。纯品为白色针状或鳞片结晶体，工业品为淡黄色或粉红色粉末，含量 95%，带有刺激性臭味。能溶于酒精、氯仿、苯等有机溶剂中，也能溶于热水，但微溶于冷水中。性质稳定，盐溶性好，遇碱形成盐，对人、畜安全无毒。产品为 95% 的粉剂。

PIPA 能加速细胞分裂、分化，促进植株生长、开花、结实，提早成熟；也可提高坐果率，增加产量，与吲哚乙酸生理机制类似。切忌与碱性药剂混合使用。

2. 植物生长延缓剂

（1）乙烯利（CEPA） 纯品为白色蜡针状晶体，易溶于水和酒精、丙酮等有机溶剂中。乙烯利的水溶液呈强酸性，在碱性条件下，乙烯利容易分解释放出乙烯，当 pH 值大于 4 时开始分解。对人、畜安全无毒。产品主要为 40% 水剂。

乙烯利能促进衰老和成熟，经过植株的叶、茎、花、果吸收后，传输到作用部位分解成乙烯，能提高雌花比例，促进开花；诱导不定根的形成，刺激种子发芽；加快叶片和果实成熟、衰老和脱落；也能使植株矮化，增加茎粗。

使用乙烯利时要随配随用，否则影响使用效果。乙烯利药效最好的温度范围是 20～30℃，当温度高于 30℃ 或者低于 10℃ 时，药效较差。乙烯利具有强酸性，能腐蚀皮肤、金属等，要用塑料容器存放，勿与碱性药液混用。催熟瓜果时一定要达到一定的生理成熟阶段，否则会影响瓜果的品质和风味。

（2）矮壮素（CCC） 纯品为白色晶体，有鱼腥味。易溶于水，吸湿性强，易潮解；溶于丙酮、乙醇等有机溶剂中，微溶于异丙醇和二氯乙烷，不溶于苯和二甲苯；在中性和微酸性溶液中稳定，遇碱易分解，低毒。产品为 40%、50% 水剂。

矮壮素经植株的根、叶、芽以及嫩芽吸收后，输送至作用部位，抑制赤霉素生物合成中贝壳杉烯生成步骤，能延缓植株生长，促进植株生殖生长，从而使植株节间变短、矮壮、根系发达、叶片增厚、叶色加深、光合作用增强，促进坐果和改变果实品质，提高产量，还可以提高植物抗旱、抗寒、抗病虫害的能力。勿与碱性农药混合使用。

（3）多效唑（PP 333） 纯品为白色固体，在 20℃ 以下可存放 2 年以上；在 50℃ 以下稳定期可达 6 个月以上，其稀溶液在酸、碱条件下均稳定，分子不降解。对光也表现稳定，低毒。产品为 15% 可湿性粉剂。

多效唑经过植株根、茎、叶、种子吸收后，经木质部传送到幼嫩部位的分生组织，在赤霉素生物合成过程中，抑制三个酶促反应中的酶的活性，致使植株矮化，促进根系发育，增加分蘖，促进花芽分化，保花保果。

3. 植物生长抑制剂

（1）青鲜素（MH） 纯品为白色结晶体，能溶于水，也能溶于酒精、二甲基甲酰胺，其钾盐易溶于水。强酸等氧化剂可促进其分解速度；常温下结构稳定，对光也表现稳定，可长期贮藏，低毒。产品主要有 50%、25% 水剂等。

青鲜素经过植株的根、芽、嫩芽、叶片吸收后，经木质部、韧皮部传导至生长活跃部位并累积起来。它能抑制细胞分裂，在顶芽时抑制顶端优势，促使光合作用产物向下输送；在腋芽、侧芽以及块根块茎部位时，能抑制这些芽的萌发，从而起到抑制营养生长，促进花芽分化和生长发育的作用。

(2) 调节膦　纯品为固体结晶，无臭无味，易溶于水，也能溶于甲醇，微溶于其他有机溶剂。对人、畜安全无毒。产品多为粉剂。

调节膦经植株茎、叶吸收后，能抑制其光合作用和蛋白质的合成，抑制植株幼嫩部位的细胞分裂与伸长，抑制枝条里的花芽分化。高浓度能抑制非环式磷酸化，低浓度能抑制过氧化酶的活性，同时也影响光合能量的转换。

另外，丁酰肼（B_9）、6-苄基腺嘌呤等也用于产品的保鲜处理。

三、化控技术在设施园艺中的应用

1. 在设施蔬菜中的应用

主要应用于瓜类、茄果类等蔬菜的设施栽培上。通过使用化控技术更容易实现蔬菜培育壮苗，促进生长发育，防止徒长，抑制抽薹，防止落落花落果，促进果实发育等目的。

(1) 调控花的性别　利用浓度为100～200mg/kg乙烯利制剂喷洒2～3叶期的黄瓜幼苗，喷至叶面稍有淌水为度，能使黄瓜每株雌花增多，雄花减少，随着浓度增大，这种变化趋势越明显。

(2) 增加产量　用20～100mg/kg的赤霉素溶液分次喷施，或将药液涂抹在黄瓜、冬瓜的幼果上，能增加瓜重。用50～100mg/kg的多效唑溶液叶面喷施大棚秋黄瓜4片真叶期，7天后重复喷施一次，能增产12%～19%。用5mg/kg的2,4-D溶液浸泡大蒜种瓣12h后，株高和单株重都比对照增加，蒜头增产37%。用500～1000mg/L的调节膦药夜喷洒旺盛生长时期的番茄等，能促进其坐果，提高糖分含量和品质。瓜类蔬菜使用增产灵浓度为5～10mg/L制剂，在幼果期喷或点涂雌花的子房、果，促进坐果，增加产量。

(3) 促进生根　用浓度为2000mg/kg的萘乙酸制剂，快速浸沾（一般3～5s）茄子和辣椒的侧枝后，立即插入培养基质中，扦插20天后，茄子的成活率为70%，根长40cm；辣椒的成活率为94%，根长达3.8cm，而对照发根均很少，还有很多不发根，无法成活。用2000mg/L浓度的吲哚丁酸溶液快速蘸大白菜、甘蓝插块的基部，可促进生根及根的快速生长。

(4) 防止徒长、抑制萌芽　在收获前14天喷施30～80mg/kg的2,4-D，或在去叶带顶萝卜贮藏前喷洒，可以抑制其发芽生根，防止萝卜糠心，以增进萝卜品质，但是，处理的浓度不能过高，否则会在贮藏后期造成腐烂，降低萝卜质量。

(5) 催熟　在甜瓜长足而未完全成熟时，用500～1000mg/kg的乙烯利溶液喷果，催熟作用很明显，但注意不要喷洒到茎叶上，且要及时采收，否则会影响果实品质；也可以用1000mg/kg浓度的乙烯利溶液浸泡甜瓜2～3min，同样具有催熟作用。

(6) 促进生长发育　对于绿叶类蔬菜主要从促进营养器官的生长发育，防止未熟抽薹，保持绿叶柔嫩多汁方面使用化控剂。比如，用20～100mg/kg的赤霉素制剂，在苋菜收获前5～7天进行叶面喷洒，能增产20%～50%，但使用浓度过大或过小，增产就不多，甚至减产。处于休眠期的马铃薯块茎用赤霉素处理可以有多种方法（如用1mg/L的赤霉素溶液浸泡薯块），均能促进薯块发芽，出芽整齐，腐烂率低，在对萌发不利的寒冷和潮湿气候条件下，效果更为明显。

(7) 抑制抽薹　使用浓度为4000～5000mg/kg的矮壮素制剂，于抽薹前10天，叶面喷洒甘蓝、花椰菜，喷施药液为50kg/亩，可以明显抑制甘蓝和花椰菜抽薹，起到延缓的作用。

（8）**保鲜、贮藏、防止脱帮**　在甘蓝采收以后，立即用 30mg/kg 的 6-BA（6-苄氨基嘌呤）溶液喷洒或浸沾，然后贮藏在 5℃ 的环境中，贮存 45 天后，甘蓝内的叶绿素含量增加 4 倍；采收前喷洒植株同样也能出现保鲜效果。用 10mg/kg 的 6-BA（6-苄氨基嘌呤）和 50mg/kg 的 2,4-D 混合溶液处理花椰菜，然后贮藏于 9℃ 及相对湿度为 90% 的环境中，可延缓衰老，花椰菜外叶不变黄，不脱落，花球洁白紧密，可延长贮藏期 18 天。萝卜、胡萝卜、土豆、大蒜、甜菜、甘蓝、圆葱等，在收获前 2~3 周喷洒 1000~2500mg/L 的青鲜素制剂，可延长贮藏时期，抑制其发芽。喷洒 20~50mg/L 的 2,4-D 制剂于收后的大白菜上可防止脱帮。

（9）**防止落花落果，诱导单性结实**　蔬菜上一般使用浓度为 20~30mg/L 的 2,4-D 溶液，在初花期涂抹花柄或花蕾，防止落花和幼果脱落，形成无籽果实，促进西葫芦、番茄、茄子等单性结实。也可使用 25~50mg/L 的防落素在初花期对花蕾喷雾防止落花落果。

2. 在设施花卉中的应用

化控剂在花卉等观赏植物上的应用非常广泛，几乎遍及花卉生产的各个环节，运用前景很广阔，在设施花卉上的应用更是非常普遍。主要是因切花、盆花常常与节日需求有关，使用化控剂可控制花期和贮藏保鲜，达到周年定时供应、返季节供应；还能控制调节花的色泽、叶片的多少、茎秆的长短和硬度、植株的形态和丰满度，提高花卉的观赏价值；也可以控制花卉的开花时期，延长花卉的寿命。使用不同的化控剂可控制花卉的萌发与休眠，促进扦插生根，调控花卉的生长发育，矮化和抑制生长、化学打顶和整枝以塑造株型，调控盆景生长、切花保鲜，延长盆花观赏期。

（1）**控制休眠和种子萌发**　用 100~300mg/kg 的赤霉素浸种 12~24h，就能代替低温层积处理，打破牡丹种子休眠，促进发芽。用 50~100mg/kg 赤霉素溶液浸泡龙胆、杜鹃、山茶、马铃薯、米心树、牡丹等种子能打破其休眠，加速繁殖。

（2）**促进生根**　使用山茶花的健壮枝条，剪成 1 芽 1 叶、长 3~5cm 作插穗，用 50~200mg/kg 浓度的萘乙酸浸泡 8~12h 后再扦插，可促进插穗生根。1000mg/L 吲哚丁酸和萘乙酸适用于软枝与容易生根的植物切段；3000mg/L 的吲哚丁酸和 2000mg/L 的萘乙酸单用或混用，适用于半硬枝切断；8000mg/L 吲哚丁酸和 4000mg/L 的萘乙酸单用或混用，适用于硬材与难生根的植物切段（如杂种杜鹃）。吲哚丁酸的药效比较长，是目前应用最多的生根剂。

（3）**控制生长、塑造株型**　当郁金香株高 7~20cm 时，在其叶鞘滴入 1 滴 400mg/kg 的赤霉素溶液，能促进花柄伸长，提高花的品质；在萌芽后用 20~800mg/kg 浓度的赤霉素溶液滴生长点，可显著促进花梗的伸长和开花。在水仙花茎长 15cm 时，用 240mg/kg 浓度的乙烯利溶液处理土壤，可抑制水仙花茎的伸长，缩短茎与叶的长度，达到株型匀称、花期延长的目的。一般用浓度为 350mg/L 的多效唑进行叶面喷洒，能促进菊花、一品红、草坪等观赏植物植株的茎干加粗变壮，节间缩短，调节株型，防止倒伏。

（4）**整枝打顶**　在女贞春季腋芽开始生长时，用 1000~2500mg/kg 的青鲜素溶液叶面喷洒整个植株，可控制新梢的生长，促进植株下部的侧芽生长，使株型密集，减少夏季修剪的次数。

（5）**控制花期**　在唐菖蒲球茎播种后，用 800mg/kg 的矮壮素溶液淋洒球茎周围的土壤，播种后立即使用一次，第二次在 4 周后，第三次六周后使用，能使唐菖蒲的株型矮壮，提前开花，并能增加每穗的开花数。

(6) 防脱落、保鲜、促坐果　化控剂被广泛应用于切花的采前、采后、贮运和插瓶等切花生产环节，在减少切花采后损耗、延长切花采后寿命、扩大切花销售范围、提高切花品质和出口竞争力等方面成效显著。

用 50～100mg/kg 的苄氨基嘌呤喷洒能较好地抑制月季花花瓣和花芽的脱落。用 30～50mg/kg 的萘乙酸喷施或浸花枝基部，可阻止香豌豆、三角花、牡丹等天然的或乙烯导致的落花。

用 0.07～0.13mmol/L 的氨氧乙基乙烯基甘氨酸（AVG）和甲氧基乙烯基甘氨酸（MVG）作为瓶插液可以延长金鱼草、水仙、菊花、香石竹等切花的寿命。著名的康乃尔保鲜配方液：5％蔗糖＋200mg/kg 8-羟基喹啉柠檬酸盐＋50mg/kg 醋酸银是月季切花保鲜的做主要试剂。使用 250～500mg/L 的青鲜素制剂喷洒能延长大丽花、金鱼草、羽扇草的贮存期；2500mg/L 的青鲜素制剂喷洒能保鲜月季、菊花、金鱼草、香石竹等花卉。用 1000mg/L 的调节膦制剂喷洒月季能延缓月季衰老和花瓣变色。

盆栽的金橘在蕾期或幼果期用 10mg/kg 的 2,4-D 或者用 10mg/kg 的 2,4-D＋10mg/kg 的赤霉素喷洒叶面和果实能延长挂果期，防止落果，也具有延长观赏期的作用。用 10mg/kg 的 2,4-D＋10mg/kg 赤霉素混合液在朱砂根挂果期喷洒果实表面，能延长其挂果期。

(7) 延长观花期　延长盆花观赏期常用的植物生长调节剂有萘乙酸、2,4-D、赤霉素等。用 12.5mg/kg 萘乙酸溶液喷洒秋海棠花芽，可减少落花，延长开花时间；用 30～60mg/kg 的 2,4-D，5-三氯苯氧丙酸在秋海棠蕾期喷洒植株也能防止落花，延长观花时间。菊花在短日照开始后 3 周叶面喷洒 2500mg/kg 的 B_9 溶液可延长菊花的观花期；另外，在菊花花芽分化早期，用 50mg/kg 的多效唑或 5mg/kg 烯效唑喷洒植株 3 次，能延长赏花时间，增绿控长。在彩叶草定植摘心后，用 1000mg/kg 的 B_9 溶液喷洒彩叶草叶面，可增强叶色并大大延长观赏期。

3. 在设施果树中的应用

设施果树使用化控剂能克服传统措施的不足，解决扦插生根、塑造理想树型、控制开花和花期、防止落花落果、促进果实着色、进行化学修剪等，既方便又成效显著，省时、省力，又能提高果树产量和改善果实品质。

(1) 控制顶端生长、塑造理想树型　生产上使用 150～600mg/kg 的细胞分裂素、2000mg/kg 的丁酰肼、2000mg/kg 的乙烯利、1000mg/kg 的调节膦等能调节苹果树开张枝条角度，抑制顶端优势，促进侧芽的萌发，使新梢生长受到抑制，刺激发生副梢等，为苹果塑造理想树型。另外，矮壮素（CCC）在果树上应用，主要抑制枝条生长，促进花芽形成和枝条成熟，也有利于对植株进行有效的矮化整形。

(2) 提高产量和品质　盛花后 3～4 周和采收前 45～60 天各喷洒一次 1000～2000mg/kg 的丁酰肼对红玉、红星、富士等苹果品种有很明显的增色作用。对元帅短枝型苹果施用丰产素，能使果实硬度提高 $0.4kgf/cm^2$（$1kgf/cm^2 = 98.0665kPa$）；在采收前 45～60 天喷施 500～2000mg/kg 的丁酰肼，能使果肉硬度提高 $0.5kgf/cm^2$，又能减轻苹果苦痘病和虎皮病，增强其抗病性，达到增加了口感度和产量的目的。

(3) 增强抗逆性　用 500～3000mg/kg 的青鲜素（MH）＋300mg/kg 的乙烯利混合液，秋季喷洒樱桃树可抑制樱桃新梢生长，提高新梢成熟度和木质化进程，从而提高樱桃花芽的抗寒性；在樱桃花芽分化前 2～3 周喷洒 50～100mg/kg 的赤霉素溶液则可促进其枝条的伸长生长，还能减少衰退病和黄化病。

(4) 防果实脱落　在盛花期喷洒 20～40mg/kg 的赤霉素药液可防止樱桃落果，促进果实发育；在花后 10 天喷洒 10mg/kg 的赤霉素溶液也能起到防落促果的作用。用 10mg/L 的 2,4-D 制剂在幼果期喷果，可防止盆橘、朱砂根等落果，延长挂果期。

(5) 打破休眠、加快繁殖、提高坐果率　设施栽培葡萄时，为实现常年供应、返季节供应的目标，化控剂的大量推广和运用发挥了关键的技术作用。用赤霉素浸种能解除葡萄种子休眠，促进种子发芽，简化育种程序，提早播种，常温下用 2000～8000mg/kg 的赤霉素溶液浸泡葡萄种子 24h，就可以催芽播种。用浓度为 3000mg/kg 丁酰肼的溶液或用浓度为 500～2000mg/kg 的矮壮素在开花前 10～20 天喷施巨峰或巨峰系葡萄枝叶和花序，能显著提高葡萄的坐果率，减少落花落果。在巨峰葡萄盛花后 10 天左右用 5～20mg/kg 的 KT_{30} （激动素）和 20～50mg/kg 的 GA（赤霉素）浸果穗可增加葡萄单粒重 6g 左右。使用浓度为 350mg/L 的多效唑进行叶面喷洒，或 0.8～1.0g/m² （桃、樱桃）土施，能延缓苹果、梨、桃、柑橘等果树的生长，提早开花。

(6) 催熟　适宜浓度、适量使用乙烯利能有效催熟桃果，增加着色，提高果实产量和品质；但浓度过高或施用量过大又会使桃树落叶和果实脱落。使用浓度为 500～1000mg/L 的乙烯利对菠萝、梨、苹果、柿子、蜜橘等果实催熟效果很好。在桃树硬核初期喷施 1000～4000mg/kg 的丁酰肼可使果实提前 2～10 天成熟，且能增加着色，又达到成熟一致。喷射 200～1600mg/L 的 2,4-D 制剂可使香蕉早熟。

(7) 诱导单性结实，促进坐果，加速果实生长　山楂盛花期用 50～100mg/kg 赤霉素喷洒能诱导单性结实，提高坐果率，增加单果重；葡萄盛花期前后用 100mg/kg 赤霉素浸蘸花穗能诱导形成无核果。使用 500mg/L 的青鲜素制剂喷洒苹果苗期全株，能抑制其营养生长，诱导其花芽分化，提高坐果率。

4. 化控技术应用中需要注意的问题

(1) 确定适宜的药液浓度　在确定药液浓度时要考虑以下三个方面。

① 化控剂的种类。由于许多化控剂的作用相似，但适宜的使用浓度却是有较大差别，因此确定药液浓度时，要严格按照使用说明要求的浓度来配制药液。

② 作物类型。对耐药性强的作物，药液浓度可适当高，反之对耐药性差的作物就应适当低些。

③ 设施内的温度控制。对生长抑制类化控剂来讲，设施内的温度偏高时，药液的浓度应当高些，反之，药液的浓度就应低些。而对生长促进剂化控剂来讲，设施内的温度较高时，药液的浓度应适当低些，反之，药液的浓度则应适当高些。

(2) 掌握正确的处理方法　由于设施内的空气流动较差，有些化控剂容易蒸发或挥发。当设施内空气中的化控剂浓度达到一定值时，有些化控剂就对某些植株造成伤害，因此必须正确掌握所用化控剂的处理方法。要根据化控剂可能对植株产生的伤害程度选择采取点、涂抹、喷洒等方法，最低限度地减少药剂对植株的伤害。

(3) 适量用药　所有化控剂使用量过大时都会对植株造成不同程度的危害，影响植株的正常生长发育，严重时能使植株产生畸形或死亡。因此在点、涂抹植株生长点和花朵时一定要适量用药；对于需要喷洒的化控剂，只要将植株上下的所有部位均匀喷洒即可。另外，使用过 2,4-D 药剂的药械要精心洗涤，预防下次使用器械时对双子叶植物产生危害。

(4) 改善设施内的栽培环境　设施内的环境条件对化控剂的使用效果影响很大，两者关联性较大。要做到使用化控剂的同时，不断改善设施内的栽培环境。如在使用激素促进蔬菜开花结果时，要降低设施内的温度、湿度等；在使用化控剂控制蔬菜徒长时，要减少灌溉量和施肥量，并加大通风、透气，最大限度发挥化控剂的作用，减少其对植株的伤害。

（5）妥善保管化控剂　光、热、水分会影响化控剂的稳定性等理化性质，从而影响其使用效果，在贮藏的地点、保存的器具和对光的敏感性上，也要充分考虑其理化特性。比如：吲哚乙酸、萘乙酸遇光就会分解；赤霉素在温度高于32℃时开始降解，随着温度不断升高，降解速度越快，甚至丧失活性；许多粉剂在湿度较大的空气中易潮解，逐渐发生水解反应，致使调节剂变质、变劣。还要注意有些化控剂本身具有的酸碱性决定了其不能与酸性或碱性农药混合使用。

（6）其他注意事项　化控剂虽然能够调节植株的生长发育等，但其作用只能是辅助性的，不能从根本上控制植株的生长发育，因而还要加强植株的栽培管理，综合运用各项栽培措施，在相应的株行配置和肥水管理保证下，加强设施及设施内的环境管理，充分实现化控剂的增产作用，达到提高作物产量和质量的目的。另外，从无公害蔬菜、果树生产要求方面来看，大量使用化控剂不符合绿色食品的生产要求。

本 章 小 结

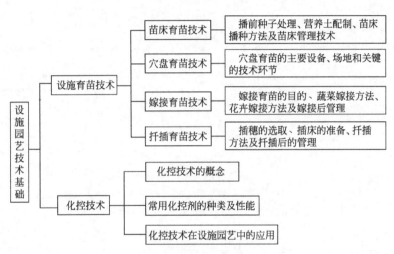

复习思考题

1. 园艺作物种子播前处理包括哪些内容？
2. 园艺作物种子播前处理有何意义？
3. 园艺作物种子常用的浸种方法有哪些？在浸种时应注意什么问题？
4. 园艺作物种子催芽应注意哪些问题？
5. 园艺作物播种的关键性技术是什么？
6. 怎样做好设施育苗苗期的温度管理工作？
7. 怎样做好设施育苗苗期的水分管理工作？
8. 简述穴盘育苗的意义。
9. 穴盘育苗的主要设施设备有哪些？
10. 选择穴盘育苗基质的原则是什么？
11. 怎样选好育苗穴盘？
12. 选择穴盘育苗营养液配方的原则是什么？
13. 怎样进行穴盘育苗营养液的管理？
14. 如何做好穴盘育苗苗期的病虫害防治工作？
15. 穴盘育苗苗期的主要管理工作包括哪些内容？
16. 试述蔬菜嫁接的主要方法及其操作要点。

17. 如何提高蔬菜嫁接成活率?
18. 蔬菜嫁接接穗及砧木选择要考虑哪些因素?
19. 花卉嫁接主要有哪些方法?简述其操作要点。
20. 花卉嫁接后如何管理?
21. 仙人掌类植物怎样进行嫁接繁殖?
22. 如何促进插条生根?试设计促进一种植物生根的方法。
23. 简述常用化控剂的种类及其性能。
24. 化控剂使用过程中要注意哪些问题?
25. 化控技术在设施园艺中的应用有哪些?
26. 谈谈你对设施化控剂发展前景的看法。

第四章 设施栽培技术

知识目标

通过本章的学习，了解常见设施栽培蔬菜、花卉、果树的形态特征、品种选择、主要的繁殖方法、对环境的要求，掌握设施蔬菜、花卉、果树的栽培管理技术。

技能目标

会安排设施蔬菜栽培的茬口，掌握栽培技术要点；掌握设施果树的整形修剪技术，学会设施果树人工辅助授粉技术；掌握设施切花的生产、采收技术要点；掌握设施盆花的日常管理和繁殖技术。

第一节 设施蔬菜栽培技术

适合设施栽培的蔬菜种类很多，主要有瓜类、茄果类、豆类、葱蒜类、绿叶菜类和芽菜类等。这里重点介绍瓜类、茄果类和叶菜类的栽培技术。

一、瓜类蔬菜

瓜类蔬菜是设施栽培的蔬菜中最重要的一类。主要栽培种类包括黄瓜、西葫芦、西瓜、甜瓜、苦瓜、丝瓜等，其中以黄瓜的栽培最为普遍。目前我国设施栽培的黄瓜占其总面积的80%以上。

（一）黄瓜

1. 形态特征

黄瓜根系发达，但根系分布浅，吸收能力弱；要求勤浇水轻浇水、勤追肥轻追肥。因此育苗时，要使幼苗根群发达，茎叶鲜嫩，花芽分化早，并且雌花多。

黄瓜幼苗的同化面积大大超过营养面积，并且能够迅速形成大量雄花、雌花和分枝，构成特有的丰产性。在温室或大棚的温暖潮湿环境和黄瓜密植培肥条件下，应充分发挥这一特性，保证黄瓜正常生长发育，经常协调黄瓜"根、茎叶、瓜"的平衡关系。

2. 对环境条件的要求

黄瓜是所有蔬菜中对环境反应比较敏感的一种蔬菜。它喜温又能适应温暖多雨气候，但不耐霜冻。生长适温是17~29℃。昼夜变温管理可使黄瓜早熟、优质、高产。要求空气相对湿度80%~90%，结瓜期要求土壤湿度也在80%以上。黄瓜喜光又耐弱光。因此，我国北方温室内冬春两季都能栽培黄瓜。

3. 栽培季节与茬口安排

由于设施栽培有严密防寒保温设备和人工补充加温设备，受外界气候条件影响小。因此，设施黄瓜播种没有严格界线，它的茬口安排主要决定于供应期。

（1）春提早栽培 春天是全国各地设施栽培黄瓜的主要季节（表4-1）。定植基本条件为室内最低气温稳定在5℃以上，地温稳定在12℃以上。

表 4-1　各地黄瓜早春提早栽培季节

设施类型	代表地区	播种期（月/旬）	定植期（月/旬）	收获期（月/旬）
塑料大棚	拉萨、西宁	3/中	5/上	5/中～7/下
	呼和浩特、哈尔滨	3/上	4/中下	5/上～7/中
	乌鲁木齐、长春、沈阳	2/下	4/上中	5/上～7/上中
	兰州、银川、太原	2/中	4/上	4/下～7/下
	北京、天津、石家庄、西安	1/下～2/上	3/下	4/中～7/下
	济南、郑州	1/中～1/下	3/中	4/上～6/下
	长江流域	1/中下	3/上	4/上～6/中
温室（不加温）		1/上	2/中下	
温室（加温）或暖房		12/上中	1/下	

(2) 秋延后栽培　秋延后栽培一般采用直播。各地黄瓜塑料大棚秋延后栽培季节见表 4-2。温室栽培可以同塑料大棚，也可以延迟 1 个月左右播种。

表 4-2　各地黄瓜塑料大棚秋延后栽培季节

代表地区	播种期（月/旬）	收获期（月/旬）
哈尔滨、乌鲁木齐、长春、呼和浩特、西宁	6/下～7/上	8/下～10/上
沈阳、兰州、银川、太原	7/上中	9/上～10/下
北京、天津、石家庄、西安、济南、郑州	7/中下～8/上	9/中～11/上
长江流域	8/下～9/上	10/上～11/下

(3) 越冬茬栽培　一般在日光温室内进行。9 月下旬至 10 月中旬育苗，10 月下旬至 11 月中下旬定植，1 月上旬至 6 月中旬采收。

4. 品种选择

(1) 适合设施春提早栽培的黄瓜品种　中农 4 号、中农 5 号、中农 7 号、中农 9 号、中农 12 号、中农 201、中农 202、中农 203、津杂 1 号、津杂 2 号、津杂 4 号、农大 12 号、碧春、津春 1 号、津春 2 号、津美 1 号、津优 1 号、津优 2 号、津优 5 号、津优 10 号、大棚黄瓜新组合 39、保护地黄瓜新组合 507。

(2) 适合设施秋延后栽培的黄瓜品种　中农 8 号、京旭 2 号、农大秋棚 1 号、津杂 3 号、津春 2 号、津春 4 号、津优 1 号、津优 5 号、大棚黄瓜新组合 39、津优 10 号。

(3) 适合日光温室越冬栽培（冬春茬）的黄瓜品种　中农 11 号、中农 12 号、中农 13 号、津春 3 号、津绿 3 号、津优 2 号、津优 3 号及温室黄瓜新组合 998、999。

5. 塑料大棚春提早栽培技术

(1) 培育壮苗　黄瓜春夏栽培对壮苗的总体要求是：秧苗必须在适宜的温度、湿度、光照和土壤营养条件下生长发育，适应低温环境的能力强，移苗或定植时要少伤根，苗龄适当且健壮无病。

① 种子处理。选择籽粒饱满、纯度高、发芽率和发芽势高的种子。种子用温水浸泡，然后用 50～55℃热水浸种 10～15min，不停搅拌。之后用 30℃温水浸泡 4h。浸种后将种子搓洗干净并捞出，用湿布包好放置在 25～30℃条件下催芽。

② 床土配制及消毒。田土 4 份，马粪或草炭土 5 份，炉灰或珍珠岩 1 份，每立方米床土加入腐熟粉碎人粪干或鸡粪干 15～25kg，或加入过磷酸钙 1～2kg，尿素 0.25～0.30kg。

各种成分混合后过筛。配好的床土在播种前3周，用100倍福尔马林喷洒消毒，用塑料薄膜覆盖1周，除去覆盖2周后方可播种。

③ 播种。床土装入直径8～10cm的营养钵，或72孔的穴盘中，浇透水后播种，覆土厚度1.5cm。床土上覆盖塑料薄膜保温保湿。

④ 苗期管理。播种后保持气温25～30℃。当有80%的幼苗出土后，立即除去盖在苗上的塑料薄膜降低气温，白天20～25℃，夜间13～16℃。大部分幼苗拱土时和幼苗出齐时，分别选择晴天中午覆盖干暖土，每次厚度0.3cm；同时在上午气温达到25℃时开始放风，下午气温降至18℃时停止放风。第一片真叶展开时，白天25～30℃，夜间13～17℃；土壤温度15～18℃。苗期不旱不浇水；表土发干时，用喷壶浇水，严禁大水漫灌；浇水后放风排湿。要经常保持透明覆盖物的清洁，草帘要早揭晚盖，阴雨天也要揭开草帘见光。有条件的可进行人工补光，保持日照时间8～10h。发现幼苗叶片颜色变淡，出现缺肥症状时，利用0.2%的尿素和磷酸二氢钾溶液喷施叶片。进行二氧化碳施肥，浓度为0.1%。定植前7天左右，逐渐加大通风量，夜间覆盖也要逐渐减少，让育苗环境逐渐接近栽培场地的环境。

(2) 整地施基肥　选择富含有机质、肥沃、保水保肥力强的土壤。清洁田园，及时把前茬作物的残枝败叶、残根清除，深埋或烧掉。深耕细耙，耕深25～30cm，并结合翻耕施入基肥。结合翻耕每亩施入腐熟禽畜粪5000kg或腐熟堆肥7500kg。肥土充分混合。定植前结合整地作畦，每亩再条施腐熟的饼肥100～150kg，加复合肥40kg或过磷酸钙30kg或磷酸二铵10～13kg。

(3) 定植

① 做定植畦。大棚栽培多采用高畦，畦面宽100～120cm，畦高10～15cm。最好采用地膜覆盖，并在地膜下安装滴灌设施或采用膜下沟灌。

② 定植日期。主要根据大棚的保温防寒能力确定。一般大棚可以在当地露地黄瓜定植前提早一个多月定植；若采取多层覆盖和临时的加温措施，又可比一般大棚提早20～30天定植。

③ 定植密度。畦作的每畦栽植两行，株距20～30cm；垄作株距25～30cm。定植密度比露地栽培略小，一般3000～3200株/亩。

④ 定植方法。低温季节应在晴天定植，高温季节应在阴天或傍晚定植。提前1周挖好定植沟或定植穴。可在定植沟内施入速效肥料7～10kg/亩，如磷酸二氢钾、复合肥料等，肥土混匀。栽好苗后浇透水并覆土。

(4) 田间管理

① 温度管理。缓苗期白天温度35℃；初花期白天30～32℃，夜间10～15℃；结果期上午30～32℃，下午20～25℃，上半夜13～15℃，下半夜12～13℃。阴天温度要适当降低。结瓜期保持高温，白天25～32℃，夜间20℃左右。

② 通风管理。低温季节应大棚栽培，当白天温度上升到30℃时开始通风，温度下降到20℃时闭风。随着外界温度的上升逐渐加大通风量，当外界最低温度在8℃以上时，早晨通风半小时后闭风。外界最低气温在10℃以上时开始放夜风。

③ 水分管理。定植缓苗后浇一次缓苗水，保持土壤绝对含水量25%；初花期以中耕松土为主，控制浇水结合幼苗生长情况进行蹲苗，土壤绝对含水量20%；结瓜期保持土壤湿润，一般5～7天浇一次水，后期大通风时3天浇一次水，土壤绝对含水量23%。低温季节要在晴天上午浇水，浇水后加强通风，空气相对湿度保持在85%左右；高温季节早晚浇水。

④ 光照管理。保持光照强度10～60klx，可以采用加反光幕或人工补光，清洗透明覆盖

物等方法。

⑤ 施肥。定植缓苗后，如果基肥不足，可在植株旁点施尿素，每亩施用量5kg。蹲苗结束后，结合浇水施一次重肥，每株施入磷酸二铵5~6g，或每亩施入发酵好的粪稀1500kg或发酵好的饼肥料200kg；进入结瓜盛期增加施肥次数，10~15天施肥一次，一般是浇两次水施一次肥料，此时不再施用化肥，利用堆制或沤制消毒发酵好的人粪尿、鸡粪每次500kg/亩，或发酵好的饼肥20kg或硫酸钾10kg，几种肥料交替使用也可。同时用0.2%磷酸二氢钾和0.3%尿素溶液喷施叶片，10~15天一次。

⑥ 植株调整

a. 搭架。用细尼龙绳、聚丙烯绳等吊蔓。在中耕松土后，秧蔓长25cm时进行。

b. 绑蔓、引蔓和落蔓。结合瓜秧的生长势及时进行绑蔓或引蔓，本着抑强扶弱的原则，尽量使瓜秧的生长点在一个平面上。当黄瓜生长点生长到架顶或接触到棚室顶时，为了延长生育期，进行落蔓栽培。

c. 整枝打杈。主蔓坐瓜前，基部长出的侧枝应及早打掉，坐瓜后长出的侧枝若有雌花出现，则在雌花前留一叶摘心。应选在晴天上午进行，利于伤口愈合，不易染病。瓜秧长足30~35片叶时，把瓜秧的顶点除去。

d. 疏花疏果。雌花过多的植株要疏去部分幼花和幼果。一株植株上留一条即将采收的大瓜，一条半成品瓜，一条正在开花的瓜；1~2节留一个雌花，过多的雌花要疏去。

e. 打老叶、摘卷须与去雄花。随着植株的生长，打掉植株下部的黄叶、病叶和展开后40天以上的老叶。结合绑蔓和缠蔓顺手除去卷须和雄花。

(5) 收获　根瓜要尽早采收，在采收下部瓜时，要在上部的瓜坐住以后进行，前期2~3天采收一次，盛瓜期每天都要采收。黄瓜是食用幼嫩的果实，如管理适宜，在开花后8~12天内即可供食，生长不良时，要延迟到1个月左右。

(6) 病虫害防治　黄瓜的主要病害有枯萎病、霜霉病、疫病、白粉病、细菌性角斑病等。

枯萎病常发生在温度较高的结瓜盛期。可利用嫁接苗栽培预防；也可在定植时或缓苗水前，每亩用多菌灵原粉0.5kg或敌克松1.5kg灌根，1个月后再灌1次，防治效果较好。霜霉病可选用40%三乙磷酸铝可湿性粉剂200倍液、75%百菌清可湿性粉剂600倍液等喷雾防治。黄瓜白粉病可在发病初期喷洒75%三唑酮（粉锈宁）可湿性粉剂1500倍液或20%三唑酮乳油1500~2000倍液、40%多硫悬浮剂500~600倍液防治。

(二) 西葫芦

西葫芦在我国东北、华北、西北各省普遍栽培，是我国北方的主栽蔬菜之一。主要采收嫩瓜供应市场，对解决冬春淡季缺菜问题起重要作用。

1. 形态特征

西葫芦根系强大，主根长度可达170cm，还可形成大量的须根和不定根。茎绿色，被茸毛，每个茎节处均有腋芽。叶心脏形、掌状或近圆形，叶面粗糙。花为单性花，雌雄同株异花，虫媒花。

2. 对环境条件的要求

西葫芦是瓜类中生长最强盛的一种蔬菜。它对气候的适应性不但比黄瓜强，而且还比其他南瓜类也强。生长发育适宜的温度为22~25℃。32℃以上的高温，花器不能正常发育，11℃以下的低温和40℃以上的高温生长停止。种子在13℃时就能发芽，但极缓慢，在30~35℃发芽最快。

西葫芦是好热性的速生果菜类。栽培短日性的丛生类型品种能早熟丰产。因此在塑料大棚内春提早栽培时间越早,雌花愈能提早形成并且雌花数目增多,但它没有单性结果习性,所以必须人工辅助授粉或用生长刺激素沾花,才能保证雌花正常结果。

西葫芦既适合在干燥气候下生长,也比较耐潮湿,适宜在塑料大棚、温室等设施内生长。

3. 栽培季节与栽培特点

栽培季节分为春夏提早栽培、秋冬延后栽培以及春夏恋秋冬的一茬到底栽培。

在大棚内栽培西葫芦为了提早收获,一般采用育苗,其定植的时间也和黄瓜一样,一方面是看最低温度,另一方面要看保温防寒的设备而定。西葫芦在北方的春夏提早栽培,一般是在2月下旬育苗,3月下旬至4月上旬定植,4月下旬至5月上旬收获,6月下旬至7月内拉秧。日光温室(冬暖大棚)越冬茬嫁接栽培播种期在10月上中旬,定植期在11月中下旬。

4. 品种选择

适合设施栽培的主要品种有绿宝石、黑美丽、灰采尼、艾尼塔、阿姆巴赛德、绿元宝扇贝、金浪、马炎、双丰特早、美国碧玉、爱幼西葫芦、太阳西葫芦、花叶西葫芦。

5. 日光温室(冬暖大棚)越冬茬嫁接栽培技术

(1) 嫁接育苗

① 砧木培育。嫁接西葫芦以黑籽南瓜作砧木。10月上旬,先将黑籽南瓜晒种4~5h,后放入55℃热水中浸泡10min,再投入35℃温水中浸泡10h。浸种后捞出,置于30℃条件下恒温催芽。催芽后撒播于苗床,盖膜保温。当出苗60%时,可揭膜通风。幼苗出土后的管理同接穗苗。

② 接穗培育

a. 苗床准备。在大棚内建造苗床,作成平畦,宽1.2m,深10cm。营养土可用田土5份、腐熟的马粪或厩肥或草炭土4份、炉灰或珍珠岩1份,每立方米加入大粪干或鸡粪干10~15kg、过磷酸钙0.5~1kg。用福尔马林溶液消毒。将配制好的营养土装入营养钵或纸袋内,密排在苗床上。

b. 种子处理与催芽。待黑籽南瓜有40%~50%种子露白时,马上浸泡西葫芦种子。用50~55℃水浸种15~20min,或用10%磷酸三钠浸种15min,洗净种子药液,再用25~30℃水浸种4~6h。在25~30℃发芽箱内催芽,一般2~3天出芽整齐,放于清水以备播种。

c. 播种。70%以上种子出芽时即可播种。每个营养钵播种1~2粒,播后覆土1.5~2cm厚。

d. 苗床管理。播种后白天温度25~30℃,夜温18~20℃,土壤温度22~24℃,3~4天即可出苗。幼苗出齐后开始降低温度,逐渐通风,白天20~25℃,夜间13~14℃。一般不灌水施肥。但也要看具体情况,若苗色淡绿或干旱时,就需施肥灌水。一般用稀人粪尿加少许化肥混合施入。

③ 嫁接及嫁接后管理。嫁接方法参照第三章嫁接育苗部分。

壮苗标准:具有3~4片真叶,节间短,茎秆粗壮,叶片浓绿肥厚,苗龄一般为40天左右。

(2) 定植

① 定植前准备

a. 整地、施肥。每亩施有机肥料5000kg,肥料铺施后,深翻两遍,耙平土地后按栽苗行距开 30cm 深的沟，施入磷酸二铵 30kg 或饼肥 100～150kg，肥土混合均匀后整平。由于西葫芦的根系比黄瓜深，所以应深翻至 30cm 左右。

b. 扣膜、起垄。于 9 月下旬至 10 月上旬扣好塑料薄膜。定植前 15～20 天，用 45% 百菌清烟剂熏蒸，严密封闭温室（大棚），高温闷棚消毒 10 天左右。闷棚后按株行距起垄，垄高 15～20cm。

② 定植密度。一种是大小行距定植，大行距 80cm，小行距 50cm，株距 45～50cm，每亩温室栽苗 2000～2300 株；另一种是等行距种植，行距 60cm，株距 60cm，每亩温室栽苗 2200 株。

③ 定植方法。最好利用膜下滴灌或膜下暗灌的栽培方式。定植最好在上午进行，以免定植后夜间降低地温。定植时一般是先引水，顺水栽苗，栽后覆干土。西葫芦的幼茎及茎节间都易生不定根，所以定植时应深栽到子叶以下，利于不定根的发生。

(3) 田间管理　西葫芦结瓜期的管理和黄瓜一样，也要合理地调节秧、瓜关系。从定植后到根瓜膨大前主要是控水锄地促根发秧，进入结瓜期后仍可按前期、盛期、后期分别进行管理。

① 缓苗期。西葫芦叶面积大，蒸腾量也大，所以定植后的 2～3 天内补一次缓苗水，水量以湿透土方为度，不宜过大，灌水后能锄地时，就宜早锄，以加强土壤透性，防止烂根。定植后的温度管理，白天应保持在 25～30℃，夜间保持在 18～20℃，晴天中午棚温超过 30℃时，可利用顶窗少量通风。

② 结瓜前期。从定植后锄地蹲苗到根瓜收获时为结瓜前期，约 20～25 天，主要是控水锄地促根发秧的管理过程。温度白天以 20～25℃，夜间 12～15℃ 为宜，促进植株根系发育，利于雌花分化和早坐瓜。定植后的 2～3 天内，要深锄晒土，增加透性，使新根不断发生和发展，以后每 4～6 天锄一遍，一般在前期要深锄 4～5 次，深度要达到 15cm 左右。到出现雄花时应及早摘除，使雌花充分发育。花谢后 10 天随灌水施稀粪，灌粪水 3～4 天后即可收第一个瓜。头一个宜早收，以免影响第二、三个瓜的生长。正常的瓜开花后 10 天左右收瓜，约 250g 重。

③ 结瓜盛期。根瓜收后进入结瓜盛期。一般早熟品种，从第 3 叶至第 5 叶开始结瓜。每节或间隔 1～2 片叶都有瓜。雌花多时，若养分失调很易化瓜。若肥水适宜，温度白天以 22～26℃，夜间 15～18℃ 为宜。白天应尽量保持较高的温度，使瓜迅速生长。只有瓜长才能控秧。否则瓜秧徒长造成化瓜或畸形瓜，因此灌水施肥很重要。但也不能灌水过勤，造成徒长，一般 7～10 天随灌水施用氮肥或稀粪，化肥每次施 10～12kg/亩。

④ 结瓜后期。每株收 4～5 个瓜后，一般瓜秧衰弱，易发生病虫害。一般不再进行管理，任其生长结老瓜，或及时拉秧晒地，准备种植下茬。根据西葫芦适应性大的特点，若在这时适当控瓜促秧，减少灌水量和拉长灌水时间，并将老叶侧枝摘除，再加强管理，仍可继续结瓜。

(4) 植株调整　有 8 片叶以上时要进行吊蔓与绑蔓。并及时除去侧枝、卷须，打掉下部的老叶、病叶。冬春季节气温低，必须进行人工授粉或用激素处理才能保证坐瓜。方法是上午 9～10 时，摘取当天开放的雄花，手持雄花对准刚开放的雌花用力吹落花粉到雌花的柱头上。1 朵雄花可授粉 3 朵雌花。也可利用蜜蜂、熊蜂授粉。还可用防落素等溶液涂抹雌花花柄。

(5) 收获　西葫芦以食用嫩瓜为主，从播种到收根瓜一般需要 50～60 天，根瓜要及早采收，一般谢花后 8～12 天就能收瓜。到结瓜盛期一般花后 15～20 天收瓜，瓜条重约 250～

300g，结瓜后期瓜条达到500g时采收。

（6）病虫害防治　保护地西葫芦的主要病虫害有白粉病、灰霉病、病毒病和瓜蚜等。
白粉病的防治可参照黄瓜白粉病的防治方法。灰霉病的防治主要是设法降低室内湿度，同时用速克灵或百菌清烟剂熏烟效果很好。病毒病的防治主要是结合蚜虫的防治，用50%抗蚜威或乐果乳油在推荐用量下使用，即可有效防治蚜虫，又可控制病毒病的发生。

（三）西瓜

西瓜为世界十大水果之一，位居第五。西瓜果实脆嫩多汁，味甜而营养丰富，具有清热利尿作用，为夏季消暑的主要水果型蔬菜，除了西藏高原外，全国各地均有栽培。西瓜的品种类型多，设施栽培规模也比较大。

1. 形态特征

西瓜根系发达，耐旱；叶深裂（个别品种为全缘叶）；花单性腋生，异花同株，性型分化具可塑性，雌花节位受环境条件影响；果实圆形或椭圆形，皮色浅绿、绿色、墨绿或黄色等，果面有条带、网纹或无，果肉颜色可分为大红、粉红、橘红、黄色等多种。

2. 对环境条件的要求

生育界限温度为10~40℃。发芽期的适宜温度为25~30℃，低于16℃或高于40℃极少发芽。茎叶生长适宜温度为18~30℃，10~13℃生长停滞，低于5℃，有冻死的危险。开花结瓜期的适宜温度为25~32℃，此范围内越高越好，昼夜温差大，品质好。低于18℃，果实发育不良。

西瓜喜光怕阴。光补偿点为4klx，饱和点80klx。结瓜期要求日光照时数10~12h以上，短于8h结瓜不良。

耐干燥和干旱的能力强。适宜的空气湿度为50%~60%，开花坐瓜期要求空气湿度80%左右。对土壤的要求不严格，适应性强，以土层深厚、疏松通气的砂壤土为最好。不耐碱，适宜的土壤pH值为5~7。

西瓜对养分的需求量也比较大，其中需钾最多，其次为氮，磷最少，氮、磷、钾之比为3.28∶1∶4.33。

3. 品种选择

按西瓜的栽培期长短，通常将西瓜品种划分为早熟品种、中熟品种和晚熟品种三种类型。设施栽培主要选用早熟品种、中熟品种，而不选用晚熟品种。

（1）早熟品种　栽培期短，北方地区春季栽培从播种到收瓜一般需80~90天。主要用于设施栽培的品种有京欣1号、早佳（84~24，新优3号）、世纪春蜜、京欣2号、红大、丰抗1号、庆农3号、中选1号、庆发特早红、美抗9号、郑杂7号。

（2）中熟品种　栽培期较长，北方地区春季栽培从播种到收瓜需90~100天。较优良的品种有金钟冠龙、台湾新红宝、齐红、聚宝1号、丰收2号等。

4. 栽培季节

目前主要用塑料大、中、小拱棚于春季和秋季栽培。春季塑料大棚一般可较当地露地西瓜提早30~35天定植，大棚内套盖小拱棚可提早40~50天，如果大棚内的小拱棚上夜间加盖草苫保温，还可提早10天左右定植。小拱棚栽培一般可较露地提早10~15天定植。秋季栽培应在当地大棚内发生冻害前100~120天播种。西瓜忌连作，应与其他蔬菜或作物轮作4~6年。设施内连作时，应采取嫁接防病措施。

5. 塑料大棚春茬西瓜栽培技术

（1）嫁接育苗　西瓜一般采用插接法嫁接。播种前用10%的高锰酸钾或磷酸三钠浸种

30h，然后用55～60℃的热水浸种15h，再泡入30℃的温水中浸种8h。捞出种子后，进行催芽。催芽期间保持温度30℃左右。大部分种子出芽后进行播种。先播种瓠瓜砧，5～6天后再播种西瓜。瓠瓜直播于育苗钵内，播深2cm。西瓜采取密集播种法，按1～2cm种距播种，播深1cm左右。播后覆盖地膜保湿、保温。出苗期间保持温度25～30℃，出苗后降低温度，白天25℃左右，夜间15℃左右。

插接的适宜时期是：西瓜苗的两片子叶展开，心叶未露出或初露，苗茎高3～4cm；瓠瓜苗的两片子叶充分展开，第一片真叶露大尖或展开至伍分硬币大小，苗茎稍粗于西瓜苗，地上茎高4～5cm。插接法的具体操作过程见第三章。

（2）施肥做畦　定植前15～20天扣棚，土壤解冻时开始整地施肥。要求配方施肥，每亩的参考施肥量为：优质纯鸡粪3～4m³、饼肥100～200kg、优质复合肥50kg、硫酸钾（禁用氯化钾）50kg、钙镁磷肥100kg、硼肥1kg、锌肥1kg。在平整的地面上，开深50cm、宽1m的沟施肥。挖沟时将上层熟土放到沟边，下层生土放到熟土外侧。把一半捣碎捣细的粪肥均匀撒入沟底，然后填入熟土，与肥翻拌均匀，剩下的粪肥与钙镁磷肥、微肥以及70%左右的复合肥随着填土一起均匀施入20cm以上深的土层内。施肥后平好沟，最后将施肥沟浇大水，使沟土充分沉落。其余的肥料在西瓜苗定植前集中穴施。作畦后，将剩下的肥料在沟的两边按株距穴施，与穴土混拌均匀。

整平畦面后，在畦沟上横担短枝条，并用幅宽130～150cm的地膜从畦沟上方，将沟连同两边各50cm以上宽的地面一起覆盖严实，将来从地膜下浇水。

（3）定植　大棚内的最低气温稳定在5℃以上，平均气温稳定在15℃以上后开始定植。应在晴天上午定植。嫁接苗栽苗要浅，栽苗后嫁接部位距离地面的高度应不低于3cm。栽苗后，将畦沟浇满水，使水渗透瓜苗周围的土。爬地栽培按1.6～1.8m等行距或2.8～3.2m的大行距、40cm左右的小行距，40cm株距栽苗，每亩栽苗930～1070株；支架或吊蔓栽培可按大行距1.1m，小行距70cm，早熟品种株距40cm，中熟品种50cm株距栽苗，每亩栽苗1200株或1500株左右。

（4）田间管理

① 温度管理。定植后至瓜苗明显生长前保持高温，白天30℃左右，夜间15℃左右。温度偏低时，应及时加盖小拱棚、二道幕、草苫等保温。瓜苗明显生长后降低温度，进行大温差管理，白天温度25～28℃，夜间12℃左右。开花结瓜期提高温度，夜间温度保持在15℃以上。坐瓜后，棚外的温度已明显升高，应陆续撤掉草苫和小拱棚等，白天温度保持在28～32℃，夜间20℃左右。

② 肥水管理。定植前造足底墒，定植时又浇足定植水后，缓苗期间不再浇水。缓苗后瓜苗开始甩蔓时浇一水，促瓜蔓生长。之后到坐瓜前不再浇水，控制土壤湿度，防止瓜蔓旺长，推迟结瓜。结瓜后，当田间大多数植株上的幼瓜长到拳头大小时开始浇水，之后勤浇水，以后每7天左右浇一次水，一直保持瓜根附近的土壤湿润。收瓜前1周停止浇水，促瓜成熟。头茬瓜收获结束后，及时浇水，促二茬瓜生长。

伸蔓前期结合浇水可追施一次肥料，以氮肥为主，配合少量磷钾肥，促茎叶生长；伸蔓后期控水控肥。坐瓜后结合浇坐瓜水，每亩冲施复合肥20kg，果实坐住后，结合浇膨瓜水施膨瓜肥。二茬瓜生长期间，根据瓜秧的长势，适当追1～2次肥即可。

西瓜栽培期比较短，叶面施肥效率较高。一般于开花坐瓜后开始，每周1次，连喷3～4次。主要叶面肥有西瓜素、丰产素、0.1%磷酸二氢钾、1%复合肥以及1%红糖或白糖等。

此外，在开花坐瓜期开始二氧化碳施肥，头茬瓜定个后停止施肥。晴天上午日出0.5h

后施肥，每次施肥 2h，施肥浓度为 1000～1200ml/m³。

③ 整枝压蔓。爬地栽培一般采取双蔓整枝法或三蔓整枝法；吊蔓栽培多采取单蔓整枝法，增加密度。双蔓整枝法保留主蔓和基部的一条粗壮侧蔓，多用于早熟品种，每株留 1 个瓜。三蔓整枝法保留主蔓和基部的两条粗壮侧蔓，多用于中熟品种，每株留 1 个瓜。三蔓整枝法也适合于早熟品种整枝，每株留 2 个瓜。瓜秧长到 30cm 以上后抹杈，将多余的侧蔓留 1～2cm 剪掉。要求于晴天上午整枝抹杈，阴天抹杈后，要用瑞毒霉、多菌灵等涂抹伤口防病。

嫁接西瓜应明压瓜蔓，严禁暗压，否则西瓜茎蔓入土生根后，将使嫁接失去意义。瓜蔓长到 50cm 左右长时，选晴暖天下午，将瓜蔓跨越沟面引到相邻高畦上，并用细枝条卡住，使瓜秧按要求的方向伸长。主蔓和侧蔓可同向引蔓，也可反向引蔓。瓜蔓分布要均匀。

④ 人工授粉。开花结瓜期，每天上午 6 时至 10 时，当雄花开放后，摘下雄花，去掉花瓣，露出花蕊，把花药对准雌花的柱头轻轻摩擦几下，使花粉均匀抹到柱头上即可。1 朵雄花一般可给 3 朵雌花授粉。授粉后，在该花的着生节上挂一纸牌，上面写明授粉的日期，以备收瓜时参考。为保证坐瓜率，一般每株瓜秧主蔓上的第 1～3 朵雌花和保留侧蔓上的第一朵雌花都要进行授粉。留二茬瓜的瓜秧，一般在头茬瓜长到定个大小后，开始授粉。

⑤ 瓜的管理

a. 留瓜。当瓜长到鸡蛋大小时开始留瓜。一般选留主蔓第 2、3 雌花坐果，主蔓上的瓜没坐住或质量较差，不适合留瓜时，再从侧蔓上留瓜，每株留 1 个瓜。选瓜形端正并且符合该品种特征、瓜皮色泽鲜艳、膨大比较快的瓜留下，其余的瓜摘除。二茬瓜留瓜要早，一般不考虑瓜所在的位置，哪个瓜先坐住就留下哪一个，其余的瓜全部摘掉。

b. 垫瓜。在果实拳头大小时，把果实下面的土拍成一个斜坡，果实顺直摆放到斜坡上，使果形周正，保持果面清洁。或用干净的麦秸或稻草等做成草圈垫在瓜的下面，使瓜离开地面，保持瓜下良好的透气性，并防止地面的病菌和地下害虫为害果实。

c. 翻瓜。翻瓜利于果实均匀着色，改善阴面品质。一般于瓜定个后开始翻瓜。于晴暖天午后，用双手轻轻托起瓜，将瓜向一个方向慢慢转动，使下面的背光部分约半数离开地面。整个背光面分 2～3 次转到向阳的位置，每隔 3～4 天一次。注意翻瓜时要将瓜向同一个方向转动，每次角度不宜过大，在瓜蔓含水量高时不可翻瓜。

d. 竖瓜。竖瓜的主要作用是调整瓜的大小，使瓜的上下两端粗细匀称。具体做法是：瓜定个前，将两端粗细差异比较大的瓜，细端朝下粗端向上竖起，下部垫在草圈上。

e. 托瓜或落瓜。支架栽培的西瓜当瓜长到 500g 左右时（也即留瓜后），用草圈从下面托住瓜，或将瓜蔓从架上解开放下，将瓜落地，瓜后的瓜蔓在地上盘绕，瓜前瓜蔓继续上架。

⑥ 植物生长调节剂的应用。塑料大棚早春栽培西瓜，棚内温度低，果实膨大比较缓慢，为提早上市，在雌花坐瓜后，可用 20～60mg/L 的赤霉素喷洒果面，7～10 天一次，连喷 2～3 次。另外，坐瓜前瓜秧发生旺长时，可用 200mg/L 的助壮素喷洒心叶和生长点，5～7 天一次，连喷 2～3 次。

(5) 收瓜

① 成熟瓜的判断标准

a. 形态变化。一是卷须变化。一般情况下，留瓜节及其前后的 1～2 节上的卷须变黄或枯萎，表明该节的瓜已成熟。二是果实变化。成熟瓜的瓜皮明显变亮、变硬，瓜皮的底色和花纹色泽对比明显，花纹清晰，边缘明显，呈现出老化状；有条棱的瓜，条棱凹凸明显；瓜的花痕处和蒂部向内凹陷明显；瓜梗扭曲老化，基部的茸毛脱净。

b. 日期判断。该法比较准确，误差少。判断依据为：大棚早春栽培西瓜，从雌花开放到果实成熟，早中熟品种一般需要28~35天时间，中晚熟品种需要40天左右时间。同一个品种，头茬瓜较二茬瓜多需要3~5天时间。

c. 声音变化。手敲瓜面，发出"砰砰"低沉声音的为成熟瓜，发出"咚咚"清脆声音的为不成熟瓜。

② 收瓜时间和方法。上午收瓜，瓜的温度低，易于保存，同时瓜中的含水量较高，汁多，味好，也有利于保鲜和提高产量。收瓜时，用剪刀将留瓜节前后1~2节的瓜蔓剪断，使瓜带一段茎蔓和1~2片叶。

(6) 割蔓再生技术　塑料大棚春茬西瓜拉秧早，大棚的空闲时间比较长，适合进行再生栽培。具体做法是：第一茬瓜全部收获后，从主蔓基部50~60cm长处剪断。将剪下的瓜秧清理出棚，并浇水追肥促发新枝。侧枝长到20~30cm时，选留一条粗壮的作为新的结瓜枝，其余的剪掉。割蔓后，在瓜畦内开20cm宽、20cm深的沟，沟内施肥。尿素5~7.5kg/亩，硫酸钾5~6kg或三元复合肥7.5~10kg。然后封沟浇水，促进新蔓早发旺长。开花坐果前根据生长情况追一次肥，坐果后再追一次肥。再生栽培生长势较弱，叶片较小，留瓜节位不宜过低，一般选留第二或第三雌花坐果，以保证果实能充分膨大。但也不能过晚，否则高温多雨季节，病虫危害严重，坐果困难，同时应该及时防治病虫害。

(7) 病虫害防治　大棚西瓜的主要病虫害有枯萎病、炭疽病、疫病和病毒病等。

枯萎病可利用轮作倒茬，嫁接育苗，发病初期在根茎及周围土壤浇灌50%代森铵500~1000倍液、40%瓜枯灵1000倍液等方法防治。炭疽病采用种子消毒，百菌清、多菌灵、炭疽福美等药剂喷洒的方法防治。西瓜疫病的防治主要利用轮作换茬、清除病残体及在发病初期喷洒杀毒矾、扑力克、克露等进行防治。

二、茄果类蔬菜

(一) 番茄

1. 形态特征

番茄属茄科一年生植物。根系分布深广，根群分布在表土层20~30cm，横向伸展1m左右。茎半直立或直立，基部木质化，高60~120cm，一般进行支架栽培，亦可无支架栽培。茎易生不定根，叶单生深裂，呈7~9奇数裂片。花黄色，每花序具5~10朵花，总状或复总状花序。果为多汁的浆果，颜色有红、黄、粉红等。种子黄褐色，扁卵圆形，具灰白色茸毛，发芽年限4~5年。

2. 对环境条件的要求

番茄喜温不耐寒，也不耐热，生长适温白天为20~26℃，夜温15~17℃。35℃时茎叶细小，花器发育和授粉不良，引起落花落果；5℃停止生长，1~2℃可造成冻害。种子发芽温度为10~31℃，以25~28℃最适宜。

番茄为喜光作物，光合作用饱和点为70klx，补偿点为3klx。采用设施栽培，一般应保证较强的光照才能维持正常的生长和发育。番茄属短日照作物，但栽培品种一般为中光性，只要温度适宜，四季都可以栽培。

番茄作食用的部分为成熟的果实，要求较多的磷、钾元素。植株体内氮、磷、钾含量接近1:1:2。结果前期，主要为叶的生长，对氮的吸收较多，随着植株的生长对磷、钾需求量增加，果实迅速膨大时，钾的吸收量占优势。

番茄叶面积大，耗水量多，生长期间，要求较低的空气湿度和较高的土壤水分。开花前，土壤湿度宜保持田间最大持水量的50%～80%，结果期土壤湿度宜保持田间最大持水量的90%；开花后，如遇土壤干旱，不仅影响产量，而且会诱发脐腐病。因此应及时灌水，保持土壤湿润。

3. 栽培季节与茬口安排

（1）北方栽培季节　北方以日光温室栽培和塑料大棚栽培两种设施栽培为主，小拱棚早春栽培番茄日趋普遍。日光温室栽培番茄茬口可分为早春栽培（深冬定植，早春上市）、秋冬栽培（秋季定植，初冬上市）、冬春栽培（初冬定植，春节前后上市）、越冬长季节栽培（秋末定植，11月份～翌年6、7月份上市，采收期8个月以上的茬口）；塑料大棚栽培番茄茬口可分为春提早栽培（终霜前30天左右定植，初夏上市）、秋延后栽培（夏末初秋定植，国庆节前后上市）。

（2）南方栽培季节　南方一般进行塑料大棚栽培，分为南方大棚番茄早熟促成栽培（2月中旬定植，4月中旬开始上市）和秋延后栽培（秋季定植，元旦前上市）。

4. 品种选择

（1）塑料大棚品种

① 早春栽培品种。选用高产、优质大果型品种，具有生产势强、株型紧凑、产量高、果型美观、表面光亮、品质好等特点。

a. 早熟品种。如早丰、西丰3号、津粉65、苏抗1号、苏抗9号、皖红1号等。

b. 中晚熟品种。如中蔬4号、中杂7号、中杂9号、金棚5号等，还有国外引进品种也很多，如以色列189、以色列144等。

c. 加工品种。如红玛瑙100、红玛瑙144、红杂18、红杂25、北京樱桃等。

② 秋延栽培品种。中熟品种为主，多为丰产性好，厚皮硬肉，抗裂果类型，并具有较强的抗病毒病、抗线虫无限生长的品种。如中杂9号、金棚5号、以色列189、以色列144等。

（2）日光温室品种　日光温室越冬茬番茄属于周年栽培，其品种为无限生长型，长势健壮，连续坐果能力较强，不易早衰，具有抗病、耐低温等特点。如以色列189、以色列144、中杂9号、金棚5号等。

日光温室早春栽培品种、秋冬栽培品种参照塑料大棚早春栽培品种和秋延栽培品种。

5. 塑料大棚春早熟栽培

（1）育苗　为了提前定植，最好进行温室育苗，12月上中旬播种，苗龄70～80天。播种后白天室温28～30℃，夜间18～20℃。出苗后逐渐降低温度，白天室温保持23～26℃，夜间12～15℃。避免幼苗徒长，防止低温高湿以控制苗期病害发生。幼苗生长期要增施磷肥，提高转化酶的活性，使茎叶积累更多的糖分，增强耐寒性和促进花芽分化。在分苗后提高地温，促发新根；缓苗后加强通风换气，降低温度，白天20℃左右，夜间8～10℃，使幼苗定植前受到低温锻炼，以提高细胞液浓度，叶片肥厚，节间短，根系发达，幼苗健壮。

（2）整地与施肥　结合翻地，每亩施厩肥5000～7500kg，过磷酸钙50kg，复合肥25kg，耙细搂平，起垄，垄宽70～80cm，沟宽40cm，垄高15cm。定植前20天左右扣棚，以使棚内地温提高，利于番茄定植后缓苗。

（3）定植　当10cm地温稳定在10℃左右时定植。定植时间应选择在晴天上午。定植深度以营养钵顶与地面平齐为宜，浇足定植水，并用湿土封严定植穴。大棚内也可搭小棚或覆地膜，以利提温保墒。定植密度早熟品种以每亩4500株为宜，中熟品种以每亩3200株为宜，定植后，立即密封大棚，促进缓苗。

(4) 通风与温度调节　定植后当天晚上应用草帘将大棚四周围严，一般5~7天内不通风，闭棚增温。棚内气温白天保持在25~30℃，夜间保持15~20℃，防止夜温过高，造成徒长。番茄开花期对温度反应比较敏感，特别是开花前5天至开花后3天，低于15℃和高于30℃都不利于开花和授粉受精。结果期白天适温26℃左右，夜间适温16℃左右，昼夜温差在10℃为宜。温度过低，果实生长缓慢；温度过高，则影响果实果色。

(5) 整枝、保果　第一穗果坐果后，须插架或吊秧。大棚栽培多用单干整枝法。中晚熟品种留5~6穗果，早熟品种多留2~3穗果。番茄易发生侧枝，要及时抹去，否则易疯长，消耗大量养分，使通风不畅，造成落花落果及引发病害。应及时摘除底层衰老叶片，改善通风透光条件。

早春番茄由于气温低，光照差，坐果不良，应尽量提高棚温，并需涂抹生长素2,4-D保果。在第一花序开花期用10~20mg/kg的2,4-D或用20~30mg/kg的番茄灵蘸花，可在药液中加入红墨水做标记，还可节省人力物力。

(6) 追肥灌水　定植缓苗后，要控制浇水，土壤不干旱一般不浇水。第一花序坐果后浇一水，以后6~7天浇一水。浇水应选择晴天上午，浇时应浇透，覆盖地膜的更应浇透。浇水后闭棚提温，次日上午和中午要及时通风排湿。

早熟品种一般追肥2次。第一次追肥于第一穗果坐果后，每亩追施尿素10~15kg。第二次追肥于第一穗果白熟时进行，可促进第二穗果的生长发育，每亩追施尿素7.5~10kg。

盛果期因棚温高，植株蒸腾量大，番茄需水量大。因此，应增加浇水次数和灌水量，可4~5天浇一水；浇水要匀，切勿忽干忽湿，以防裂果。

6. 日光温室越冬茬栽培

(1) 育苗　番茄越冬栽培宜在8月中旬遮荫育苗。育苗方式：先育子苗，用288穴盘或平底盘育子苗，平底盘内播种子时行距5~6cm，株距1cm左右，2叶1心时分苗，移植到直径为8~10cm的营养钵内，除去劣苗，当秧苗第1穗花现蕾时定植（播前处理、育苗管理同育苗部分）。

(2) 定植

① 定植前准备。定植前，每亩施充分腐熟的有机肥8000~10000kg，深翻30cm，耙平。作成90cm宽，高20cm的小高畦，滴灌时可作成30cm高的垄，畦间距50~60cm，中间留一条小沟，形成马鞍形高畦，便于膜下灌水，并要求畦面平整。

外界气温12℃时扣膜，小高畦上用1.2~1.3cm地膜覆盖，两侧要压实。

② 定植。一般于9月中下旬至10月下旬定植。定植时行距60cm，株距40~50cm，每亩2000~2500株。定植深度以苗坨低于畦面1cm为宜。

(3) 定植后的管理

① 温度管理。缓苗期气温白天30~33℃，夜间20~25℃，地温20~22℃。缓苗后气温白天26℃，夜间15℃，最低8℃；花期白天22~25℃，夜间18℃，最低12℃；坐果后白天26~28℃，前半夜20~15℃，后半夜10~12℃，最低8℃，有利于光合产物向果实转移，促进果实膨大。果实直径3~4cm时，夜间14~17℃。

② 水肥管理。定植缓苗后浇一次缓苗水，坐果前一般不再浇水。在第一穗果直径为4~5cm时，浇一次透水，随水施磷酸二铵或复合肥15~20kg/亩，浇水应选择晴天上午进行。以后根据土壤和果实膨大情况每隔10~15天浇一次水，随气温的回升可缩短灌水间隔期。

③ 植株调整。一般采用单干整枝，每株留6~8穗果，最后一个果穗上面留二片叶摘

心。在生长中后期，及时摘除老叶、病叶，以利通风透光，对萌发的侧枝也应及时除去。花期用 15～20mg/kg 的 2,4-D 加 5mg/kg 的赤霉素混合液蘸花保果。进行人工疏果，要及时除去畸形果，大果型每穗留 3～4 个果，中果型每穗留 4～5 个果。

④ 搭架绑蔓。第一穗果坐果后及时搭架绑蔓，一端固定在铁丝架上，另一端系活结于根茎部位。绑蔓时注意把果穗放在外侧，利于果实着色。

7. 采收

设施栽培的番茄由于温度低而果实转色慢，一般在开花后 40～45 天，果实表面 70% 转为红色时采收上市。收获结束后撤架、拔秧，并将残枝败叶全部拿出室外深埋或烧毁。

8. 病虫害防治

设施番茄常见病虫害有早疫病、晚疫病、叶霉病、灰霉病等。采用降低设施内的湿度、及时清除病叶和病果以及在发病初期用喷施百菌清、代森锰锌或速克灵烟剂熏烟的方法防治。

虫害有蚜虫、棉铃虫等，也应及时防治。

(二) 辣椒、甜椒

1. 形态特征

辣椒为直根系，主根不发达，根较细，根量小，入土浅，根系集中分布于 10～15cm 的耕层内。茎直立，木质化程度较高，主茎较矮，株型较紧凑，茎顶端出现花芽后，以双杈或三杈分枝继续生长。叶色较绿，单叶互生，叶片较小。雌雄同花，花白色单生或丛生。果实为浆果，果形有圆形、灯笼形、方形、牛角形、羊角形、线形和樱桃形。种子扁平，近圆形，表皮微皱，淡黄色，千粒重 6g 左右。

2. 对环境条件的要求

种子发芽的适宜温度为 20～30℃，低于 15℃ 或高于 35℃ 时都不能发芽。植株生长的适温为 20～30℃，开花结果初期稍低，盛花盛果期稍高，夜间适宜温度为 15～20℃。

辣椒对光照强度的要求不高，仅是番茄光照强度的一半，在茄果类蔬菜中属于较适宜弱光的作物，辣椒的光补偿点为 1.5klx，光饱和点为 30klx。光照过强，抑制辣椒的生长，易引起日灼病，光照过弱，易徒长，导致落花落果。辣椒对日照长短的要求也不太严格，但尽量延长棚内光照时间，有利果实生长发育，提高产量。

辣椒的需水量不大，但对土壤水分要求比较严格，既不耐旱又不耐涝，生产中应经常保持土壤湿润，见干见湿。空气湿度保持在 60%～80%。

以土层深厚，排水良好，疏松肥沃的土壤为宜，对氮、磷、钾三要素的需求比例大体为 1∶0.5∶1，且需求量较大。

3. 栽培季节与茬口安排

(1) 北方栽培季节与茬口安排　日光温室辣椒主要茬口有三种。一是秋冬茬：一般 7 月上旬育苗，苗龄 30～40 天，8 月上、中旬定植，50～60 天即 10 月初始收，元旦至春节前结束。二是越冬茬：一般 9 月中、下旬育苗，11 月中下旬定植，元月上旬开始收获，直到 6 月结束；三是早春茬：一般 12 月上旬育苗，2 月份定植，3 月底 4 月初上市，7～9 月份结束。

塑料大棚辣椒主要茬口分两种。一是春提早茬：一般 12 月底至元月初育苗，3 月下旬～4 月上旬定植，4 月底至 5 月初始收，7～9 月份结束，甚至越夏恋秋栽培；二是秋延后茬：一般 5 月中、下旬育苗，7 月上旬定植，8 月上旬开始收获，直到 11 月份结束。

(2) 南方栽培季节与茬口安排　南方一般进行塑料大棚栽培，分为南方大棚辣椒早熟促成栽培（2月中旬定植，4～7月份上市）和秋延后辣椒栽培（秋季定植，元旦至春节前后上市）。

4. 品种选择

（1）日光温室品种　应选择早熟、耐低温、抗病、丰产的品种。

① 国产品种。甜椒类多选用沈椒4号（极早熟）、中椒5号（中熟）；辣椒选用湘椒系列、砀椒系列等早熟或极早熟品种。

② 进口品种。桔西亚（黄色方椒）、安达莱（绿色猪肠型）、银卓（绿色灯笼型）、美尼亚（红色灯笼型）、白公主（白色灯笼型）、紫贵人（绿色灯笼型）等。

（2）塑料大棚品种　辣椒塑料大棚春早熟栽培要选用较耐寒、耐湿、耐弱光、株形紧凑而较矮小的早熟、抗病良种。如甜椒类：双丰（杂种一代）、甜杂1、2号（杂种一代）等；长角椒类：湘椒1号（杂种一代）、砀椒系列等早熟或极早熟品种，早杂2号（杂种一代）等。

5. 塑料大棚春早熟栽培

（1）育苗　大棚早熟辣椒要早播种，育大苗。在11月初至12月上旬育苗，采用温室或阳畦地热线加温育苗。育苗前按土、肥比6：4的比例掺入腐熟的有机肥准备苗床土（保水力要强，透气性要好）。

播种前先选种、晒种，然后把待催芽的种子浸在55℃的温水中不断搅拌，直至水温降到30℃时停止，再浸种7～8h，捞出后在25～30℃条件下催芽，经4～5天后出芽60%～70%时即可播种（选晴天上午播种）。

苗床管理是培育壮苗的关键。出苗期间应维持较高温度，日温30℃左右，夜温18～20℃。幼苗出土，子叶展平后，适当降温。分苗前3～4天，适当降温炼苗，以利缓苗。主要是早揭晚盖不透明覆盖物；向床面撒1～2次细干土，减少水分蒸发。幼苗长出3～4片真叶时分苗。分苗后要提高温度，促使缓苗。定植前10～15天逐渐进行低温炼苗。

（2）定植　当秧苗现花蕾时选晴天上午定植。定植前结合整地每亩施腐熟的优质农家肥7500～10000kg，过磷酸钙30kg。为了减少病害发生，成龄苗可结合根外追肥，喷1次农药防病。选茎粗叶大的壮苗定植，剔除病弱苗。一般采用宽窄行定植，便于管理。宽行距60～66cm，窄行距33～35cm，穴距30～33cm，每穴栽两株。定植时适当浅栽，以根颈部与畦面相平为宜。

（3）田间管理　定植后5～6天密闭大棚，以利缓苗，棚内日温为30～35℃，夜温13℃以上。缓苗后适当通风降温，棚内白天为28～30℃，高于30℃时放风；降至26℃时，停止通风。当夜晚棚外降至15℃以下时，及时保温。为提高地温，前期应少浇水，气温回升后，当夜晚棚外高于15℃时，昼夜都要通风。以后气温再回升，要逐步撤除地膜、棚膜，进行露地管理。从门椒收获起，增加追肥浇水（选晴暖的中午进行），每亩施硫酸铵14～16kg，过磷酸钙8～22kg，草木灰80kg，盛果期追肥浇水2～3次。门椒以下侧枝应及时抹掉，并摘除植株下部的老叶、病叶。为了提高坐果率，可于上午10时前用2,4-D点花柄（用毛笔为好），浓度为10～20mg/kg，以当天开放的花为好，点时不可过重和重复，以防造成畸形果。

进入6月份后，为防止高温危害，应及时拆去裙膜，仅保留顶膜，大棚四周日夜通风。保留顶棚膜可防雨，降低温度，大大减轻发病概率。炎夏时节，在顶棚膜上加盖遮阳网，能遮阳、降温，最高气温可降低4～6℃。有网膜双覆盖，大棚辣椒可越夏生长。9月份秋凉后将遮阳网撤去。

(4) 收获　辣椒结果具有明显的阶段性，适时采收很重要。门椒和对椒要适时早收获，以利多结果，否则，上部开花质量降低，结实率下降；四门斗椒及以上形成商品果就可采收，否则，不但影响上部开花结果，而且容易出现畸形果，影响品质。

6. 日光温室越冬茬栽培

(1) 育苗　越冬茬甜椒于8月上旬播种育苗。应选择地势稍高的地点，采用遮荫、降温、防暴雨等方法育苗。未种过茄果类蔬菜的肥沃砂壤土做苗床。播前要进行种子消毒，一般用10%的磷酸钠或0.1%的硫酸铜或高锰酸钾浸泡种子15~20min，捞出后用清水洗净晾干。每50g种子需苗床12m²。播籽后撒1层盖籽土，以盖没种子为度。上面再盖报纸，报纸上盖草帘。出苗后及时揭去报纸和草帘，中午遮阳，防暴雨，切勿喷水。上午9时至下午5时，大棚用遮阳网遮荫，出现真叶后，喷1次托布津800~1000倍液防病。当辣椒苗长有4片真叶时移入营养钵生长。

(2) 定植

① 定植前准备。定植前，每亩施入充分腐熟的鸡粪250~400kg、有机肥5000kg、磷酸二铵75kg、尿素50kg、钾肥50kg。为消除土壤病菌可进行温室消毒或用五氯硝基苯8~16g/m²与细土拌匀，撒于土壤表面。随深翻将肥施于土壤内，耙平，起垄，垄宽80cm，沟宽50cm，垄上做一个小沟，上铺地膜，便于膜下灌水。

② 定植。9月上中旬选择晴天上午定植，浇足定植水，一垄双行，株距33~45cm，因品种而异，每穴一株，亩栽苗2500~3000株，并在10月初扣棚。

(3) 田间管理

① 温度管理。生长期内地温不应低于15℃，气温以白天25~30℃，夜间18~20℃为宜，最低不低于14℃。分阶段温度控制方法：定植初期，正值秋高气爽季节，避免室温出现35℃高温，注意加大通风量；11月中旬，当室内夜温下降到15℃左右时，夜间不再通风；12月下旬至元月下旬进入严冬季节，注意加强保温，应闭棚贮温，白天上午揭苫，增加光照，傍晚盖草苫，必要时增加防寒设施，补充热源，防止冻害。春分后气温上升，要通风降温。

② 肥水管理。施肥原则是重施基肥，巧施追肥。定植时浇足水，待门椒坐住后再浇一水，每次浇水结合追施化肥，亩施尿素5~7kg、磷酸二铵8kg，促发枝和坐果。当植株大量挂果时，即门椒、对椒果实膨大，四门椒坐果，植株进入旺盛生长期，需肥水量较大，宜亩施磷酸二铵10~12kg，尿素10kg。可用0.3%的磷酸二氢钾喷施于叶面，7~10天喷一次。生长期内喷布2~3次0.1%的硼砂有助于提高坐果率。

③ 整枝打杈。整枝方式有两种。一是门椒采收后，掰除基部侧枝；结果中期，剪去无效枝和下部黄叶，利于透光；后期剔除无效的徒长枝，剪除1/4~1/3的老枝，此法用于国产早熟和极早熟品种。二是将门椒、对椒疏去，对椒开花时，掰除基部侧枝（即脱裤腿），四门斗椒坐果后，留4条主枝无限生长，连续除侧枝，并及时搭架，将植株整成双U型，植株可高达2~2.5m，该法用于进口大果型品种和国产中晚熟品种，其特点是长势旺盛，果个较大，商品性和品质较好。

④ 蘸花。冬季低温和4月份以后的高温易引起花而不实和落花落果，应用15~20mg/L 2,4-D蘸花，提高坐果率。

(4) 采收　参照塑料大棚早熟栽培部分。

7. 病虫害防治

设施辣椒病主要病害有疫病、炭疽病和病毒病等。疫病的防治采用清除病残体、降低田间湿度结合发病初期喷洒疫霉灵、杀毒矾、克露等药剂的方法。炭疽病采用种子消毒结合发病初期药剂防治，所用药剂有炭疽福美、炭特灵等。病毒病用种子消毒结合防蚜虫来控制。

（三）茄子

1. 形态特征

茄子根系发达，能深入土中 1.3～1.7m，横向伸展 1～1.3m，主要根群分布在 33cm 土层中。但根系木质化较早，不定根发生能力弱。因此，育苗期间不宜多次移植。茄子茎木质化，粗壮直立，栽培不需搭架。茎和叶柄颜色与果实颜色有相关性。紫色茄，茎及叶柄为紫色；绿色茄和白色茄，茎及叶柄为绿色。茄子的花为两性花，一般单生，但也有 2～3 朵簇生的，白色或紫色。根据花柱长短，茄子花可分为长柱花、中柱花和短柱花 3 种类型。长柱花、中柱花为正常花，授粉能力强，坐果率高，而短柱花常授粉受精不良而大量落花。在设施栽培中，应尽量创造条件，促进长柱花形成，避免出现短柱花。果实为浆果，圆形、卵圆形或长棒状，有紫色、红紫色、绿色等。种子扁圆形，外皮光滑而坚硬。

2. 对环境条件的要求

茄子喜高温，种子发芽适温为 25～30℃，最低发芽温度 11℃。幼苗期发育适温为白天 25～30℃，夜间 15～20℃。15℃以下生长缓慢，并引起落花，10℃以下停止生长，0℃以下受冻死亡。超过 35℃，花器发育不良，果实生长缓慢，甚至成为僵果。在温室中栽培茄子最好要安排在室温能达到 15℃以上的季节，或改善温室采光、保温性能，使室内温度在 15℃以上。同时为了提高花芽质量，一定要控制夜温，不能过高。

茄子对光照要求严格，光补偿点 2klx，饱和点为 40klx，日照时间长，光照度强，植株生育旺盛；日照时间短，光照弱，花芽分化和开花期推迟，花器发育也不良，短柱花增多，落花度高，果实着色也差，特别是紫色品种更为明显。因此，改善温室光照条件，张挂反光幕是十分必要的。

茄子枝叶繁茂，结果多，需水量较大。但对水分要求随着生长阶段不同而有差异。门茄形成以前需水量少，门茄迅速生长以后需水多一些，对茄收获前后需水量最大。茄子喜水又怕水，土壤潮湿，通气不良时，易引起沤根，空气湿度大容易发生病害。

茄子对土壤的适应性广，砂质和黏质土均可栽培，适合的土壤 pH 值为 6.8～7.3，较耐盐碱。茄子对肥料要求，以氮肥为主，钾肥次之，磷肥较少。幼苗期磷肥较多，有促进根系发育、茎叶粗壮和提高花芽分化质量的作用。果实膨大期（结果期）需要补充大量氮肥，并行适当配合施钾肥。

3. 栽培季节与茬口安排

（1）北方栽培季节　北方以日光温室栽培和塑料大棚栽培两种设施栽培为主，小拱棚早春栽培茄子比较普遍。日光温室栽培可分为早春栽培、越冬长季节栽培；塑料大棚栽培主要是春提早栽培。

日光温室茄子主要是越冬茬：一般 8 月中旬至 9 月上旬育苗，10 月中旬至 11 月上旬定植，12 月～翌年元月上旬开始收获，直到 6 月结束，个别品种可以在 5 月中旬平茬再生，7～9 月份二次结果收获，10 月份结束。

塑料大棚茄子主要春提早茬：一般 11 月下旬育苗，3 月中旬定植，4 月底至 5 月初始收，7～9 月份结束。

（2）南方栽培季节　南方一般进行塑料大棚栽培，分为南方大棚早熟促成栽培（2 月中旬定植，4～8 月份上市）。

4. 品种选择

按茄子果实颜色可分为两大类：一类是青茄类，另一类是紫茄类。各地消费习惯不同，选择果实颜色不同，根据习惯选择适宜当地的品种。南方多喜欢紫色，北方各地习惯不一致。

(1) 塑料大棚春早熟栽培品种　北方多选择早熟或中早熟、抗病性抗逆性强、品质优、产量高的优良品种，如郑研紫冠、郑研早紫茄、郑研早青茄、新乡糙青茄等。南方多选择紫长茄或紫园茄，品种较多。

(2) 日光温室栽培品种　日光温室栽培品种应选择早熟、丰产、抗病以及长势和连续结果能力强的品种。青茄类有新乡糙青茄、洛阳早青茄、西安绿等；紫茄品种主要有天津圆茄、郑研紫冠、郑研早紫茄、丰研2号等。

5. 塑料大棚春早熟栽培

(1) 培育壮苗　春大棚茄子3月中旬定植，于上年11月下旬播种。育苗期间正值低温季节，一般要求在加温温室或日光温室铺地热线育苗。

① 苗床准备。育苗畦以东西向延长，畦长3~5m，畦宽1.2~1.5m。栽培/亩茄子，需要种子40~50g。铺床方法是，先铺一层黏重土壤，耙平踩实，上面铺3~5cm的营养土。

② 种子处理。可采用热水烫种或药剂处理。其方法是，将种子放入75℃水中，不断搅拌，直至降到室温，或用高锰酸钾1000倍液处理15~20min。再浸种10~12h，要求不断搓洗种子，把黏液除掉。浸种完毕，将种子包于干净湿布中，放于28~30℃的地方催芽。

③ 播种。将苗床浇透水，将催过芽的种子均匀撒播在床面上，再覆盖1cm厚的营养土，上覆一层地膜。

④ 幼苗期管理。80%出苗后及时揭去地膜，并注意放风，降低温度和湿度。

⑤ 分苗。待长出2片真叶时即可分苗，分苗床土厚8~10cm，分苗密度为8~10cm见方。还可分苗于直径10cm的营养钵中，把营养土装入钵中，用手指在中央插个孔，把苗子栽入孔中，然后封孔浇透水。

⑥ 分苗后的管理。分苗后，将床面支小拱棚以提高温度。一般5~7天即可恢复生长。随后幼苗进入花芽分化阶段，要求适当降低温度，白天温度维持在25~27℃，夜间15℃左右。定植前10天，苗床浇一次透水。

当幼苗8~9片真叶展开，株高18~20cm，茎粗0.5~0.7cm时即可定植。

(2) 定植

① 整地。茄子忌连作，选2~3年未种茄子的地块。在定植前30天扣棚，扣棚后10~15天开始整地。茄子喜肥耐肥，一般每亩施5000kg腐熟有机肥，氮磷钾复合肥40kg。定植前起垄，沟宽50cm，垄宽70cm，垄高15~20cm，垄上覆盖地膜。

② 定植。棚内10cm平均地温稳定达到10℃以上，大棚内白天气温达20℃、夜间最低气温达10℃以上时开始定植。应选晴天上午栽苗。按株距30~35cm的密度定植，每亩3000~3500株。定植时埋土不宜过深，以苗坨和土面齐平为宜，浇足定植水。

(3) 定植后的管理

① 温度管理。定植后一周内不通风或少通风。待秧苗恢复生长后，适当通风降温。待进入结果期后，开始加大通风量。

② 水肥管理。定植后一周浇一小水，即缓苗水。以后以控水蹲苗为主，促进根系发育。待大部分门茄开始膨大时，结束蹲苗。之后每隔10天左右结合浇水冲施肥1次，每次每亩追尿素15~20kg。结果期还应加强叶面追肥，可交替喷洒丰产素、叶面宝等专用叶面肥。

③ 中耕松土。缓苗后及时中耕松土，提高根系温度。结果期注意培土，防止倒伏。

④ 保花保果。大棚内湿度较大，通风不良，不易授粉，因此必须采用激素处理才能坐果。一般用 20～30mg/L 的 2,4-D 涂抹柱头或涂花。每天一次，不能重复。

（4）采收　门茄容易坠秧，因此应及早采收。对茄以后达到商品成熟时，即茄子萼片与果实相连接的环状带趋于不明显或正在消失，果实光泽度最好的时期，早晨或傍晚进行采收。

6. 日光温室越冬茬栽培

日光温室栽培茄子应重点解决严冬季节光照弱、温度低的环境条件问题。冬季茄子高产成功的关键措施：选用高质量新棚膜，多层覆盖，经常擦洗棚膜，尽量延长光照时间，有辅助加温材料（如木炭等），根据生育期合理调节环境条件。

（1）育苗　采用劈接法嫁接育苗，具体方法参照嫁接育苗的内容。嫁接苗充分成活后，幼苗具有 5～6 片叶时即可定植。

（2）定植　定植前进行温室和土壤消毒。每亩施腐熟有机肥 5000kg 以上，磷酸二铵 50kg，深翻并耙平，然后起垄。按 50cm 窄行，60cm 宽行开沟起垄。定植株距 40cm，每亩保苗 2500～2700 株。

（3）田间管理

① 温度管理。缓苗前要中耕提高地温，以利早缓苗，延长光照时间，提高室内蓄热量。缓苗后，严冬季节白天尽量保持 25～30℃，中午短时出现 35℃也不放风，夜间保持 15～20℃。开花结果期，白天达到 25～30℃，上半夜 15～18℃，下半夜 10～14℃。3月份以后，气温升高，要加大放风量。谷雨前后，要加大通风量。5月以后，气温超过 15℃时要昼夜防风。

② 光照管理。延长光照时间是严冬季节光温管理的核心。经常清洁屋面提高室内的光照强度。还可在后墙内侧张挂反光幕等辅助措施，增加室内光照，改善茄子植株中下部光照条件。

③ 肥水管理。茄子定植正值严冬，一般栽植后 5～7 天选晴天上午浇透缓苗水后，不再浇水。至茄子瞪眼（似核桃大小）时再浇水，最好晚上小水。3月中旬以后要加大肥水，一般五六天浇一次，注意排湿。门茄瞪眼时要追肥，以后每 15 天追一次肥，追肥以速效氮肥为主，配合施入磷钾肥。

④ 整枝。对茄采收后，枝叶繁茂，通风不良，需进行整枝打杈。一般多采用双干整枝法。门茄以下留一侧枝，其余侧枝全部打掉。对茄采收前剪去外向生长的侧枝仍留双干。以后所有侧枝全部抹除。第七个茄子坐果后摘心。

⑤ 保花保果。11 月下旬气温较低，光照弱而时间短，12 月下旬至元月下旬气温更低，而在 4 月份以后又出现高温。低温和高温都易引起落花和畸形果。为保花保果，在开花前后 2 天用 50mg/L 2,4-D 蘸花或用毛笔抹花柄保果。

⑥ 采收。早熟品种一般 25～30 天即可采收。门茄要早摘，以免影响植株生长和全株产量。对茄要巧摘，判断能否采收可看萼片与果实相连的地方，有一条明显白带则说明过早，无明显白带则说明正好。对茄以上的茄子要适时采收。

7. 病虫害防治

设施茄子主要病害有灰霉病、绵疫病、褐纹病和青枯病等。可通过采用清除田间病果、病叶，发病初期喷施疫霉灵、杀毒矾、乙磷铝等杀菌剂的防治方法进行防治。

虫害主要有蚜虫、红蜘蛛、蓟马等，应及时防治。

三、叶菜类蔬菜

叶菜类蔬菜一般植株矮小，生育期短，适应性广，在设施栽培中既可单作也可间作套种。设施栽培面积较大的叶菜类蔬菜有：莴苣、芹菜、韭菜、油菜、茼蒿、番杏、紫背天葵等。

（一）莴苣

莴苣为菊科莴苣属一二年生蔬菜，原产地中海沿岸。莴苣可分为叶用和茎用两类。叶用莴苣又称生菜，茎用莴苣又称莴笋、香笋。我国各地莴笋栽培面积比生菜栽培面积大。

1. 形态特征

莴苣的根为直根系，主根发达，再生能力强，多分布在 20～30cm 的土层内。莴苣的茎为短缩茎，随着植株莲座叶形成后，茎伸长肥大为笋状，食用部分是由胚轴发育的茎和花茎所形成的；茎的外皮有绿色、绿白色、紫绿色、紫色等。莴苣叶为根出叶，互生于短缩茎上。茎生叶椭圆或三角状卵形，基部心形，抱茎。叶用莴苣的叶在莲座叶形成后，心叶因品种的不同，结成圆球、扁球、圆锥、圆筒等不同形状的中球，叶缘波状、浅裂、锯齿形。莴苣内含乳白色汁液，其成分有糖、甘露醇、树酯、蛋白质、莴苣素、橡胶和各种矿物盐。莴苣花为圆锥形黄色头状花序，莴苣的果实为瘦果，种子有灰白、黑褐及黄褐色。

2. 对环境条件的要求

莴苣是半耐寒性蔬菜，喜冷凉，忌高温，稍能耐霜冻。苗期最适温度为 12～20℃，短期可耐 −5～6℃ 的低温，在日平均温度 29℃ 的高温下，生长缓慢，高温日晒易引起倒苗。茎叶生长时以 11～18℃ 最为适宜。如果日均温度达 24℃ 以上，夜温长期在 19℃ 以上，易发生徒长导致茎部细长，失去商品价值。如地表温度达 40℃ 时茎部会被灼伤而死苗。开花结实期要求较高的温度，在 22～28℃ 的温度范围内，温度愈高，开花到种子成熟所需要的时间愈短；低于 15℃ 时，开花结实受到影响。与莴苣相比，结球莴苣对温度的适应范围较小，它既不耐寒又不耐热，结球莴苣结球期的适温为白天 20～22℃，夜间 12～15℃。当日均温达 22℃ 以上，不易形成叶球。

莴苣喜光，属长日照植物，光照充足，生长健壮，叶片肥厚，嫩茎粗大。种子发芽时适当的散射光可促进发芽，属需光种子。

种子发芽期要求较高土壤湿度和充足氧气；幼苗期要保持湿润，勿过干过湿；发棵期应适时控制水分，进行蹲苗，促进根系向纵深生长；嫩茎膨大期和结球期应水肥充足，促进产品器官充分发育，此期缺水则产品器官小，味苦；收获前又要适当控制水分，以防莴苣发生裂茎、裂球等现象，防止软腐病的发生。

莴苣根系的吸收能力较弱，对土壤氧气的要求高。莴苣喜欢微酸性土壤，以 pH 值为 6 的土壤最适宜。对土壤营养的要求也较高，尤其是氮素，苗期缺氮影响叶片分化，营养生长期缺氮则影响叶片增长和花茎肥大。缺磷植株生长缓慢，产量降低。

3. 栽培季节与茬口安排

根据莴苣喜冷凉、不耐高温、不耐霜冻，在长日照下形成花芽的特性，应把茎叶生长期安排在日照较短、气候凉爽的季节，故一般以春、秋两茬栽培为主。春莴苣第一年秋季播种第二年春季收获，是一年中的主茬。秋莴笋播种育苗正处于高温季节，霜降前后收获；冬季较暖地区除春秋季栽培外，可选对日照适应性较强的品种栽培一季早秋莴苣，选耐热性较强的品种栽培一季夏莴苣。近年来，通过利用设施冬季防寒保温和夏季遮阳降温栽培技术，莴苣可以做到排开播种，周年供应，不仅丰富了市场花色品种，又增加了经济效益。

叶用莴苣适应性强，可参考茎用莴苣的栽培季节。

4. 品种选择

（1）茎用莴苣　茎用莴苣即莴笋，为莴苣属莴苣种，能形成肉质茎的变种。叶片有披针形、长卵圆形、长椭圆形等。叶色淡绿、深绿或紫红。叶面平展或有皱褶，全缘或有缺刻。茎肥大，茎的皮色有浅绿、绿或带紫红色的斑块。茎的肉色有浅绿、翠绿及黄绿色。根据莴笋叶片的形状可分为两类。

① 尖叶莴笋。多数叶片呈披针形，先端尖，叶簇小，节间稀，叶面平滑或略有皱缩，色绿或紫。肉质茎棒状，下粗上细，较晚熟。苗期较耐热，可作秋季或越冬栽培。如北京紫叶高笋、北京尖叶笋、陕西尖叶白笋、成都尖叶子、南京紫皮香、盘溪莴笋等。

② 圆叶莴笋。多数叶片较长，呈倒卵形，顶部稍圆，叶面皱缩较多，叶簇大。节间密，茎粗大，早熟。耐寒性较强，不耐热，多作越冬栽培。如北京鲫瓜笋、陕西圆叶白笋、济南白笋、上海小圆叶、耐寒二白皮、无锡香莴苣等。

（2）叶用莴苣　包括以下三个变种。

① 长叶莴苣。又称散叶莴苣，叶全缘或锯齿状，外叶直立，一般不结球，也有长成松散的圆筒形或圆锥形叶球，品种有：玻璃生菜、农友翠花、登丰生菜、太阳红等。

② 皱叶莴苣。叶片深裂，叶面皱缩，有松散叶球或不结球，如广州东山生菜。

③ 结球莴苣。叶全缘，有锯齿或深裂，叶面平滑或皱缩，外叶开展，心叶形成叶球。叶球有圆、扁圆或圆锥形等。如广州结球生菜、福州包心春菜、北京青白日，大湖118，美国 ps 等。

5. 塑料大棚春提早栽培技术

大棚春提早莴苣 9 月下旬至 10 月上旬播种，翌年 3 月中下旬开始上市供应。

（1）选择品种　选择抗病、耐寒性强、茎部肥大的莴苣品种，如南京二青皮、三青皮、上海小尖叶等。

（2）种子处理　在 9 月下旬至 10 月上旬播种育苗。将种子用冷水浸 4～6h，然后用纱布沥干水分，放在 −5℃ 条件下 12h，然后置于室内常温下催芽，约 2～3 天种子开始露白，待 60% 种子露白后即可播种。

（3）播种育苗　因莴苣种子极细小，苗床一定要精耕细作，播种前 1 天将苗床浇透水，以利于出苗及苗后生长。每亩用种子 30g 左右，播种时可将种子与适量细砂或细土拌匀后播种，播种后撒一层薄薄的营养土，将绝大部分种子盖没即可，再用木板轻轻压实床土，使种子与土壤紧密结合，然后在畦面覆盖遮阳网，以保湿出苗，出苗后及时揭去遮阳网，并在畦面上撒些营养土，避免幼苗根系过多外露。

苗期保持 20～25℃，一般播后 4～5 天出苗，出苗后及时揭除畦面覆盖物。幼苗 2～3 片真叶时间苗一次，苗间距 4～5cm 为宜，并追施 10% 的腐熟粪肥一次。一般苗龄 30～40 天，具 5～6 片真叶时即可定植。

（4）适时定植　在定植前 7～15 天，结合整地，每亩施腐熟有机肥 4500kg、三元复合肥 60kg，然后耕翻做畦。茎用莴苣一般株行距 25cm×30cm。种植前大棚顶部覆盖塑料薄膜。起苗时秧苗应多带泥土，少伤根系。种植后浇足水，促进缓苗。

（5）定植后的管理

① 肥水管理。种植缓苗后追施 1 次薄肥水，每亩施尿素 5kg，并结合施肥进行浇水，以利根系和叶片生长。植株封行前追施第 2 次肥料，每亩施尿素 15kg 加钙镁磷肥 15kg，促进肉用茎的膨大。

② 温湿度控制。11月上旬在大棚四周及时装上裙边膜，白天揭膜通风，控制棚温在25℃左右，夜间棚温保持在15℃左右，既要保证莴苣健壮生长，又要适当降低棚内温湿度，控制病害发生。在茎用莴苣整个生育期内，都应保持土壤的湿润，切忌土壤忽干忽湿。在寒冬来临前，要适当降低棚温，锻炼植株，并做好防冻保暖工作，以利安全越冬。

（6）病虫害防治 莴苣大棚春提早栽培，主要应注意防治霜霉病、菌核病、灰霉病、软腐病及蚜虫等病虫害的发生，并在发病初期交替喷施百菌清、甲基托布津、菌核净、速克灵等防治。

（7）适时采收 当莴苣植株生长至心叶与外叶齐平，俗称平口时为最佳采收期，这时茎部已充分肥大，品质脆嫩。采收过早常降低产量，收获过晚，花茎伸长，纤维增多，肉质变硬甚至中空，品质降低。

（二）芹菜

芹菜为伞形科芹属一二年生草本植物，又名旱芹、药芹，以脆嫩的叶柄作为食用。原产地中海沿岸及瑞典、埃及等地的沼泽地带。

1. 形态特征

芹菜为浅根性蔬菜，根群主要分布在10cm左右土层中，横向分布30cm左右。芹菜主根被切断后可诱发较多侧根，适合育苗移栽。营养生长期间芹菜的茎短缩，叶片均着生于短缩茎上。当植株通过春化后进行花芽分化，茎端抽生花蔓后发生多数分枝，高60～90cm。叶片着生于短缩茎基部，为2回羽状奇数复叶。叶柄是主要食用部位。品种不同，叶柄颜色有绿色、黄绿色、白色。花为复伞形花序，由10～18个小伞形花序组成。花小，黄白色，花冠5枚，离瓣，虫媒花，异花授粉，也能自花授粉结实。果实为双悬果，圆球形，结种子1～2粒，成熟时沿中缝开裂。

2. 对环境条件的要求

芹菜属半耐寒性蔬菜，适于北方早春和晚秋的保护地栽培。其种子发芽的最低温度为4℃，适宜发芽温度为15～20℃；营养生长适温为15～20℃，高于20℃生长不良，超过25℃生理机能减退，品质变劣，容易徒长。芹菜植株不同品种耐寒能力也有差异，幼苗能耐−9～−7℃短时间低温。气温高于25℃，低于10℃，植株生长不良。3℃左右停止生长，长期处于0℃以下易受冻害。芹菜根系浅，吸收力弱且叶面蒸腾量大，所以对空气湿度和土壤水分的要求较高。芹菜喜中等光照，耐弱光不耐强光。芹菜是喜肥作物，对氮、磷、钾要求比较完全。初期和后期缺氮、初期缺磷和后期缺钾对产量影响最大。缺氮不但使生育受阻，且叶柄易老化空心；缺磷抑制叶柄伸长；缺钾影响养分运输，使叶柄薄壁细胞中贮藏养分减少，抑制叶柄加粗生长。芹菜还对硼较敏感，缺硼则叶柄发生"劈裂"，初期叶缘呈现褐色斑点，后叶柄维管束有褐色条纹而开裂。

3. 栽培季节与茬口安排

依据芹菜喜冷凉的特性，故露地以秋播为主，也可在春季栽培。设施栽培与露地栽培相结合，可多茬栽培，基本实现周年供应。设施栽培以春提前、秋延后为主，而且各地多以夏、秋在露地育苗，然后在设施内定植，从秋冬到次年初夏分期收获。主要茬次有：塑料大棚秋延后栽培（7月份播种，9月份定植，11月下旬至12月下旬收获）、塑料大棚春早熟栽培（定植期较露地提早1个月左右，华北地区2月上旬定植，4月中旬至5月份收获）、日光温室越冬栽培（7月底至8月底播种，9月下旬至10月中旬定植，12月上旬至3月上旬收获）。

4. 类型与品种

芹菜分中国芹菜和西洋芹菜两种类型。

(1) 中国芹菜（本芹）　指我国多年栽培的地方品种群，株高 100cm 左右，叶柄细长，生长健壮，适于密植，易栽培，生育期一般较短。河北宣化、山东潍县、四川成都、贵州贵阳、内蒙古集宁为本芹著名产地。本芹按叶柄颜色可分为绿芹和白芹。绿芹的叶片大，叶柄较粗，绿色，植株高大强健，丰产；白芹的叶片较小，叶柄较细，黄白色，植株较矮小，但食用品质好，宜于软化栽培。本芹按叶柄的空实，又可分为实心芹和空心芹。实心芹菜叶柄髓腔很小，腹沟窄而深，生长较缓慢，纤维少，品质较好，春季不易抽薹，产量高，耐贮藏。代表品种有北京实心芹菜、天津白庙芹菜、山东恒台芹菜等；空心芹菜叶柄髓腔较大，腹沟宽而浅，生长速度快，纤维多，品质较差，春季易抽薹，但抗热性较强，宜夏季栽培。代表品种有福山芹菜、小花叶、早芹菜等。

(2) 西洋芹菜（西芹）　指从国外引入的品种，株高 60～80cm，叶柄宽厚，肉质脆嫩，外形光滑，品质优良，但在冷凉气候下栽培较难。品种有意大利冬芹、荷兰西芹、美国芹菜等。

近年来，我国也培育出了不少西芹品种，如四季西芹：属天津实心芹和美国西芹的中间类型，植株直立抱合，叶柄翠绿，抗枯萎病，适宜周年栽培；特选西芹：株高 70～80cm，株型直立紧凑，耐热抗寒，抗叶斑病、病毒病，适宜露地及保护地栽培，定植到收获 60 天左右；开封玻璃脆：株高 90cm 翠绿色，生长势强，耐寒耐运不易抽薹，中晚熟品种，适宜春秋露地及越冬保护地栽培，从定植到收获 100 天左右。

5. 日光温室冬茬栽培技术

温室越冬栽培特点是前期育苗处于高温多雨季节，定植缓苗后，气温逐渐下降，接近生长适温，生长加快，后期进入低温短日照条件，进行防寒保温或加温。此期栽培芹菜不易抽薹，而易获得丰产和优质产品。

(1) 种子选择　选择前期耐热，后期耐寒、抗病、丰产、品质好的品种，如四季西芹、开封玻璃脆、高优它 52-70 等。

(2) 种子处理　用 50℃ 热水浸烫种，并不断搅拌至 15～20℃，浸泡 10h。浸泡完毕后用手轻轻搓去种子表面的黏液并淘洗干净，将种子摊开，晾去表面水分之后用湿纱布包好，也可掺加适量细砂，放在盆中，盖上湿布放置在 20℃ 左右的室内催芽，一般 8 天左右种子可发芽。

(3) 播种育苗　播种于 7 月上旬至 8 月上旬为宜。苗期正值高温多雨季节，苗床应选择地势高、排灌方便的地方建造，并搭建遮荫防雨设施。育苗床的土质应选择富含有机质的砂质壤土，苗床地要深翻耙细，做成 1～1.2m 宽，长 5～6m 的平畦，施优质有机肥料 5000～6000kg/亩，并每亩加施无机氮肥 20kg，磷肥 30kg，钾肥 20kg，然后细耙 1～2 遍，使土肥混合均匀，避免烧苗，整平后踩实一遍，再耙平。然后灌透水，水渗下后马上播种，每公顷用种量为 1～1.5kg，播种时种子要掺适量砂子，利于播种均匀，播后要覆细土 0.5cm，注意厚薄一致，以保证出苗整齐，如覆土过厚会影响氧气供给和消耗大量养分，使出土幼苗细弱，在烈日高温下极易失水枯死。出苗前要经常保持土壤湿润，播后第二天即开始浇第一次水，以后视表土发干板结即应浇水，每次浇水需用喷壶，不能大水漫灌。出苗后，芹菜根系弱不耐干旱，应注意保湿，雨季要及时排除畦面上积水。另外要及时间苗 2～3 次，防止幼苗徒长，并注意防除病虫害。整个苗期大约 50～60 天。中间可追施一次氮肥，20kg/亩随水施入。

(4) 定植　当幼苗长至 4～5 片叶时定植，定植期为 9 月上旬至 10 月上旬，定植前要耕翻土地，施足基肥，定植前每亩施腐熟有机肥7500kg，磷酸二铵50kg，硫酸钾20kg做底肥。为防止生长期间植株缺硼造成茎裂，底肥中按每亩施硼砂0.5～1kg的比例施入硼肥。定植时要认真选苗，达到选优去劣的目的，定植深度掌握秧苗上不埋心，下不露根的原则。定植后一定要浇透水。单株或双株定植时，行株距为10cm×10cm。

(5) 定植后管理

① 温度。定植初期为增强植株的抗逆性，要适当遮荫降温保湿，白天保持23～25℃，当外界最低气温降至15℃以下（10月下旬）时，开始扣膜，初期要加强放风，白天保持20～22℃，夜间6～15℃，防温度过高引起斑枯病等病害发生。11月上旬后放风量逐渐减少，室内气温低于15℃停止放风。在外界温度低于6℃时加盖草苫防寒保温，减少通风量，缩短通风时间。

② 水肥。定植后连浇2～3次水，待土壤稍干时进行浅中耕促进根系发育，防植株徒长。定植后一个月植株开始进入旺盛生长期，生长速度加快，叶片迅速增加，要追施2～3次氮磷复合肥，并加大浇水量，保证水分养分的供应。追施的同时还可采取根外追肥的办法，一般喷施尿素0.2%、磷酸二氢钾0.3%混合液或叶面专用肥两次，10天一次。入冬以后，要适当少浇水且要浇蓄存的水。

(6) 病虫害防治 日光温室栽培芹菜常见病虫害有斑枯病、灰霉病、菌核病及蚜虫。应通过加强田间管理、控制环境条件、采用物理方法和药剂及时防治。

(7) 收获 日光温室一般以株高作为收获标准，而且采用劈收形式，当株高达60cm以上，即可采收，第一次不要收得太狠，收三片叶即可，以免影响内叶生长。也可以整株收获，温室栽培从播种到收获约140～150天。

6. 软化栽培

软化栽培的芹菜茎白柔嫩，品质好，深受消费者欢迎，目前华北地区栽培面积很少，市场缺口大，栽培者如条件允许，应适量种植，选择黄色和白色品种，如津南实芹1号、美国白芹等软化芹菜。6月下旬育苗，8月上中旬定植，10月上中旬芹菜长到25～30cm高培土。培土前施硫酸铵10～15kg，连浇2～3次水，以保证芹菜软化过程中所需肥水的供应。培土宜选择在晴天下午进行。土不能太湿也不能过干，一般以含水量60%左右为宜，也不能用粪土或掺有秸秆的土。整个软化过程先后培土4～5次，培土高20cm左右。第一次培土和第二次间隔2天，每次培土3cm左右。以后每隔4～5天培一次，每次培土4cm左右。培土时注意不要损伤叶柄和盖住心叶，以免影响植株生长。注意气温高的中午、阴雨天或叶面有露水时，不要培土，否则易引起植株腐烂。

(三) 韭菜

韭菜为百合科葱属多年生宿根性蔬菜。一次播种可多年收获，是以鲜嫩的叶片、柔嫩花茎和花为产品的多年生宿根草本植物。韭菜原产我国，南北各地均可栽培。韭菜的适应性较强，耐热耐寒。韭菜营养丰富，含有维生素、矿物质、糖、蛋白质及纤维素，而且风味独特，能增进食欲，因而深受广大群众的喜爱。

1. 形态特征

韭菜的弦线状须根着生于短缩茎基部，根毛极少，分布浅，吸收能力弱。根群主要分布在20～30cm土层内，根系除了具有吸收功能外，还有一定的贮藏功能。韭菜根系的寿命较短，只有1～2年，随着植株新的分蘖不断形成而发生新根，老根随之干枯死亡，生长期间新老根系的更替现象称为"换根"。由于吸收器官的不断更新，使得韭菜植株的寿命不断延长，一般韭菜播种和定植一次，能连续收割4～6年。韭菜的茎短缩呈盘状，又称茎盘，随着株龄的增加和不断的分蘖，短缩茎逐年向地表延伸，成为具有叉状分枝的根状茎，即根茎。根茎的寿命约为2~3年。根茎的顶端是鳞茎，由叶鞘包裹着，呈白色的半圆球形，基部生根，顶芽在低温和长日照条件下发育成花芽，抽生花茎，花茎高30~40cm，鲜嫩时采收是高档蔬菜。韭菜的叶为扁平狭长的带状叶，是主要的同化器官和产品器官，为深绿色或浅绿色。叶片基部呈筒状，称为叶鞘。叶鞘闭合呈环状，互相包被，基部稍膨大，形成鳞茎（假茎），叶鞘白色、淡绿或微紫红色。韭菜花既是韭菜的繁殖器官，也是产品器官。韭菜花为伞形花序，着生在花茎的顶端，每个花序上着生小花20~30朵，花白色，两性花，异花授粉。果实为蒴果。种子为黑色半圆形，表皮有细密的皱纹，种子寿命为1~2年。

2. 对环境条件的要求

韭菜属于耐寒性叶菜，喜冷凉气候。对温度适应范围比较广，耐低温，不耐高温。叶片能忍受-5~-4℃的低温，在-7~-6℃时，叶片开始枯死，地下部开始休眠。韭菜在不同的生育期对温度的要求不同。发芽期适温15~18℃，最低温为2~3℃，在低温下发芽速度缓慢；生长期适温12~24℃，超过25℃，生长逐渐缓慢，品质下降；抽薹开花期对温度要求偏高，一般为20~26℃。韭菜要求中等光照强度，韭菜的光饱和点为40klx，光补偿点为1220lx。韭菜根系吸水能力弱，属于半喜湿蔬菜，不耐旱，也不耐涝。适宜的空气相对湿度为60%~70%，适宜的土壤湿度为80%~90%。韭菜对土壤的适应性强，但以土壤深厚，土质疏松肥沃，富含有机质，保水保肥能力强的壤土栽培较好。

3. 生育特性

（1）分蘖　分蘖是韭菜重要的生育特性，也是韭菜更新复壮、延缓衰老的主要方式。韭菜发生分蘖时，苗端的生长点由1个变为2个，少数变为3个。春播一年生韭菜，植株长出5~6片叶时，便可发生分蘖，以后逐年进行。每年分蘖1~3次，以春秋两季为主。分蘖的多少与品种、株龄、植株的营养状况和管理水平有关。分蘖达一定密度，株数不再增加，甚至逐渐减少。在地域条件好、播种早时，适当减少播种量，"种稀长稠"也能够获得比较好的产量和效益。

（2）跳根　因为分蘖在靠近生长点的上位叶腋发生的，所以新植株必然高于原有植株，当蘖芽发育成一个新的植株，便从地下长出新的须根，也高于原株老根，随着分蘖有层次地上移，生根的位置也不断上升。因此就形成了分株层层上移，韭根步步向地面逼近的现象，称为"跳根"。每次跳根的高度与分蘖和收获次数有关，一般每年分蘖2次，收获4~5次，其跳根高度为1.5~2.0cm。由于跳根，根系逐渐外露，所以生产上应采取垄作，易于培土。

（3）休眠　韭菜品种由于起源地不同，具有不同的休眠方式。不同休眠方式的韭菜品种在使用上是不一样的。

①深休眠韭菜。指韭菜经过长日照并感受到一定低温之后，地上部分的养分逐渐回流到根茎中贮藏起来而进入休眠。当气温降至5~7℃时，植株开始进入休眠，茎叶生长停滞。当气温降至-5℃以下时，茎叶完全干枯，而后打破休眠才能恢复旺盛生长，休眠期20天左右。品种有汉中冬韭、北京宽叶弯韭、寿光独根红、山西环韭等原产于北方的地方品种。

②浅休眠韭菜。这类韭菜休眠要求温度高，休眠时间短，休眠时养分基本上不向地下部运转。当气温降至10℃左右，韭菜生长出现停滞，开始进入休眠。休眠后的植株有两种表现，一是只有部分叶片的叶尖出现干枯，如杭州雪韭、河南791等；另一种是植株继续保持绿色，不出现干尖现象，如西浦韭菜、嘉选1号等。这种休眠一般需10天左右的时间。浅休眠韭菜休眠之后，如果不能获得适宜的温度和水分条件，也不能恢复旺

盛生长。

4. 栽培季节与茬口安排

为保证韭菜的周年供应，一般在冬季利用日光温室进行栽培，夏季采用遮阳网覆盖栽培，一年四季不间歇地进行生产。在韭菜之后再定植一茬果菜可大大地增加日光温室的产出效益。

5. 类型与品种

栽培韭菜应选择分蘖力强，生长迅速，抗寒力强，丰产而优质的品种。目前生产上常用的品种，以叶片的宽窄可分为宽叶韭和窄叶韭两类。

（1）宽叶韭　叶片较宽，品质柔嫩，产量较高，但韭味稍淡，易倒伏。在北方保护地栽培普遍。主要品种有汉中冬韭、天津黄苗、马蔺韭、河南791、嘉兴雪韭。

（2）窄叶韭　叶片窄，直立不易倒伏，叶色深绿，纤维较多，香辛味浓，耐寒耐热，尤其对夏季阴雨天气适应性强。主要品种有北京铁丝苗、保定红根韭、天津大青苗、太原黑韭等。

6. 日光温室冬春茬韭菜栽培技术

（1）品种选择　日光温室冬春茬韭菜栽培宜选用品质好、叶宽、直立性强、耐低温弱光、休眠期较浅的品种，如汉中冬韭、杭州雪韭、平韭4号、阜丰一号等。

（2）根株培养　养根有育苗移栽养根和直播养根两种方法，一般都采取育苗移栽的办法。因为育苗移栽能够给植株提供均等的营养面积，植株均匀一致，同时也便于合理密植，这是韭菜高产稳产的关键。育苗方法参考芹菜的方法。栽植深度以不超过叶鞘为宜。定植后的管理以促进缓苗为主，加强肥水管理，冬前植株物质积累的多少直接影响韭菜产量的高低。

（3）管理　初期温度不能过高，应该逐步升高，通过中耕培土提高地温和增加假茎高度。白天温室控制在18~28℃，夜间8~12℃，最低不能低于5℃。一般割头刀韭菜前不浇水，待2刀收割前4~5天结合浇水追施氮肥，以后每次浇水都追施氮肥10kg，浇水要在晴天上午进行，追肥后要及时放风，排除氨气，并使湿度控制在80%以下，防止灰霉病发生。

（4）病虫害防治方法　保护地韭菜主要病害就是灰霉病，该病主要是通过控制棚室内的湿度，防止大水漫灌并结合药剂进行防治，所用药剂有速克灵、农利灵及菌核净等。

（5）收获　韭菜长至30cm时即可收获，收割时留茬高度必须适当，过浅影响产量和品质，过深损伤根茎，影响下刀和整个植株长势，以刚割到鳞茎上3~4cm黄色叶鞘处为宜。冬春季温室韭菜可收割3茬，清晨收割最好。

第二节　设施花卉栽培技术

一、切花类花卉

（一）月季

切花月季属蔷薇科蔷薇属多年生木本花卉，是世界四大切花之一，约占切花的年总销售额的18%。世界各地培育的切花月季品种约一万种。切花月季常被人们称为"玫瑰"，其实是不正确的。实际上月季、玫瑰和蔷薇三者是蔷薇科蔷薇属、不同种的植物。有关三者的区别见表 4-3。

表 4-3　月季、玫瑰、蔷薇的主要区别

种类	形态特征	枝型	叶型	花色	花期	用途
月季	落叶小灌木	枝稍开张,有的品种有倒钩皮刺(有的品种无)	羽状复叶,小叶3～5枚,叶色绿有光泽;叶下无毛,叶轴和叶柄常散生皮刺	花色多样,有紫、红、粉、绿、黄、白和复色等	四季开花,盛花期为5～10月份	主要用于切花、盆栽和庭院栽培
玫瑰	落叶灌木,株高1～2m	小枝密生绒毛和皮刺。枝皮灰褐色	羽状复叶,小叶5～11枚,叶色深绿;叶片多皱,正面无毛,有光泽,反面灰白,密被绒毛;托叶大部分和叶柄合生	花色多为红色,少粉色或白色	花期4～5月份	用于庭院、专类玫瑰园、提取玫瑰香精油
蔷薇	落叶灌木,株高1～2m	枝蔓生	羽状复叶,小叶5～9枚	白色或粉红色	花期5～6月份	用于庭院栽培

1. 形态特征

切花月季为落叶或半常绿、有刺灌木,枝条直立,叶互生,奇数羽状复叶,小叶3～5片。花单生茎顶,花瓣多数,重瓣型,花色花型多姿多彩。

2. 对环境条件的要求

月季原产于温带,喜排水良好、疏松通气、有机质丰富、微酸性、有团粒结构的土壤。氮、磷、钾、钙、镁是月季所需的大量元素,占整个所需矿物质元素的90%,其他还有铜、锌、钼、锰、氯、铁等微量元素,所有这些元素都是月季正常生长发育不可缺少的。月季较耐干旱,土壤不宜过于潮湿,忌积水;地势低洼、地下水位高常会引起月季烂根枯枝,影响开花甚至造成植株死亡。切花月季栽培密度大,需肥水和CO_2多,一般在每立方米空间的大棚内放干冰10g来补充CO_2。月季每天要求有6h以上的光照才能正常生长开花,但在夏天高温季节,可减少到4～5h。生长期适温以日温20～27℃,夜间15～18℃为宜,在5℃左右也能缓慢地生长开花,但低于5℃即进入休眠或半休眠状态,30℃以上高温与低温潮湿环境则病害严重。相对湿度以70%～75%为宜,注意通风。

3. 品种选择

选择切花月季品种除了根据市场需求、栽培条件和生产类型之外,特别应注意选择切花品质好、切花产量高、栽培管理方便的优良品种。

杂种月季中,花大、花茎长的各种品种都适合于切花。目前最受欢迎的是红色系品种,此外粉色系、黄色系、白色系等品种也应用较多。由于市场红色月季需求较多,通常栽培时红色与黄色及其他色系的品种数量比为3∶1∶1。红色系品种有红衣主教、卡尔红、红胜利、唐娜小姐、天使、新世纪等;粉色系品种有外交家(粉芯黄边)、贝拉米、索尼亚、童话女王等;黄色系品种有金牌、金奖章、黄金时代、绿云等;白色系品种有荣誉、月光、雅典娜、香槟酒等。

4. 繁殖方法

现在种植的切花月季几乎都是由杂交育种或由杂交育种的品种变异而来的,所以在繁殖切花月季时,多采用扦插、嫁接、组织培养等无性繁殖方法。

(1) 扦插繁殖　扦插繁殖方法简单、成本低廉,而且效率很高。但是在月季品种间扦插成活率却存在很大差异,在通常情况下,一般红色系和粉色系品种成活率很高,白色系品种次之，而多数黄色系品种扦插却难以成活，有时甚至成活率很低，易生根品种宜采用扦插繁殖。

① 插穗选择。在扦插时，插条应选择生长发育正常、无病虫危害、枝条充实、基本成熟的枝条。最好选择落花后一周的花枝做插穗。而从事大规模的月季育苗时，最好建立专为育苗用的月季采穗园。

② 扦插的基质大体可分为两类，包括河砂、蛭石、珍珠岩等矿物质；生物活性物质（核桃壳、稻壳等），即活性炭类。

③ 插穗的处理。插穗的长度大约在 5~10cm，上剪口距下芽基部 0.1~0.3cm，剪去枝段下面的两片叶，上面留两片叶，每叶上留 2~4 个小叶，其余剪除。然后在插穗最下面芽直下方，与芽相反方向，用刀片以 45°斜切一刀，每 50~100 根捆成一捆，然后放在 2~3cm 深的 50~100mg/L IBA 溶液中浸泡 1min 后，就可进行扦插，扦插深度一般为插条的 1/3~1/2。在生产中最好是边采条、边处理、边扦插，使这个工序在最短时间内完成。

(2) 嫁接繁殖　嫁接繁殖是月季繁殖的重要方法，尤其对一些扦插不易生根的品种，几乎是唯一可行的繁殖方法。在切花月季周年生产的地方，为了得到强大的根系以保证全年切花营养的供应，使用嫁接苗进行生产是十分必要的。

砧木的选择要求：①根系强大，且对当地的环境条件具有广泛的适应性；②无当地月季生产中重要的病虫害，具有较强的抗病虫害能力；③与所生产的月季品种有较强的亲和力；④繁殖简便，易于得到大量的砧木苗，适合大规模集约化生产的需要；⑤操作简便，针刺较少或无刺。我国目前应用的月季砧木种类主要有粉团蔷薇、白花无刺蔷薇和花旗藤。

常用的嫁接方法有芽接法，具体见嫁接育苗。

(3) 组织培养　以常规的方法繁殖月季，常赶不上市场所需求的速度，因此人们选择了一种既快又好的繁殖方法，即组织培养繁殖法。用此方法来繁殖月季速度快、脱病毒（或减少带病毒的数量）。

外植体的选择在组培快繁中是至关重要的第一步，其中最关键有两点：选择的时间和选择的部位。月季栽培中，选择外植体的最佳时期在春季和秋季。因为春秋两季是月季生长的最佳时期。这一时期生长快、抗性强、性状明显，也比较易成功。可选择的外植体部位有：当年的新生枝条为最好；可选嫩芽，不选徒长枝或枝条基部休眠状态的芽，应选择无病毒、无病虫害、无伤口的枝条取芽。

5. 栽培管理

切花月季设施栽培，北方以日光温室为主，南方以单栋或连栋大棚为主。连栋大棚操作空间大，气体交换性能好，病虫害少，但冬季生产和催花生产温度难以保证。日光温室虽然空间小，但光照充足，昼夜温度都比较能满足生产栽培的要求。

(1) 改良土壤与整地作畦　切花月季栽植后连续开花可达 4~7 年，根系深入土层深而广，种植畦需深翻，深度达 40~50cm，并结合翻地施入腐熟有机肥或能疏松土壤性能的玉米芯、稻壳、花生壳等有机物，最好施入牛粪、鸡粪、菜籽饼、骨粉等，使土壤营养全面。土壤 pH 值为 5~7。施入基肥后整地作畦，6m 宽大棚作四个畦，畦宽 70cm，畦高 15~20cm，沟宽 60cm。每畦栽两行，行距 35cm，株距 20cm，平均 5~6 株/m^2。

(2) 定植　小苗定植在 2~3 月，也可以推迟到 4~6 月。2月定植的成活率高，当年能 5~6 月产花，5~6 月定植的成活率较低。定植时，适当剪去粗根弱根，保留 2~3 张完全叶（五小叶）打头。根系蘸泥浆，向四周散开，苗木嫁接部位应置于土表上 1~2cm，接口朝南，接穗垂直向上，将土略培于接口部位，土壤浇水沉实后，松土整平。若运输中根系见干,定植前把根系放入水中浸泡24~48h,吸足水分后栽植。定植后浇透水,在开始一个月内控制地温高于气温,使气温在10~15℃,待植株长出新根后,调节气温促进植株生长。

(3) 定植后管理 月季定植后的管理技术包括以下几方面内容。

① 枝叶空间调控。定植后的3~4个月为营养体养护阶段,此阶段随时将产生的花蕾摘除(不使花蕾大于0.5~0.6cm),最大限度地促进营养生长,培养粗壮的母枝。从母枝上萌发的枝条直径在0.6cm以上的可留作主枝,对主枝留50cm打顶,从其上萌发的枝条则为开花枝。对于早期的花枝也可从基部第二完全叶处折枝下伏至地面,保留叶片,让其进行光合作用。每株月季要培养3~5条主枝,年产花可达120~150枝。完成枝叶空间一般需要一年左右时间。

② 架网。植株长到一定高度开花枝易倒伏或弯曲,有的品种枝角开张度较大,为保证开花枝直立,在畦面上方张网,一般网孔为20cm×20cm,使植株枝条沿网孔直立向上生长,可防止倒伏,网可根据植株生长高度上下移位或拉双层网。

③ 肥水管理。切花月季采花季节,需肥量较大,每次采花后都应追肥一次,肥料N:P:K比为1:1:2,并可与叶面肥交替进行,叶面肥中加施铁盐、镁肥、钙肥等。叶面喷施浓度一定要小,产花期应增施磷、钾肥,少施氮肥。切花月季浇水最好用滴灌,若用软管浇水,管口要紧贴地表,中压喷洒,尽量不要淋湿叶片。

④ 通风与降温。当棚室内温度高于28℃时,要及时通风,在夏季应适当遮荫降温。

⑤ 整枝修剪。切花月季整枝修剪的目的是控制植株高度,更新枝条,提高切花产量,控制花期。整枝修剪分轻度修剪、中度修剪和低位重剪3种,日常采花是轻度修剪。当产花枝的花蕾中等大小时,把不合格的短枝、弱枝、病枝剪掉,对外围的产花枝摘除花蕾而留下叶片,以保证植株的营养面积,增强树势,使植株生长旺盛。中度修剪在立秋前后进行,夏季高温季节不修剪,只摘除花蕾,保留叶片,立秋后将植株上部剪掉,留2~3片叶,9月下旬就可以大量开花。低位重剪,就是将枝条回剪到离地面60~70cm高度。在12月中下旬进行低位重剪,可在清明节开出早春花(此时切花价位较高),五一进入盛花期,提高经济效益。若推迟至1月再回剪,则无法在清明开出早春花。新定植的切花月季前2~3年都要进行低位重剪。

⑥ 剔芽、剥蕾。及时检查,除去开花枝上的侧芽与侧蕾,及时除去砧木发出的芽及接穗上的根。根据不同枝条发出的新枝作不同处理,及时除去病叶、病枝,修剪时留外向芽。

(4) 病虫害防治 切花月季常见病害有白粉病、霜霉病、灰霉病、黑斑病和根腐病等,其中前4种病害主要是由于高温高湿引起,其防治方法主要有以下几种。①选抗病品种。②加强栽培管理,及时整枝、整芽,清除枯枝落叶;③及时通风降温以及除湿。④药剂防治:75%百菌清800倍液、50%多菌灵1000倍液或70%托布津1000倍液,一周1次,连续3~4次,不同药剂轮换使用。根腐病防治方法是:在砧木嫁接繁殖和定植时用链霉素(500~1000倍)浸根部消毒,发病时在病部抹石灰(生石灰加水)。

常见虫害有蚜虫和红蜘蛛,前者可用40%氧化乐果乳油1000~1500倍液或20%杀灭菊酯2000~2500倍液喷杀;后者可以用40%三氯杀螨醇乳油100~500倍液或其他杀螨药剂喷杀。

6. 采收保鲜

(1) 采收 多数红色和粉红色品种的花朵开放度应达到萼片已向外反折到水平位置,花瓣外围1~2瓣花开始向外松展时为适度标准。黄色品种可稍早采收,白色品种宜晚一些。季节和运输距离也影响采收时间,冬季和就近应用的应晚些采收。采收时间最好在早晨和傍晚温度较低时。切花月季枝条较长，节间数多，标准开花枝有叶10～14节以上，剪取花枝时尽量长剪，但也要兼顾下次开花枝生长的快慢，通常的采收剪切部位是保留5片小叶的2个节位，俗称"5留2"。产品先暂放在无阳光直射之处，尽快预冷处理。

(2) 分级 所采收的花材应该在具品种典型特征、无破损污染、视觉效果良好的前提下进行分级：一级切花的长度为100cm左右；二级切花的长度为90cm左右；三级切花的长度为80cm左右。相同等级的切花长度之差，不宜超过标准的±2cm。亦可参照相关中华人民共和国农业行业标准进行分级。

(3) 包装 将相同等级、品种的月季带花枝条20支或12支一束捆绑固定，分别码入标有品名、具透气孔的衬膜瓦楞纸箱中。

(4) 保鲜管理 月季切花逆境条件下出现的"弯头"、"蓝变"（出现在红色品种）或"褐变"（多出现在黄色品种）以及不能正常开放等是世界性保鲜难题。经分级包装的切花应在初包装完成后第一时间运入冷库中预冷，去除田间热，减弱切花的呼吸作用，延长切花瓶插寿命。冷库温度为(5±1)℃，空气湿度为85%～90%。在预冷的同时切花应吸收含硫酸铝的预处理液，时间最少为4～6h。8-羟基喹啉柠檬酸是月季切花有效的保鲜剂成分，其主要作用是杀菌，防止茎基维管束堵塞；同时使保鲜液pH值降至3.5左右，微生物难以生存。通常，在贮藏或远距离运输之前通过在冷库预冷同时吸收预处理液处理，或者在贮藏或运输结束后用瓶插液处理，都是月季切花采后保鲜的有效措施。如果采收月季切花需要贮藏两周以上时，最好干藏在保湿容器中，温度保持在0.5～2℃，相对湿度要求90%～95%。切花贮藏后取出，需将茎基再度剪切并放保鲜液中，在4℃下让花茎吸水4～6h。

(二) 菊花

菊花是菊科菊属多年生宿根花卉。菊花是我国的传统名花之一，因其花色花型丰富、花姿清丽高雅而深受我国及世界各国的喜爱。菊花也是世界四大切花之一，在国际市场上的销售量占切花总量的30%，位于四大切花榜首。

1. 形态特征

株高60～180cm，茎粗壮直立，分枝多，青绿或带紫褐色，基部半木质化。叶互生，有柄，卵形至广披针形，边缘有粗齿或深裂，基部楔形。头状花序单生或数个聚生枝顶。边缘为舌状花，为雌性花；中部为筒状花，为两性花。花絮颜色、形状、大小丰富多样，尤其颜色极其丰富，有白、红、黄、棕、紫、绿、粉等多种色系。花期因品种不同有夏花、秋花、冬花及多季开花等品种。

2. 对环境条件要求

菊花是较耐寒的宿根花卉。性喜凉爽的气候，有一定耐寒性，地下宿根能耐－10℃的低温。生长适温为15～25℃。菊花是短日照植物，因为短日照和低温是菊花发育的重要条件，所以夏季应遮荫防烈日暴晒。菊花适合在土层深厚肥沃、排水良好、富含腐殖质的砂质土壤生长，忌积涝和连作，要求土壤pH值在6.5～7.2。

菊花开花特性与光照、温度有密切关系。如：夏菊及七八月份开花的菊花，在长日照条件下也能完成花芽分化，但对温度敏感。夏菊需要的低温下限是7～10℃，而七八月份开花的菊花要求低温在15℃以上，若在花芽分化期遇到低温或日照时数不足，则在植株的顶部长出一丛柳叶状小叶，俗称"柳叶头"或"柳芽"，也就是"盲花"。秋菊和寒菊对日照时数敏感，在花芽分化期日照时数达不到要求时，也容易产生"柳叶头"。秋菊需光照时数减少到每天13.5h以下，最低气温降到15℃左右时，开始花芽分化，约10～15天分化结束，45～60天后即能开花。寒菊花芽分化也需要短日照，和秋菊不同之处是温度升高至25℃以上时寒菊花芽分化受到抑制。

3. 品种选择

切花菊品种很多，用于切花生产的主要是单花型品种，其生产量和需求量都较大。我国常按自然花期的早晚分为夏菊、夏秋菊、秋菊和寒菊四类。切花菊品种要求茎秆粗壮挺拔、花色鲜艳、花朵大小适中、耐贮运、耐插性能好等。

(1) 夏菊　北方花期5～7月份，华中地区4～6月份。花芽分化对日照时数不敏感，对温度反应较敏感。花芽分化温度为10℃左右。主要品种有金精兴、白精兴、夏红等。

(2) 夏秋菊　花期在7～8月份，对日照时数不敏感，对温度敏感。花芽分化温度在15℃左右，较耐高温。主要品种有夏牡丹、宝之山、精云、精军等。

(3) 秋菊　花期在10～11月份，属短日照花卉，花芽分化温度为15℃。

(4) 寒菊　花期在12月份至翌年1月份，属短日照花卉，花芽分化温度为6～12℃。主要品种有寒金时、寒金城、寒紫云、寒太阳等。

4. 繁殖方法

切花菊多以嫩枝扦插繁殖为主，生长发育良好的母株是取得优质插穗的关键。不同的切花品种，扦插时期不同：通常秋菊在5～6月份扦插育苗，夏菊在上年12月份至翌年1月份进行，而寒菊在6～7月份进行。

(1) 母株培养　将脱毒组培苗定植于圃内，施足基肥，株行距25cm×25cm，定植后合理肥水管理，当顶芽长至15cm时，进行一次摘心，20天后进行第2次摘心或第3次摘心，培育母株萌发更多的根蘖芽和顶芽，以便能获得足够插穗。

(2) 采插穗扦插　主要采用顶芽扦插的方法繁殖。从母株上选取健壮、品系纯、未木质化的顶芽，长5～8cm，带5～7片叶，茎粗0.3cm左右。去除下部叶，保留上部2～3片叶，用利刀将插穗基部的切口切成斜面，20枝一束，下切口速蘸取50mg/L生根粉2号或100～200mg/L萘乙酸，促进生根。母株采穗3～4次后淘汰，次数不能过多，否则插穗质量下降。插床用细砂或蛭石铺成，株行距3cm×4cm，扦插时用竹签开洞，然后将插穗插入1/3～1/2，将土壤压实，立即用喷壶浇足水，保持基质湿润，然后搭盖小拱棚保温保湿，同时可设遮阳网。尽量维持插床温度在15～20℃，温度过低会延长生根时间，过高则会造成插条腐烂。大约10天左右可生根，20天后可移栽。

5. 栽培管理

切花菊的栽培管理技术主要有以下几方面。

(1) 整地作畦　切花菊生长旺盛，根系大，植株高度可达100cm以上，要求土壤肥力好。整地前在圃地按每平方米施入5kg腐熟有机肥、0.03kg过磷酸钙，以改善土壤透水通气性能，改善土壤理化性状，增加土壤肥力。一般定植床作成高15cm、宽1～1.2m的高畦，过道宽50cm。

(2) 定植　切花菊的定植苗一般苗龄为25天左右，当扦插苗生长25天左右时，视生长点及新叶抽生情况，一般具6～7片叶时，逐步除掉各种保护覆盖物，进行炼苗2～3天。一般定植期：春季栽培在12月至翌年2月，夏菊在3～4月，秋菊在5～7月，寒菊在7～8月，加光栽培在8～12月。定植按每畦4行，株距以10～15cm为宜，浇足水。

(3) 定植后的管理　定植后控制灌水以促进缓苗，约20天后，植株展开叶片达5～6片，进行摘心，同时张网设支架。这样每株将抽生5～6个侧枝，随着植株长高而调整网的位置以防倒伏。切花菊要求花茎挺直。当植株长到20～25cm时，应拉一层10cm×10cm尼龙网格支撑，防止植株倒伏和茎秆弯曲，若拉第二层网应距第一层网30～40cm。网一定要拉平、拉紧，拉网后随时检查，将茎梢顺直地移入各网孔中，确保植株直立，可提高切花菊商品价值。注意要及时清除侧枝上侧蕾，保证一枝一花。高温季节应勤浇水、薄施肥，秋凉后喷施0.1%磷酸二氢钾及0.5%尿素溶液2次，现蕾后喷0.1%磷酸二氢钾及0.05%硼砂一次。

（4）土肥水管理　切花菊品种喜排水良好的砂质壤土，土壤pH值以6.5～7.2为宜，避免重茬、连作，用过的土壤第2年则不宜采用。培养土宜采用园土和腐叶堆制，在堆制过程中应结合翻拌，采用多菌灵、托布津或福尔马林溶液等进行土壤消毒。菊花切花品种喜肥，种植后每10～15天追肥一次，但应根据切花菊所处的不同生长阶段合理施肥。在营养生长阶段追施复合肥，生长后期增施磷钾肥，使菊花茎生长健壮、挺拔，达到切花菊所需高度。切花菊要求土壤湿润，土壤持水量为50%～60%，切忌过干过湿，防止积水或浇水不均现象。宜高畦栽植，以免土壤湿度过大而引起烂根。

（5）病虫害防治　菊花病害主要有菊花叶斑病、菊花褐斑病、黑斑病、白粉病、茎腐病、灰霉病、锈病等。可在种植初期用托布津、百菌清、粉锈宁、代森铵等交替喷施预防，或在发病初期及时防治；其次是严格控水，减少病菌滋生条件。

虫害主要有蚜虫、食心虫、菊潜叶蝇、菊虎、尺蠖等，可分别采用氧化乐果、杀灭菊酯、敌百虫等农药加以防治。

6. 采收保鲜

采收时应根据气温、贮藏时间、市场要求及运输距离远近等确定所采花朵的开放程度。低温季节或现采现售适宜选7～8成开时采收，即花蕊初现时进行；采后待售的选5～6成开，即花朵外层花瓣开张时进行；在高温季节或需要长途运输的选3～4成开。采花应从距地面10cm处切断，过低会因枝干老化不易吸水，影响花朵开放。采收时间选在清晨或傍晚，有利于切花保鲜。采后去掉下部1/3叶片，用薄膜将花头罩起，按国家主要花卉产品等级标准分级（切花大菊类一级品：花茎长度≥85cm，花径≥14cm，花颈梗长<5cm，花茎挺直、粗细均匀，花形完整，花色鲜艳具光泽，花瓣均匀对称，叶色亮绿，完好整齐）。分级后，每10支捆成一扎，再插入25mg/L硝酸银保鲜液中，置于0～2℃冷室中预冷，使之充分吸水，花枝健壮后才能装箱上市。若需贮藏保鲜，可把花枝放入每升水含25g硫、0.025g硝酸银、0.75g磷酸二氢钾的保鲜液中浸20h，取出后放进0～4℃冷室贮藏即可。必须注意切花与果菜不能同放在一个冷库中，以免果菜产生大量乙烯影响花卉的寿命。冷藏室需维持90%～95%的相对湿度，温度控制在0～17℃，可贮藏3～4周。

多头切花菊以顶花蕾已满开，周围有2～3朵半开时为采收适期，独头菊以舌状花紧抱，有1～2个外层瓣始伸出为采收适期。采收切花枝长宜在60～85cm以上，采后花枝及时浸入清水中吸水，去掉多余叶片，然后分级绑扎，每10支或20支一束，在2～4℃低温、相对湿度90%～95%环境下贮藏保鲜。

（三）唐菖蒲

唐菖蒲又称大菖兰、剑兰、扁竹莲、十三太保等，属鸢尾科唐菖蒲属多年生球根花卉，是世界四大鲜切花之一。唐菖蒲花茎修长挺拔，花色鲜艳，花形美观多变，水养性好，花期长，深受人们喜爱。唐菖蒲叶型挺拔如剑，因此有"剑兰"之美誉。唐菖蒲是插花必不可少的材料，经济价值极高。

1. 形态特征

唐菖蒲的地下部分变态短缩成球状，扁圆形，在球茎上有明显的茎节，通常为6～7个，这些节数与2枚鞘叶和4～5枚真叶相对应，腋芽着生在茎节的互生位置上。球茎底部有一圆形凹陷，称为茎盘，球茎外被褐色膜质外皮。基生叶剑形，互生，成两列，嵌叠状排列，花葶自叶丛中抽出，高50～80cm单生，穗状花序顶生，每穗花8～24朵，通常排成两列，自下而上依次开花。花冠成膨大漏斗形，花径12～16cm，花色有粉、白、红、橙、黄、紫、蓝、复色等色系。花期初夏，也可人为调控。

2. 对环境条件要求

唐菖蒲喜阳光充足、通风良好的环境，切忌低洼、阴冷的环境。要求土壤耕作层深厚，排水良好，pH值最好为5.5～6.5。pH值低于5时，土壤易发生氟危害，可加石灰调整；pH值高于7.5时，土壤因缺铁而易发生黄叶病。唐菖蒲对土壤含盐量很敏感，盐分过高会阻碍根的生长和开花。严格避免连作，种植过唐菖蒲、鸢尾、小苍兰等鸢尾科植物的土地至少要进行土壤消毒或实行6年以上的轮作。如用蒸汽对土壤消毒，需在蒸汽温度100～120℃下，持续40～60min；如用化学药剂消毒，可使用氯化苦、溴甲烷、福尔马林等。

用于切花栽培的唐菖蒲种球，虽然贮藏的养分可以供给苗期生长需要，但仍然需要有充足的土壤营养补充。生长期缺肥，对花的质量影响很大。氮素不足不仅会使花数减少，而且叶色褪淡，影响光合效益；缺磷会使叶片变暗绿色；缺钾会使花茎变短，花期延迟，下部叶大量黄化。栽培唐菖蒲切花由于生长期短，施肥应以追肥为主，通常在2叶期、4～5叶期、抽出花穗时各追肥一次。

3. 品种选择

国内外唐菖蒲切花品种很多，近年来用于切花生产的唐菖蒲品种主要来自荷兰，少数来自美国与日本。应尽量选择抗病虫能力强和对光不敏感的早花品种。选择较大的、无病虫害、完好无损的种球，一般以周径为10～12cm为宜，太大的休眠度深，不易发芽。生长良好的主要栽培品种有：忠诚（花紫色，生长健壮，不易退化，花期晚）、青骨红（花红色，抗病性较差）、猎歌（花红色，花期早，但抗病性差，易退化）、欧洲之梦（花红色，对光敏感度不强，可利用早春栽培）、欢呼（花玫瑰红色，生长健壮，但花茎较细）、萨克森（花橘红色，生长健壮，但小花在花轴上分布较稀疏）、友谊（花粉红色，对光照不敏感，花期早，但易退化）、无上玫瑰（花粉红色，花质优，生长强健，退化程度轻）、西班牙（花粉红色，生长中等）、金色田野（花金黄色，皱边，内瓣基部有红点，花质优，花期较晚）、新星（生长健壮，不易退化，花期集中，成花率高，籽球着生多）、白友谊（花白色，对光照不敏感，可作早春栽培）、白花女神（花白色，皱边，花质优，花期较晚）、普利西拉（花白色红边，花形差，生长健壮）等。

4. 繁殖方法

唐菖蒲以分球繁殖为主。一个较大商品球栽种开花后可形成2个以上新球，新球下面还会形成许多小子球。生产上按球茎直径大小进行分级：直径大于6cm的为一级大球，直径2.5～6cm的为二级中球，直径1～2.4cm的为三级小球，直径小于1cm的为四级子球。一二级球可直接用于生产，三四级球用于繁殖，经过1～2年的培养后，可作开花种球。秋季将子球挖出后，去掉泥土，用杀菌剂浸泡20min，风干后贮藏于冷凉室内。春季栽植前，对小子球分级，在杀菌液中浸泡30min，冲洗干净后自然晾干，放在2～4℃下待播。栽前施足底肥、起垄，在垄中央开沟，深3cm，宽10cm左右，沟底平整，将小子球双行栽植，浇透水后覆土，平整地面，轻镇压。出芽后控制水肥以利于根系生长，每30天追肥1次，尤其在夏季地下球茎生长季节。秋季地上部分枯黄后，收获小球，再进行分级。直径2.5cm以上的直接可作开花球，直径2.5cm以下的再培养1～2年才能作为开花球。

5. 栽培管理

(1) 整地施肥作畦　唐菖蒲忌连作，最好选择 2 年以上没种过唐菖蒲的温室，深翻 40cm 左右，施腐熟有机肥 4000kg/亩以上，加上磷酸二铵 80kg，将土地平整好。对连作的温室，在栽植前半个月可以进行土壤消毒，一般采用溴甲烷 10kg/100m^2 等。采用垄栽方式，垄宽 50cm，高 20～30cm。

(2) 种球处理　在播种前，应对球茎进行消毒和催芽处理。先将种球在清水内浸 15min，然后消毒。常用的消毒方法有：0.1%升汞溶液浸 30min；1%～2%福尔马林液浸种 20～60min；0.1%浓度的苯菌灵加氯硝胺或苯菌灵加百菌清，在 50℃ 左右温水中浸泡 30min；另外，也可用多菌灵、托布津、0.1%～0.2%硫酸铜、0.05%～0.1%高锰酸钾、硼酸等药剂作浸种处理。在 20℃ 左右条件下遮光催新根及幼芽，当有根露出和芽生长时可以栽植。

(3) 定植　根据供花时间来确定栽植时间，如在春节供花，通常在 8、9 月份开始分期分批栽植。定植时起 50cm 宽小垄，然后将种球球芽向上摆入沟中，株距 20cm 左右，行距 30～40cm，可根据球大小及垄宽灵活安排。种植深度应根据土壤类型与播种时期而定。一般黏重土比疏松土种浅些；春季栽植要比夏秋栽培浅些。通常春栽深度在 5～10cm，夏秋栽植可加深到 10～15cm。夏秋栽植深，主要是利用较低气温减轻病害，当然深栽也会推迟花期。栽植后进行畦面覆盖，可以保持土壤湿度，对根的生长、芽的萌发与花的品质都有较好效果。

(4) 栽后管理

① 光照管理。唐菖蒲球茎栽植后，虽然球茎本身贮藏养分，但在光照不足的情况下，同样会发生因同化作用强度不够而造成植株营养不足，使花的发育受到影响。唐菖蒲花的形态分化大约始于第 2～3 片完全叶出现时，到第 6～7 片叶出现，花的发育才逐渐完成。从第 3 片叶出现到开花，前期光照不足，发育中的花序会枯萎、发生消蕾；后期光照不足，如在第 5～6 片叶或第 7 片叶抽出时，花序虽可抽出叶丛，但会造成个别小花干枯，花朵数减少。因此，在第 2 完全叶出现时，就应采取有效措施改善唐菖蒲栽培的光照条件。设施栽培唐菖蒲切花时，除了控制栽培密度外，还应该选择对光照较不敏感的品种，如友谊、白友谊、杰西卡、马斯卡尼等。

② 温度管理。唐菖蒲在花穗发育期间，适宜的温度是 20～25℃，充足的光照与适合的温度对花的发育有绝对影响。低温持续太久，对生长发育不利，平均温度高于 27℃ 也容易消蕾。

③ 灌水管理。唐菖蒲种植后根迅速生长，因此，必须保持土壤的足够湿度。花的形态分化期是唐菖蒲对水与光照要求的重要时期，这一时期不能缺水，当土壤干燥时应及时补充。当花序抽出，新球开始膨大时，种球上的老根逐渐老化枯死，新球茎基部开始出现新的支撑根，新老根系处在交替阶段，这时植株已建立强大的叶同化面积，蒸腾量大，因此也要重视灌水。

④ 拉网立柱。植株长到一定高度时为防止倒伏，应及时拉网或立支柱，多采用拉网，根据株行距而定网孔大小。

(5) 病虫害防治　唐菖蒲主要病害种类有褐斑病、根腐病、锈病等。

褐斑病的防治方法主要是在球茎贮藏期间，保持较低的空气湿度，注意通风，栽培上要实行轮作，进行种球和土壤消毒。及时清除病株，并喷施 50%乙烯菌核利 5g/100m^2。锈病的防治是从出苗或发病初期开始，每 10 天喷一次药，每百平方米用 25%的三唑酮 5g 兑水喷施。根腐病的防治是要注意灌水，保持土壤湿度适中，进行土壤消毒。

6. 采收保鲜

当花序基部第一个花蕾显色时即可采收。采收晚了,花蕾张开较大,在运输、贮藏过程中花朵容易受损坏;采收早了,花发育不完全,影响切花质量。在清晨采收为最佳,中午不宜采收。切花剪切高度可在植株离地面5~10cm处切断。剪取切花后如需收获球茎,可以保留3~4片叶切断,花茎上带2片叶即可。采下的鲜切花直立放于1~2℃的冷藏库中,如要进行较长时间贮藏,应把切花置于水中,贮藏和运输过程中应保持直立向上,以防止花序顶端弯曲,降低切花质量。

(四) 香石竹

香石竹又名康乃馨、麝香石竹,属石竹科石竹属多年生草本花卉。花色娇艳且具芳香,单朵花花期长,是世界上最大众化的切花。近年来,香石竹生产面积增长迅速,已成为我国花卉生产中最主要的品种、花卉园艺中创汇的新兴产业。从家庭瓶插装饰到生日、婚宴庆贺及丧祭等活动都广泛使用香石竹作插花花材,做成花束、花篮、花环、胸花、襟花等,装饰效果好,为广大消费者所接受。康乃馨是著名的"母亲节"之花,代表慈祥、温馨、真挚、不求代价的母爱。欧洲一些人士认为它"富有永不褪色和永不变迁的爱",是"穷人的玫瑰"。

1. 形态特征

茎直立,多分枝,株高70~100cm,基部半木质化。整个植株微具白粉,呈灰绿色,茎秆硬而脆,节膨大。叶线状披针形,全缘,叶质较厚,上半部向外弯曲,对生,基部抱茎。花通常单生或2~3朵聚伞状排列,花冠石竹形,花萼长筒形,萼端5裂,裂片剪纸状;花瓣扇形,花朵内瓣多呈皱缩状,数多,具爪;有粉红、大红、鹅黄、白、深红、紫红、牙黄色,还有玛瑙等复色及镶边等,花有香气。

2. 对环境条件要求

(1) 土壤 香石竹喜保肥、通气、排水性能好、腐殖质丰富的黏壤土。最好掺有占土壤体积30%~40%的粗有机物,也可用泥炭加珍珠岩。最适宜的土壤pH值为6~6.5。切忌连作,忌低洼、水涝湿地。

(2) 温度与湿度 香石竹喜冷凉气候,但不耐寒。最适宜的生长温度白天为18~24℃,夜间12~18℃。适于比较干燥的空气环境,忌高温、高湿环境。栽培上要避免昼夜温差波动大,以降低裂萼花率。

(3) 光照 香石竹多为中日性花卉,15~16h长日照对花芽分化和花芽的发育有促进作用。阳光充足的条件下生长良好。

3. 品种选择

香石竹品种甚多,设施栽培选抗病、四季开花品种。香石竹按花朵大小与数目可分为2类。

(1) 大花香石竹 即现代香石竹的栽培品种,花朵大,每茎上1朵花。栽培品种极多,有红色系、黄色系、粉红色系、桃红色系、紫色系、橙黄(红)色系、白色系、斑驳花边等。如夏季型的坦加、托纳多、海利丝、罗马、洛查等和冬季型的诺拉、白西姆、莱纳、卡利等。

(2) 散枝香石竹 即在一主花枝上有小花数朵的品种群,是当前国际市场尤以欧洲市场上俏销的品类,占香石竹产量50%以上;具有品种多、色系全、花型优雅、生长势强、投产早、高产优质、易栽培等优势。但在我国市场仅占约10%。主要品种有红戴安娜、彩戴安娜、火山、黄狮等。

4. 繁殖方法

香石竹种苗生产多以扦插繁殖为主，四季均可进行，温室栽培以 1~3 月份和 9~11 月份为宜。

(1) 建立采穗圃　幼苗质量的好坏直接关系到定植后植株的生长、花期、切花的产量和质量，因此必须建立优良的采穗圃，才能充分发挥优良品种的特性，保证苗壮、整齐、切花优质高产。选择品种优良、抗性强的脱毒试管苗作为繁殖母株，定植在母本圃中，实施科学管理，培养健壮的母株。栽培株行距为 15cm×20cm，定植后苗高 15cm 时进行第一次摘心促发侧枝，约 1 天左右后进行第二次摘心，促发更多侧枝准备穗条。为防止病毒感染和达到切花优质高产，种苗生产的母株必须每年更换 1 次。

(2) 采穗　当母株的主侧茎长至 5~6 节后进行采穗。采穗前 1~2 天，先将母株喷洒 800 倍液的百菌清等杀菌剂，防止从母株带入病原菌，采穗应在连续有 2~3 个晴天的傍晚进行，保留下部 2~3 节，因为下部的侧芽较弱，采取的穗长 8~10cm，保留 6~8 片叶，每 20 支 1 束，迅速蘸取 50mg/L 的 NAA，促进生根。如果插穗不能立即扦插，需要贮藏，则将插穗放在 1℃ 的冰箱内，用湿布覆盖，防止失水，可维持 1~2 个月活力。这种贮藏方法可以保证从有限的母株上不同时间分别采取的插条集中一次扦插繁殖，使插穗同时开始生长，以便同步管理。

(3) 生产种苗的扦插　采用可加温蛭石苗床，基质厚 10cm 左右，不能积水，株行距 2~3cm，插入深度 3cm 左右，插后立即浇透水，使插穗基部与基质紧密接触。扦插后控制光照、温度和水分。生根前要注意遮荫，勤喷水。气温维持在 13℃，插床温度 15℃ 时，21 天生根，若将插床温度提高到 21℃，15 天就可生根。苗床应注意防病工作，应及时发现、及时防治。种苗应 1 年更换 1 次。

5. 栽培管理

香石竹在国内生产多数为应用塑料大棚，进行为期 1 年的普通栽培，少数应用连栋玻璃温室进行生产。

(1) 整地作畦　香石竹为须根系花卉，喜肥，不耐湿，适合富含有机质及腐熟有机肥的砂质土壤，忌连作。将栽培畦做成高 15~20cm、宽 0.8~1m 的南北向畦。

(2) 定植　香石竹定植期主要根据预定采花期的要求与栽培方式等因素而定，通常从定植到始花约需 110~150 天，一般适宜的定植期在 5~6 月份。提早或延迟定植，采花期会相应提前或推迟。

香石竹栽培密度与品种特性、栽培目的、生产季节等因素相关。通常香石竹适宜的栽植密度为 33~40 株/m²。中型花品种密度可提高到 44 株/m²，大花型品种则在 35 株/m² 左右。以采收 1 次花为主的短期栽培，栽植密度可达到 60~80 株/m²。香石竹的定植密度与产量、质量均有一定的相关性，通常密植可提高产量，相对稀植有利于提高成品花的质量。

香石竹定植苗根的适宜长度为 2cm 左右，根过长在取苗时易折断。栽植时应浅栽，栽植过深，对发根、发棵不利并易感染病害。通常栽深为 2~3cm，以扦插苗在原扦插基质中的表层部位稍露出土面为宜。栽植时要适当遮荫，栽后及时浇水，使根系与土壤紧密接触。

(3) 肥水管理　香石竹苗期应注意栽培基质的干湿交替，定植浇水、中耕缓苗后，要进行 2~3 次适度"蹲苗"，促使植株根系向土壤下层发展，形成强壮的根系。生长期需水量较多，但不能 1 次浇过量的水，应保证根系良好的透气性，水分灌溉均匀，在采收期避免水分忽多忽少，防止裂萼现象的发生。香石竹栽培基肥应施足长效，追肥应薄施勤施。氮肥以硝态氮为好，钾、钙肥有利于开花整齐，提高切花质量。应避免缺硼，缺硼表现为植株矮小，节间缩短，茎秆产生裂痕，花茎末端稍微有点变粗，刺激上部花茎分枝，出现畸形花朵，甚至大多数花瓣消失，花朵严重残缺。pH 值过高时会发生缺硼，土壤过干时也会缺硼，常用硼肥有硼砂、硼酸或硼镁肥。

(4) 温度与光照调控　香石竹喜欢冷凉环境，最适生长温度为 15～20℃，夏季应采用遮阳网及喷雾降温；冬季保温和加温也同样重要，夜间应加强保温，使夜温在 5～12℃，保证切花质量。

香石竹原种属长日照植物，若能将日照长度延长到 16h，有利于香石竹提早开花，提高切花质量和产量。生长中常在花芽分化期进行人工补光，每次 50 天左右。

(5) 摘心　通常从基部向上第 6 节处用手摘去茎尖，时间在种植后 4～6 周，下部叶的侧芽长约 5cm 为宜。摘心方法不同对花产量、质量及开花时间有不同的影响，生产中常采用以下 3 种摘心方式：

a. 单摘心。仅摘去原栽植株的茎顶尖，可使 4～5 个营养枝延长生长、开花，从种植到开花的时间最短。

b. 半单摘心。即原主茎单摘心后，侧枝延长到足够长时，每株上有一半侧枝再摘心，即后期每株上有 2～3 个侧枝摘心。这种方式使第 1 次收花数减少，使产花量分两期进行，产花量稳定，避免出现采花的高峰与低潮问题。

c. 双摘心。即主茎摘心后，当侧枝生长到足够长时，对全部侧枝（3～4 个）再摘心。双摘心造成同一时间内形成较多数量的花枝（6～8 个），初次收花数量集中，易使下次花的花茎变弱。

(6) 张网、疏芽　香石竹切花生产中，为使茎干直立防倒伏，应在株高 15cm 左右时开始张网，张网方法见前面介绍的几种切花栽培。

大花栽培品种只留中间 1 个花蕾，在顶花芽下到基部约 6 节之间的侧芽都应去掉（基部侧枝供下茬花生产用）。疏芽的操作方法是：用指尖向下作环形移动而瓣除，不可向下劈，否则损伤茎或叶，造成花朵"弯脖"。小型多花香石竹则需要去掉顶花芽或中心花芽，使侧花芽均衡发育。疏芽 7～10 天内就应进行 2 次，是香石竹栽培中最花费劳力的操作。

(7) 花萼带箍和防花头弯曲　裂萼花使商品价值降低甚至成为废品。裂萼原因有环境因素，也与品种有关。引起裂萼的环境因素主要是花蕾发育期温度偏低或日夜温差过大（超过 8℃），氮肥过多，不均衡浇灌施肥，或光照充足而温度过低。在低于 10℃冷凉温度下易形成肥胖的"大头蕾"，这种蕾极易形成裂萼花。在设施栽培中，只要温度不过低，冬季管理中适当控制施肥浇水、增加光照、防止低温等措施，都有利于防止这类现象。生产中可用 6mm 宽塑料带圈箍在花蕾的最肥大部位。套箍时期以花蕾的花瓣尖端已完全露出萼筒时为最合适。香石竹花芽分化期应避免化肥用量过多、营养过剩或者日照时数过短，造成花头弯曲。

(8) 病虫害防治　香石竹病害较多，其主要病害为叶斑病、枯萎病等。可采用以下措施综合防治。

① 使用无病、优质、健壮的种苗，定植前对土壤进行严格消毒，及时将病株拔除及枯黄叶摘除烧毁，同时搞好环境卫生。如果采用基部滴水装置，则能够有效地减少病菌顺水流蔓延扩散途径。及时通风，可降低设施内的温湿度，阻止病原菌的萌发。

② 在药剂防治时应注意做到，各种农药要交替使用，以防止产生抗性；药剂防治时，应在傍晚或清晨对叶片的正反面进行均匀喷施，提高防治效果。叶斑病是由镰刀菌引起的对香石竹危害最大的病害，除了综合防治外，还要用扑海因、75%百菌清、代森锰锌、50%克

菌丹等杀菌剂 500~800 倍和 1% 波尔多液，每周定期喷药防治，特别注意的是切花后一定要及时用药保护伤口。

6. 采收保鲜

夏季香石竹切花的采收可每天进行，冬季一般每周采切 1 次，采花时间宜选在清晨和傍晚。单枝大花型香石竹应在花朵外瓣开放到水平状态，能充分展示切花品质时采收，如果进行贮藏或远距离运输，可在蓓蕾上方萼裂开呈十字形、略显出花色时采切。散枝多花型香石竹上面的花朵发育不一致，通常在花枝上已有 2 朵开放、其余花蕾现色时采收。采收时尽量延长花枝长度，同时要为后茬花抽出 2~3 个侧枝打好基础。采收后进行大小分级，每 20 枝花扎成一束，花头平齐，吸足水分，在 1~4℃ 条件下保鲜。

二、盆栽花卉

（一）仙客来

仙客来又名兔耳花、兔子花、萝卜海棠，属报春花科仙客来属球根花卉。其株型美观，高矮适中，花姿优美，形如兔耳，花色艳丽，花期长达 4~6 个月，有的还有香味，是冬春季重要的室内装饰盆花，在无炎热季节地区可在露地栽培，花梗长的品种可做切花，深受消费者的青睐。

1. 形态特征

仙客来块茎扁圆球形或球形、肉质。肉质须根着生于块茎下部，顶芽延伸生长时侧方着生叶和腋芽。叶片由块茎顶部生出，心形、卵形或肾形，叶缘有细锯齿，叶面绿色，具有白色或灰色晕斑，叶背绿色或暗红色，叶柄较长，红褐色，肉质。花单生于腋内，花萼细长，花着生于顶部。花朵下垂，花萼花冠各 5，花冠基部合生成短筒状，开花时花瓣向上反卷并左旋，犹如兔耳，故名兔耳花。花有复瓣，花瓣 6~10 枚。花色有白、粉、玫红、大红、紫红、橙黄及复色等，基部常具深红色斑；花瓣边缘多样。雄蕊 5 枚，着生于花冠基部，花粉金黄色，雌蕊 1 枚，无香味，香气来自花冠内特殊细胞。

2. 对环境条件的要求

喜凉爽、湿润及阳光充足的环境。秋冬春季为生长期，生长期适温为 15~25℃，湿度 70%~75%；冬季花期温度不得低于 10℃，若温度过低，则花色暗淡且易凋落；气温达到 30℃ 植株进入休眠，若达到 35℃ 以上，则块茎易于腐烂；花芽分化期适温 13~18℃，高于 20℃ 引起花芽败育。幼苗较老株耐热性稍强。盆土要经常保持适度湿润，不可过分干燥，若经过 1~2 天过分干燥，易使根毛受到损伤，植株发生萎蔫。过湿极易烂根且地上部罹病；休眠期或半休眠期应适当保持干燥。空气湿度不足会造成花蕾萎蔫干枯，叶片变黄。要求疏松、肥沃、排水良好而富含腐殖质的砂质土壤，土壤宜微酸性（pH=6）。为中日照植物，不耐强烈日照，生长季节的适宜光照强度为 28klx 左右，低于 15klx 或高于 45klx 则光合强度明显下降。对二氧化硫有较强抗性。

3. 品种选择

仙客来的品种较多，变异性强，因此品种更新换代快，一般品种在一次性种植后，它的特性就会发生变异，因此品系较多，差异较大。对仙客来的品种选择的要求是：种子发芽率高，生长迅速，开花周期短，花期一致，花多，花色纯正、鲜明，有浓香，重瓣花可达 10 瓣以上，花型丰满，姿态自然；叶色明亮，有美丽银色斑纹；株型紧凑，花茎健壮不易倒；具有抗热、抗寒、抗病虫等优良性状。目前主要有日本种的 K 系列、NP 系列、IFA 系列、SC 系列；美国种的山峦系列、蝴蝶系列、奇迹系列、皇族系列；法国种的哈里奥系列、拉蒂尼亚系列、美迪系列；荷兰种的超级大株、经典、紧凑、迷你系列、协奏曲系列等。品系间大多是以花色、花瓣的形状及大小、植株的高矮来区分。

我国最早栽培的是普通仙客来品种，如现在山东省青岛莱州还常有栽培。目前国内栽培相对较多的为日本泉农园的 NP 系列及 SC 系列大花型品种，其花瓣宽而浑圆，花期长，也比较适合中国人的消费习惯。比较适合设施种植的是日本大红品种。

4. 繁殖方法

目前，商品生产仙客来主要用播种繁殖，且种子多为杂交种，不利于优良性状的保持。少量繁育优良品种和实验室保留育种材料时可用球茎分割和扦插等营养繁殖。组织培养能够保持优良性状且有很高的繁殖率，仙客来组织培养培养基配方的研究具有很高的商业价值。

（1）球茎分割繁殖　将块茎切成 2～3 块，每块带 1～2 芽体，栽培于无菌基质中。也可于花后的 1～2 个月（5～6 月份最佳）期间，将母块留盆，分割前控水以抑制伤流。用利刀将顶部横向切去 1/3，然后在平的球面上按 0.8～1.0cm 的距离横竖划线，深达球的 1/3～1/2，不要伤及根系，分成若干方块。切后把花盆放在遮荫处，用塑料薄膜罩上保湿，控温 30℃ 左右，约 12 天伤口形成周皮，然后降温到 20℃ 左右，并控制水分，促发不定芽，约 90 天后形成的小块茎长出小芽后，把切口加深，当芽长大后，把整个块茎取出分栽，然后将温度降到生长适温。

（2）播种繁殖

① 种子采收。选花形花色好、有香气、花瓣向上、生长健壮的植株作种株，每株留 10 朵花左右，将多余花蕾摘去，于开花的前 2～3 天进行人工辅助授粉（一般为同品种异株间授粉），经 2～3 个月，果实开始由绿变黄时采收，不需后熟即可播种。

② 播种。根据上市时间来确定播种时间，如要在元旦和春节开花上市，大花型和中花型品种的播种时间一般在 10 月至次年 2 月；而迷你型品种的播种时间可在 3 月份以后。播种前用清水浸种 24h 催芽，或用 30℃ 温水浸种 2～3h（也可用 40～50℃ 温水浸种 1h），通常还用多菌灵或 0.1% 硫酸铜溶液浸半小时杀毒，捞出晾干种子表面水分后播种。基质以草碳为主；或选用黄泥炭、粗蛭石和珍珠岩，按 6:3:1 混合。基质不宜过细，微酸性，但 pH 值不低于 6.0。按 1.5～2cm 间距点播于育苗盘中，或直接播于 128 孔或者 288 孔穴盘，播后覆原基质 0.5cm，轻压，浸盆浇水，将穴盘推入发芽室，相对湿度 90% 以上，并保持全黑状态。3～4 周后开始出苗，此时需要经常观察出苗情况，当有 50%～60% 的种子已顶出土面，则转入温室床架。为了保证出苗整齐，温室的温度控制在 18～20℃，湿度在 80% 左右。在前一周内，如中午出现较强日照，应遮荫，并及时喷雾，有利于子叶脱帽。

③ 幼苗管理。苗期控温 12～25℃，光照 15～45klx，土壤适度湿润，将木炭屑、苔藓放置在球茎周围，保护球茎、防老化、促生长。幼苗在前期不需要施肥。当长出 2～3 片真叶后，采用氮、磷、钾比例为 2:1:2 的花多多等复合肥，配制成浓度折合氮元素为 50mg/L 进行喷施。当苗有 4～6 片真叶时，应采用微喷、根部施水等节水栽培技术，以利于植株根系的生长，为移苗作准备。

5. 栽培管理

（1）移栽及栽后管理　当成苗在穴盘中出现挤苗现象，就要进行移栽。基质选用较粗的黄泥炭、粗蛭石、珍珠岩，按 5:3:2 的体积比混合，装入 8cm 的营养钵中。移栽前，要在播种箱内浇一次透水。起苗时尽量不要伤根。移苗时从穴盘里取出小苗，移到营养钵中，略微压紧，浇透水，遮荫一周。

移栽后 4～5 天内适当遮强光，暂不浇水，使根获得足够的氧气。以后让其充分接受光照，及时浇水，尽可能做到白天20℃、晚间10℃以上的温度管理。白天温度超过25℃时，中午用50%遮阳网遮阳，早晚揭网让其充分光照，在此期间每星期浇一次营养液，营养浓度为2%。盆土要保持适当湿度，不可过高，营养液中氮肥含量增加30%～50%，磷肥适当减少，这样可以有效地抑制花芽分化。

(2) 换盆及换盆后的管理　当小苗长到7～8片真叶时，进行换盆，盆径为12～13cm，如果是生育期短的早花品种，计划在11月开花的，可以直接定植到14cm营养钵内。基质配比同移苗时一样。注意换盆时，盆底加一层煤渣或粗土，以利排水，上面加一层已配好的基质，然后将苗连同基质一起从小盆中脱出，尽量不使基质脱落，并将其放入大盆正中，再将基质往盆边填满，使土面离盆口1cm，留出浇水空间，轻轻摇匀表土，种球要露出土面1/3～1/2，使生长点暴露在外，促使植株健康成长。以18～20cm间距排放在台架上，棚顶盖上70%遮阳率的遮阳网，一星期后转入正常管理。当盆间的叶片出现拥挤时，调整盆的间距，改善植株生长环境。

换盆后即进入梅雨季节，基质湿度不能过高，尽量做到清晨浇水，傍晚落干。为方便管理，在盆里插入滴管，进行浇水和施肥。每7～10天施一次营养液，浓度为0.15%～0.2%。在此期间，大棚顶膜四周尽量拉高，温室应揭掉四周边窗，开启天窗，使种植区通风良好。晴天中午盖遮阳网，清晨和傍晚揭掉见光。进入7月高温期后，要注意通风、遮阳、降温。高温期可盖两层遮阳网，晴天中午将棚内遮阳网拉上，早晚拉下。在此期间，浇水次数应根据天气决定，高温晴天，每两三天浇一次水，阴雨天尽量不要浇水。营养液每隔7～10天施一次，浓度为0.1%。

(3) 定植及定植后管理

① 定植。9月份仙客来再度进入旺长时期，此时应及时从原有盆中移出，定植于更大一号的盆中。株形较小的品种可以定植到14cm营养钵内，株形较大的应选择15～17cm的钵、盆。培养精品或留作种用的可扩大到18～20cm的大盆。盆土仍可按移苗时的比例配制。定植时，要使球茎露出土面1/2，绝对不能埋没生长点。定植完成以后，浇透水，将仙客来排放在台架上，排放密度的原则是使相邻两盆仙客来叶片不相碰，定植以后的3～5天内，用遮阳网遮去部分阳光，待缓苗后，进入正常管理。

② 定植后管理。白天保持基质60%～70%的湿度，傍晚降到50%以下。特别是在11月中旬以后，应避免在叶面上浇水，保持球茎生长点和花蕾干燥。如果傍晚球茎中间仍然湿度过高，容易发生各种病害以致球茎腐烂，叶基软腐，花苗霉变。

定植以后到10月中旬以前，凡是高于25℃以上的天气，中午仍然要覆盖遮阳网，其余时间要充分见光。11月中旬开始，就应将大棚围膜装好，白天拉起两边顶膜进行通风换气，晚间低于10℃时都应封围膜保温。冬季晚间低于5℃时，应拉二道膜。有条件的地方，应进行加温，促提早开花和提高开花整齐度。

定植后，每星期施一次营养液，其浓度为0.2%左右，每盆每次100ml。10月开始，适当增加磷肥用量或用磷酸二氢钾根外追肥。施肥一定要将营养液沿盆边浇下，绝不可往叶片和球茎上浇。到了11月上旬，种球上已长出许多花芽，这时要多施磷、钾肥。应每隔15～20天，每盆花施8～10粒复合肥，以延长花期。

10月份以后，生长较快的植株会出现早花，为了减少营养消耗，促进叶片生长，应在晴天及时打掉花苞，黄叶、病叶也应及时摘除。这时植株尤其是花梗的伸长，需要充足的光照，因此，要经常拉开聚在植株中间的叶片，保证生长点充分受光，促进提前开花。同时进行整形，使株型美观，有层次感。加强通风，预防灰霉病的发生。

(4) 病虫害防治　仙客来在休眠期处理好，一般不会出现大的病虫害。在前期注意做好土壤消毒工作，杜绝土壤带菌侵染球茎。小苗阶段，喷施20%利克菌1200倍液或50%代森铵200倍液防治立枯病。以后随着温度的升高，容易发生细菌性软腐病、尖镰孢菌病、枯萎病和灰霉病等。可采用科博800倍液灌根预防细菌性软腐病，50%的多菌灵在发病初期7～10天喷洒一次可治枯萎病，对尖镰孢菌可采用根腐宁800倍液喷施防治。用一熏灵可防治灰霉病，对危害严重的植株，应及时清理销毁。仙客来的虫害较少，偶尔发生粉虱、蚜虫等虫害，并多发生在高温干旱季节，要加强预防，棚内放上黄色粘纸除虫，也可用40%乐果乳剂1000倍液喷杀即可。

(5) 盆花上市　仙客来达到商品化要求后，进行标准分级。并在温度相对较低的环境下养护，以延长花期。喷上光亮剂，贴上标签，上市出售。

(二) 一品红

一品红为大戟科大戟属的木本花卉，由于自然花期在圣诞节前几天，故又名圣诞红。极易进行花期调节，可实现周年开花，由于花期长、摆放寿命长、苞片大、颜色鲜艳而深受人们喜爱。特别是红色品种，苞叶鲜艳极具观赏价值，是全世界最重要的盆花品种之一。我国的一品红生产开始于20世纪90年代初，当时由于品种少、技术落后，产量不高。到了20世纪90年代后期，由于引进了外国的先进设施、栽培技术和新品种，产量迅速增加，是冬季重要盆花。

1. 形态特征

常绿灌木，高50～300cm，茎叶含白色乳汁。茎光滑，嫩枝绿色，老枝深褐色。单叶互生，下部叶椭卵圆形，全缘或波状浅裂，有时呈提琴形，顶部叶片较窄，披针形；叶质较薄，两面有柔毛，叶脉纹明显；顶端靠近花序的叶片呈苞片状，开花时呈白、粉、红等色，为主要观赏部位。杯状花序聚伞状排列，顶生；总苞淡绿色，边缘有齿及1～2枚大而黄色的腺体；雄花具柄，无花被；雌花单生，位于总苞中央；自然花期为12月份至翌年2月份。

2. 对环境条件的要求

(1) 温度　一品红不耐寒，栽培适温为18～28℃，花芽分化适温为15～19℃，环境温度低于15℃或高于32℃，都会产生温度型逆境。冬季温度不低于10℃，否则会引起苞片泛蓝，基部叶片易变黄脱落，形成"脱脚"现象，当春季气温回升时，从茎干上能继续萌芽抽出枝条。5℃以下会发生寒害，必须在霜前移入温室。

(2) 光照　一品红为短日照植物，日照10h左右为宜，夏季高温、日照强烈时应遮直射光，并喷雾增加空气湿度。冬季栽培时，光照不足会造成徒长、落叶。对光照强度的管理建议采用摘心前26～36klx，摘心后36～46klx，出售前20～36klx，生产上可通过遮光处理调节花期，处理时要连续进行，不能中断，而且不能漏光。

(3) 水分　对水分的反应比较敏感，一品红既怕旱又怕涝，生长期水分供应充足，则茎叶生长迅速。土壤水分过多有时出现节间伸长、叶片狭窄的徒长现象且容易烂根；过于干旱又会引起叶片卷曲焦枯、叶黄脱落。浇水一般春季1～2天浇水一次，伏天每日浇水一次，还可向叶面喷水。温室管理还应注意通风，开花期温室湿度不可过大，否则，苞片及花蕾上易积水而霉烂。

(4) 栽培基质　要求基质疏松透气、排水良好，最适合的基质pH值为5.5～6.5。现在采用的是无土混合基质，如泥炭、草炭、珍珠岩的混合基质。在国外专业化生产中使用适应不同品种生长发育要求的专用复合基质。如70%的粗泥炭+30%的珍珠岩或岩棉；60%的泥炭+20%的珍珠岩+10%浮石+10%的钙质土或蛭石。

3. 品种选择

一品红的品种主要根据苞片颜色进行分类。目前栽培的主要园艺变种有一品白、一品粉、一品黄、球状一品红、斑叶一品红和重瓣一品红。观赏价值最高，在市场上最受欢迎的是重瓣一品红，其次是自由、彼得之星、成功、倍利、圣诞之星等。近年来上市的新品种有喜庆红、皮托红、胜利红、橙红利洛，苞片大、珍珠等。

4. 繁殖方式

目前大规模生产中普遍采用的是组培苗，以花轴、茎顶端为外植体培养的植株，生长快，大小一致且产品质量高。但一般的生产还是以扦插繁殖为主，成本和技术含量较低。硬枝扦插一般在2月至3月初结合换盆时进行，选取一年生枝条剪成10cm小段，前口沾草木灰稍干后扦插于河砂或蛭石内，扦插深度为4～5cm，遮阳保湿，在温室内保持环境温度20℃左右，约1个月生根；嫩枝扦插时间为5～6月份，在节间适中的优良母株上，剪取长约8cm左右的半木质化嫩枝，剪掉下面三四片叶，将基部浸入清水，洗净切口流出的乳汁，或涂上草木灰，也可以用0.1%高锰酸钾液或100～500mg/L的NAA或IBA溶液处理插穗，风干后扦插。基质一般用河砂、草炭、珍珠岩、蛭石、花泥等，用0.1%高锰酸钾液消毒后使用，防止病毒侵入插穗造成腐烂。扦插株距3～4cm，深度约为插穗的1/2。扦插后及时遮荫和喷雾，控制温度20℃左右，空气相对湿度90%～95%，浇灌用水pH值6.0～6.5。

5. 栽培管理

一品红对环境条件要求较高，除在福建省和云南省等必须在设施下栽培，不能露天淋雨及全光照，否则品质不能得到保证，甚至无法成功生产。其栽培管理技术主要有以下几方面。

(1) 定植 扦插成活后，应及时上盆。开始时上5～6cm的小盆，随着植株长大，可定植于15～20cm的盆中，为了增大盆径，可以两三株苗定植在较大的盆中，当年就能形成大规格的盆花。盆土用酸性混合基质为好，上盆后浇足水置于荫处，10天后再给予充足光照。

(2) 肥水管理 一品红定植初期叶片较少，浇水要适量。随着叶片增多和气温升高，需水逐渐增多，不可使盆土干燥，否则叶片枯焦脱落。

一品红的生长周期短，且生长量大，从购买种苗到成品出货只需100～120天，是需肥量较高的植物，尤其是氮肥和微量元素，而一品红对钙、镁和钼等也均有较高的需求。生产上较常见的施肥方式有：①每次浇水都配施液肥；②按固定间隔期施用液肥；③在基质中混合施用缓释颗粒肥。以每次浇水都配施液肥的方式最好，可有效防止盐分的过量积累，具体如下：一品红定植后7天左右可开始施肥，浓度不宜过高，用氮、磷、钾比为2:1:1的专用肥和硝酸钙等钙肥以50～100mg/L的浓度交替浇灌基质；随着植株生长的加快，逐渐提高肥料浓度；定植21～28天后，肥料浓度可达到220～250mg/L；进入花芽分化期（9月底或10月初）后，应改用氮、磷、钾比为3:1:5的专用肥和钙肥交替施用，浓度在180～200mg/L左右；至苞片完全转色后，肥料浓度逐渐降低，至出售前14天停止施肥，可仅浇灌清水。此外，为防止一品红生长期间缺钼，每14天左右用0.2g/L的钼酸钠随肥浇灌。

(3) 高度控制 传统的一品红盆花高度控制采用摘心和整枝作弯的方法，现在国内生产上使用的一品红盆栽品种多是一些矮生品种，其高度控制主要是根据品种的不同和花期的要求采用生长抑制剂处理，常用的生长控制剂有CCC、B_9和PP 333。当植株嫩枝长约2.5～5cm时，可以用2000～3000mg/L的B_9进行叶面喷洒；而在花芽分化后使用B_9叶面喷肥会引起花期延长或叶片变小。在降低植株高度方面，用CCC和B_9混合物喷施比分开使用效果更加显著，可用 1000~2000mg/L 的 CCC 和 B_9 混合液在花芽分化前喷施。在控制一品红高度方面 PP 333 的效果也十分显著，叶面喷施的适宜浓度为 16~63mg/L。在生长前期或高温潮湿的环境下，使用浓度高，而在生长后期和低温下，一般使用较低浓度处理，否则会出现植株太矮或花期推迟现象。

（4）花期控制　一品红为短日照植物，自然开花期在 12 月。如欲使其提前开花可用短日照处理，一般每天保持日照 9h，单瓣品种遮光 45~55 天即可开花。如要其在国庆节开花，须于 8 月上旬开始定时遮光处理，处理期须适当增加施肥量，尤其磷肥，这样才能花大叶茂。此外，还应尽量使夜温低于 24℃，如夜温过高，则会抑制一品红花芽分化。而如需抑制栽培，则应在 9 月 25 日开始补光，至预定花期前 42~63 天（视品种而定）停光，期间应注意温度管理。

（5）病虫害防治　一品红盆花设施栽培的主要病害有立枯病、茎腐病、灰霉病和细菌性叶斑病，虫害主要有粉虱、叶螨等。

灰霉病病主要采用降低湿度和熏烟的方法来防治。立枯病及茎腐病主要是通过营养土消毒及发病初期喷药防治相结合的办法。粉虱、叶螨主要是以药剂防治为主，在害虫发生期喷施防治粉虱及螨类的药剂，5~7 天一次，连续喷施 2~3 次。所用药剂如扑虱灵、吡虫啉及哒螨灵、克螨特等。

（6）盆花上市和贮运　植株株型丰满，花开始显色时即可上市。盆花在贮运过程中出现的主要问题是叶片和苞片的向上弯曲，主要是乙烯内部积累产生的伤害，为减少这种现象的发生，在启运前 3~4h 内应将植株包装在打孔纸或玻璃纸套中。到达目的地后，立即解开包装，防止乙烯在内部积累产生伤害。在 10℃下，植株在纸套中的时间不要超过 48h，低于 10℃会发生冻害，高于 10℃可造成叶柄向上弯曲和苞片脱落。

（三）杜鹃花

杜鹃花为杜鹃花科杜鹃花属具有观赏价值的植物的总称，简称杜鹃，又名映山红，是我国十大传统名花之一，也是世界上著名的观赏花卉，有"花中西施"之美誉。由于它枝叶稠密、四季苍翠、花色繁多、鲜艳夺目，以之布置园林无处不可，用作盆栽随处相宜，极具观赏价值，深受人们的喜爱。近年来，温室花卉的迅速发展不仅使其大批量生产成为可能，而且还可以通过花期调控，满足各种节日用花的需要。

1. 形态特征

杜鹃花种类繁多，全世界约有 900 余种。杜鹃花在不同的生态环境中形成不同的形态特征，既有常绿乔木、小乔木、灌木，其基本形态是常绿或落叶灌木，分枝多，枝细而直；叶互生，长椭圆状卵形，先端尖，表面深绿色，疏生硬毛。总状花序，花顶生、腋生或单生，漏斗状，花色丰富多彩。我国目前广泛栽培的品种约有 300 种，根据其形态、性状、亲本和来源，将其分为东鹃、毛鹃、西鹃、夏鹃 4 个类型。

2. 对环境条件的要求

杜鹃花种类多，习性差异也很大，但多数种产于高海拔地区，喜凉爽、湿润气候、忌酷热干燥。要求富含腐殖质、疏松、湿润、pH 值在 4.5~6.5 的酸性土壤。部分品种的适应性较强、耐干旱、瘠薄，土壤 pH 值在 7~8 也能生长。杜鹃花属于长日照植物，通常需要在 12h 以上光照条件下才能开花。它喜半荫，忌强光，叶子受到阳光强晒，使叶边缘逐渐由绿变褐红反又变褐黄，出现"老化"现象，夏、秋季应有林木或荫棚遮挡烈日。最适宜的生长温度为 15~25℃，气温超过 30℃ 或低于 5℃ 则生长趋于停滞。冬季有短暂的休眠期。杜鹃根系强大，但须根纤细如发，对水分十分敏感，既要求水分充足又不能积水，所以培养土要排水畅通、不留积水，否则容易烂根甚至导致死亡。杜鹃花对肥料有很高的要求，其性喜肥，而又忌浓肥，根须对肥料的吸收能力较差，特别是在夏秋季节施用浓肥和生肥会造成植株死亡。杜鹃为浅根性，因其根部附生菌根，利于生长发育，故需带土移栽。要求空气湿度在70%～90%。

3. 品种选择

（1）东鹃　即东洋鹃，来自日本。又称石岩杜鹃、朱砂杜鹃、春鹃小花种等，品种较多。其主要特征是体型矮小，分枝散乱，四月开花，着花繁密，花朵小，单瓣或由花萼瓣化而成套筒瓣，少有重瓣，花色多种。传统品种有新天地、雪月、碧止、日之出等。

（2）毛鹃　又称毛叶杜鹃、大叶杜鹃、春鹃大叶种、毛白杜鹃及其变种杂种，品种较少。体型高大，生长健壮，适应力强，可露地种植。花大、单瓣、少有重瓣，花色有红、紫、粉、白及复色。栽培最多的有玉蝴蝶、紫蝴蝶、疏球红等。

（3）西鹃　又称西洋鹃，泛指来自欧洲等西方国家的品种，简称西鹃，是花色、花型最多最美、栽培最广的一类，且花量多、花期长、生长快。其主要特征是体型矮壮，树冠紧密、习性娇嫩、怕晒怕冻，自然花期4～5月份，花色多种多样，多数为重瓣、复瓣，少有单瓣，花径为6～8cm，传统品种有皇冠、锦袍、天女舞、四海波等，近年出现大量杂交新品种，从国外引入的四季杜鹃便是其中之一，因四季开花不断而取名，深受人们喜爱。

（4）夏鹃　杜鹃花中的台阁型，发枝在先，开花最晚，一般在5～6月份，故得名。枝叶纤细、分枝稠密，树冠丰富、整齐，叶片排列紧密，花径为6～8cm，花色、花瓣同西鹃一样丰富多彩。是杜鹃花中重瓣程度高的一类。传统品种有长华、大红袍、五宝绿珠、紫辰殿等。

4. 繁殖方法

杜鹃花繁殖可采用压条、扦插、嫁接及播种等方法，各有优点，播种成苗较慢，除培育新种外，一般不采用；压条、分株在大规模生产中由于繁殖量比较小，一般不采用；嫁接法主要用来繁殖名贵品种，成活率可达90%以上。一般在4～8月份用2年生粗品杜鹃作砧木，可采用嫩枝劈接。嫁接后40～50天即可成活，约60天剪离母体。冬季移入室内阳光充足处养护，1～2年就能开花。

扦插法是目前生产应用最广泛的繁殖方法，具有操作简单、成活率高、生长迅速、性状稳定等优点。据扦插时间可分为春插和秋插。杜鹃花扦插一年四季可进行，选取健壮的半木质化的当年生枝，剪成5～10cm长的插条，顶部留叶2～3片，在200mg/L吲哚丁酸或ABT生根粉液中浸泡1～2h，取出用清水冲洗后扦插于露地插床中。扦插基质为素黄土、河砂或珍珠岩，也可用疏松而富含腐殖质的酸性土壤，密度以不相互遮蔽为度。插后保持温度20～28℃，上覆盖遮阳网和塑料薄膜，经常喷雾保湿控制空气相对湿度在85%以上。毛鹃、东鹃、夏鹃30天左右生根，西鹃60天生根。在全光喷雾床上扦插部分品种20天可生根。幼苗在次年春天移植上盆。

5. 栽培管理

（1）上盆和换盆　栽培基质用含腐殖质丰富的酸性土。一般用松针土、泥炭土、腐叶土、兰花泥等，亦可用腐熟锯木屑加松针土和复合肥，只要pH值为4.5～6.5，通透排水，富含腐殖质均可。选盆大小要适中，最好用泥瓦盆。盆的大小不超过花冠直径的1/2，杜鹃根系浅、无主根、须根多而细，在盆上部呈团状，不易深扎。上盆后浇透水置于半阴半阳处缓苗。

换盆一般是在5月份花后进行。苗期1～2年换一次，成苗2～3年换一次。换土时尽量加原种类型土,加少量缓效肥,同时防止因前后基质不同而引起过干或过湿,影响植株生长。对于衰弱的植株,要等到其长势恢复后方可换盆,而对于盛花期植株,宜在花后进行。

(2) 水肥管理

① 浇水。应根据天气情况、植株大小、盆土干湿、生长发育需要灵活掌握。缺水时,叶片萎蔫甚至枯死,而盆土过湿时,根部通气受阻,则易烂根而导致死亡。水质要不含碱性,如用自来水浇花,最好在缸中存放1~2天,水温应与盆土温度接近。11月份后气温下降,需水量少,室内不加温时3~5天不浇水也可。春天气温回升,花芽开始膨大,叶芽萌动时需水量增加,可适当增加浇水次数。3~6月份,开花抽梢,需水量大,晴天每日浇1次,不足时傍晚要补水,梅雨季节,连日阴雨,要及时排水。7~8月份高温季节,要随干随浇,中午和傍晚要在地面、叶面喷水,以降温增湿。9~10月份天气仍热,浇水不能怠慢,要适当补充水分。天变凉时,移入温室。在加温温室中生长旺盛,需水量大,要多浇水。

② 施肥。杜鹃喜肥,但不耐肥,要薄肥勤施,忌浓肥。常用肥料为腐熟好的液肥,如用青草、鱼杂、菜籽饼等分别或混合沤制。大面积生产杜鹃盆花,可采用复合肥或缓施肥料。开花前,要施磷肥,连续二三次可使花朵大,色泽艳丽,花瓣厚,花期长久。开花期停止施肥,否则落花长叶,达不到观赏要求。开花后补充氮肥,每7~10天施一次20%腐熟液肥,使树体恢复,并促抽梢长叶。梅雨时期,盆土不易干燥,不能施液肥,常以饼肥干施盆面。高温季节,生长停滞,不宜施肥。花芽分化时期在一月,宜施适量的磷酸二氢钾。秋凉后进房前为杜鹃花的长蕾期,要追施磷肥一次。冬季进入休眠期后,停止施肥。

(3) 整形与修剪　杜鹃花萌发新梢和抽生徒长枝的能力较强,枝条密集,必须通过除芽、除蕾、摘心、疏枝及拉、撑、捆、压等方法,使体形优美。一般在上盆后摘心一次,生长旺盛时,秋季再摘心一次,如有花蕾应疏除,使早成型,防止出现僵苗。夏鹃枝多横生,基部萌发的不定芽、过密枝、细弱枝及徒长枝应注意疏剪,花后及时摘去残花。同时在整形时应以自然型为主,并用捆、绑、拉、撑等方法改变枝条形态,使分布合理,姿态完美。

(4) 花期调控　杜鹃花的花期在夏季4~6月份,开花对温度、光照、水分等条件都有一定的要求,温度和光照是影响开花的主要因素。花芽形成后经过一个低温过程,每天保证4~12h光照,温度夜间不低于15℃,白天20℃以上,土壤含水量50%,空气湿度70%~80%,氮、磷、钾、钙、镁、铁比例适合就能开花。

若要使杜鹃花在元旦、春节开花,就是使其提早开花。应选择花芽发育良好、开花早的品种,在节前45天移入温室内,白天保持20℃,晚上不低于15℃,每天向叶片喷水2次以保持盆土湿润,及时抹去花蕾周围发生的新芽。其间要保证土壤含水量50%左右,水分不足会延迟开花。光照不足时,可用日光灯补充。肥料以富含磷钾的液肥为主,每10天一次,但要注意腐熟,稀肥液和水勿溅于叶上。若要推迟开花期,应选开花晚的品种,在秋后入冷室或开花期前一个月放入10℃冷室内,保持土壤微湿和弱光。冷室取出后放在20℃条件下喷水施薄肥,一个月后可开花。开花后保持10~15℃可使花期延长一个多月。

(5) 病虫害防治　杜鹃花的病害有叶斑病、褐斑病、黑斑病、根腐病等,而其中褐斑病、小叶病最易发生、最常见且危害最大,防治较难。叶斑病和褐斑病多发生于梅雨季节,叶片上出现褐色斑块,循环感染,危害甚大,是引起落叶的主要原因。可在花期、花后喷800倍甲基托布津或50%代森锰锌500倍液进行防治。注意改善光照条件,加强通风。黑斑病多发生于高温季节,防治方法是初春到秋末,每10天或半月喷一次甲基托布津、多菌灵、代森锰锌等农药,交替使用效果更佳。根腐病应注意加强栽培管理,需保持土壤湿润、疏松，忌积水，发病初期用12％绿乳铜乳油800～1000倍液灌根，每周灌一次，连续浇灌2～3次，发病严重时应及时将植株从土中挖起（盆栽或盆景应及时翻盆换土），洗去根部泥土，剪除发病的根系，然后用12％松脂酸铜乳油600倍液或50％根腐灵可湿性粉剂500倍液浸泡植株根部30min，再用清水冲洗根部，然后再栽种植株。

杜鹃花的虫害主要有红蜘蛛、蜡虫、网蜷、介壳虫等，主要是由高温闷热引起。杜鹃花的虫害防治较为简单，原则上以防为主，定期喷药。多年观察表明，红蜘蛛对杜鹃花的危害较为普遍，可在其发生期喷乐果1500倍液，每7天一次，连续3次进行防治。同时，在冬季清除枯枝落叶；生长季节加强水、肥、土的管理及营养成分的合理搭配，营造适宜杜鹃生长的环境条件，保持良好的通风环境，对防治虫害也能起到积极的作用。

（四）蝴蝶兰

蝴蝶兰为兰科蝴蝶兰属多年生草本花卉，蝴蝶兰为典型的热带附生兰，是洋兰中的一个大家族，既是名贵的切花，也是室内上佳的盆花。因其花大色艳、观赏期长、风姿飘逸、艳丽超俗、花形神奇、花期多在春节而深受花迷的喜爱，素有"洋兰皇后"的美誉。由于自然生境中繁殖系数很低，属珍稀植物。20世纪80年代以来凭借生物技术实现了蝴蝴蝶兰的工厂化生产，从而进入蝴蝶兰的人工培养、温室栽培阶段。

1. 形态特征

蝴蝶兰根为肉质气生根；蝴蝶兰为单轴性兰，只有一个生长点；叶肉质，互生；花梗是在约2年栽培的健壮植株，从上往下数3～4片完全叶的基部叶芽分化的花芽伸长而来；花由一枚上萼片、两枚下萼片、两枚花瓣、一枚唇瓣、一个蕊柱组成，因开放时花似翩翩起舞的蝴蝶而得名；每支花梗开花6～12朵；可持续开花50～70天。

2. 对环境条件的要求

蝴蝶兰原产热带及亚热带雨林地区，喜高温、多湿、通风、半阴环境，忌烈日，畏冷又畏热。一般较适合的生长温度在20～30℃，最适的栽培温度为白天24～28℃，夜间18～20℃，小苗可以提高到23℃左右，花芽分化期昼夜温差8～10℃。冬季10℃以下生长停滞处于休眠状态，若温度高于32℃，蝴蝶兰通常会进入半休眠状态，要避免持续高温。蝴蝶兰喜欢在空气湿度为70％～80％的环境中生长。

3. 繁殖方式

蝴蝶兰属单茎类兰花，植株极少产生分蘖，主要采用无菌播种和组织培养来进行繁殖，特别是随着植物组织培养技术的快速发展，组织培养已成为繁殖蝴蝶兰的主要途径。

4. 品种选择

花色丰富，品种繁多。目前栽培的条纹花系有条纹兄弟、富女、法利德、拉马捷、太阳升、幸运七等；斑花系有黄后、娜达莎、台南金星、龙睛、西萨、夏威西长等；黄花系有苏珊娜、金砂石、柠檬枇、黄金兄弟、黄帝等；红花系有火爆、台北红、粉红色的礼物、新玛莉等；白花系有城市姑娘、新唐、冬雪、苏氏红唇、露西娅、莉达等。

5. 栽培管理

目前我国专业化的蝴蝶兰生产多采用玻璃温室或塑料连栋温室，对控温条件要求很严格。

（1）基质的选用与处理 所选基质应疏松透气，并有一定的保水保肥性能。常用基质有苔藓、水草或松树皮，也可用木屑或泥炭与砖屑各一半的混合基质。目前市场上蝴蝶兰的栽培基质一般选用水草，种植前，将其浸泡3h，然后甩干至两手紧握水草，水草中挤压出的水成水滴状而不成股流下为宜。

(2) 换钵定植　蝴蝶兰换钵定植是蝴蝶兰栽培中的一个重要环节，该环节各细节的良好把握是减少病虫害发生和后期管理的关键。这里主要针对蝴蝶兰中钵（8cm营养钵）换大钵（12cm营养钵）进行具体的阐述。

① 换钵前对中苗的处理。蝴蝶兰中苗在移栽前要控制浇水，使水草适当干燥，根系不至于太脆，能够减轻包苗时对根系的损伤，并且由于中苗旧水草干燥，而包苗所用新水草具有一定的湿度，这样的湿度梯度有利于诱导新根向外扩张生长。

② 栽苗。包苗时适当紧些有利于水肥的调控，减少基质中盐分的累积，可延长浇水周期，防止浇水次数太多，在一定程度上可以减少因浇水而造成的冻害及病虫害的传播。一般手法是用一只手握住蝴蝶兰中苗的根部，另一只手抓适量的水草，并用其包裹住中苗的根部，送入营养钵，然后两手拇指与其他四指分开，两手拇指置于钵内，其他四指放在营养钵外侧，两手拇指将水草向钵缘用力压，压实后使水草在根壮茎处略高，靠近钵缘处略低，形成一个自然梯度，一方面可以诱导根状茎处发出的新根顺势向下生长，另一方面浇水时外缘先湿且一般湿度要比中间高，这样有利于诱导根系因趋水性而向外生长扩张。

(3) 开花前的管理

① 小苗阶段。从小苗种入5cm营养钵后开始进入小苗养护阶段。白天温度要求在26~29℃，夜晚温度要求在23℃左右。相对湿度保持在70%~80%。小苗种入营养钵后只需给苗进行叶面喷水，待水草干时可淋一次水，过7~15天后，进行淋水而不需叶面喷水。苗长新根前，只进行叶面喷肥，一般3~4天喷一次，氮、磷、钾比为2:1:2和1:1:1交替使用，浓度为5000倍液。待新根长出后，浇透一次水或浇透一次6000~8000倍氮、磷、钾比为2:1:2的液肥。苗种下去2~3天，遮荫特别重要，光照强度只需保持在3~4klx，缓苗后逐步提高至6~8klx，一些白花品种的光强可提高至8~10klx，光照强度可通过室内外遮荫系统进行控制。

② 中苗阶段。当小苗正常生长4~5个月后，若叶尖距为（12±2）cm，叶片完好、根系发育良好，无病虫害感染，即可换入8cm营养钵中。白天温度保持在24~28℃，夜晚温度保持在20~22℃。湿度相对湿度保持在70%~80%。刚换盆的苗要在水草干透后浇一次半透水，以后根据水草的干湿度每隔7~10天浇一次水，还可每天喷雾一次。换盆后浇透一次6000倍氮、磷、钾比为2:1:2的液肥，以后间隔7~10天施一次浓度为4000倍氮、磷、钾比为1:1:1的液肥。缓苗期间，光照强度仍需控制在3~4klx，以利于生根；缓苗期后，光照强度可逐步提高到12~15klx，一些白花品种的光强可提高至15~20klx。

③ 大苗阶段。当中苗生长2.5~3.5个月后，叶间距达（20±2）cm时即可换入12cm营养钵中。白天温度仍保持在24~28℃，夜晚温度保持在20~22℃。相对湿度保持在70%~80%。刚换盆的苗要在水草干透后浇一次半透水，以后根据水草的干湿度每隔7~10天浇一次水，还可每天喷雾一次；间隔7~10天施一次浓度为2500~3000倍（氮、磷、钾比为1:1:1）的液肥。光照强度应提高到20klx左右，光强过低容易徒长，影响以后开花的品质。

(4) 催花管理　白天温度保持在25~28℃，夜晚温度保持在15~18℃，昼夜温差8~10℃。相对湿度保持在80%左右。根据水草的干湿度每隔7~10天浇一次水，每天还可叶面喷雾一次。间隔时间为7~10天施一次2000~2500倍氮、磷、钾比为1:3:2的液肥。光照强度在不灼伤叶片的前提下可提高至30~40klx。

(5) 出箭后管理　出箭后一段时间，挑出长短不一的花梗进行区别对待，较长的花梗要利用撑架进行支撑。长梗苗要求昼温保持在24~25℃，夜温保持在16~17℃；短梗苗要求昼温保持在27~28℃，夜温保持在18~19℃。相对湿度保持在75%~80%。长梗苗每隔

7~10天浇施一次2000倍氮、磷、钾比为1:1:1的液肥；短梗苗用2000倍氮、磷、钾比为1:5:2和1:1:1的液肥，每周进行交替使用，开花后立即停止一切肥料，仅提供花期所需的少量的水分即可。光照强度为20~30klx，可延长花期。

（6）花后管理　花期一般在春节前后，观赏期可长达2~3个月。当花枯萎后，须尽早将凋谢的花剪去，减少养分的消耗。当基质老化时，应适时更换，否则透气性变差，会引起根系腐烂，使植株生长减弱甚至死亡。一般在新叶生长出的月份换盆为宜。

（7）病虫害防治　蝴蝶兰常见的病害有叶斑病、褐斑病、软腐病、灰霉病、炭疽病等，在瓶苗进入温室之前，应进行全面消毒预防病害；发病时可用托布津、百菌清、多菌灵等药剂喷洒防治。

虫害主要有介壳虫、红蜘蛛、蛞蝓等，可用50%辛硫磷或40%三氯杀螨醇1000倍液进行喷洒防治。

（五）水塔花

水塔花又名红笔凤梨、红藻凤梨、水槽凤梨，为凤梨科凤梨属花叶俱美的多年生室内观赏植物。其株形优美，叶片和花穗色泽艳丽，花形奇特，花期可长达2~6个月，是新一代室内高档盆栽花卉，是目前最重要的新年春节花卉之一，具有很大的发展潜力。

1. 形态特征

水塔花为多年生附生草本。茎短，叶宽条形，革质，鲜绿色，表面有较厚的角质层和吸收鳞片，基部呈莲座状互相紧密抱合成杯状。花期为冬季至早春，花葶从叶筒中心抽生，高约30cm，自基部向上有数枚苞片，苞片粉红至深红色。花序穗状，往往成下垂形，4~12朵小花，花瓣3枚，淡蓝绿色，边缘深蓝紫色，开放后向外翻卷。

2. 对环境条件的要求

（1）温度　性喜温暖，较耐寒，能经受短期0℃的低温。一般情况下，温度适宜控制在20~25℃，早晚温差不宜大。栽培3个月后，温度可调至18~28℃，日夜温差应适当增大，利于生长。

（2）湿度　喜高湿环境，空气湿度宜维持在75%~85%。苗期相对湿度控制在80%~85%，栽植3个月后宜控制在75%~85%。

（3）光照　凤梨适宜半阴环境，光照强度在18klx左右。一般而言，苗期将光照强度控制在15klx左右，光照过强会影响缓苗速度，三个月后可将光照强度增加到20~25klx。光照过强时可用遮阳系统进行遮阳，早晨、傍晚和阴天要充分利用光照。

（4）通风　在夏天高温高湿期间，良好的通风对植株极为重要。必要时可采用开顶窗、侧窗等方法进行通风，平常对通风要求不严格。

3. 品种选择

常见品种有美萼水塔花、红水塔花、夜香水塔花、宫女泪、条纹水塔花、美叶水塔花等。

4. 繁殖方法

水塔花可通过播种、组织培养、蘖芽扦插繁殖。种子繁殖的水塔花生长缓慢，长势较弱，一般要栽培5~10年才开花，除育种外一般不用；组织培养法繁殖系数高、繁殖速度快，植株生长比较一致，开花早，大规模商业化生产多采用，但生产技术及成本相对较高，小规模生产和家庭栽培多采用蘖芽扦插。

组织培养育苗常用幼株茎段作外植体，剥去幼叶，用解剖刀细心清净残留的一圈圈叶片基部组织，切下约3mm的顶端或稍长的茎段接种于诱导培养基。诱导用MS+5mg/L 6-苄基腺嘌呤+0.5mg/L萘乙酸；增殖用MS培养基+1mg/L 6-苄基腺嘌呤+0.1mg/L萘乙酸；

生根用 1/2MS 培养基＋0.5mg/L 萘乙酸。

5. 栽培管理

我国目前专业化的水塔花生产多在塑料连栋温室或钢架塑料大棚内进行，在南方地区只需在遮阳网下栽培；上海、江苏等地区主要采用钢架塑料大棚配合遮阳网内栽培。

(1) 定植　当试管苗根长到 0.5~2.0cm，主根多于 3 条，须根发达，叶色浓时定植于 8cm 营养钵中，缓苗期短，长势旺，成活率高达 100％。

(2) 换盆　种植 4 个月后便需换盆，换盆时，先在盆底放一层介质，再把植株从小盆中连土取出，放在盆中央，周围放入介质，轻压以确保植株直立，同样介质不宜压得太紧，以确保良好的透气性。种植深度以 3~4cm 为宜。换盆后立即浇透清水，一个月后便可施肥。

(3) 栽培基质的选配　生产栽培的水塔花为附生种，要求基质疏松、透气、排水良好，pH 值呈酸性或微酸性。生产上宜选用通透性较好的材料，如树皮、松针、陶粒、谷壳、醋糟、珍珠岩等，并与腐叶土或牛粪混合使用。

(4) 肥水管理

① 水分管理。水质对水塔花非常重要，一般含盐量越低越好，pH 值为 5.5~6.5。夏季为观赏凤梨的生长旺季，需水量较多，除每 1~4 天向叶杯内浇水 1 次（水要先贮存 1~2 天），保持叶杯有水外，还需经常向根部盆土浇水，保持盆土湿润。冬季进入休眠期后，每 2 周向叶杯内浇水 1 次，介质"不干不浇"，否则太湿易烂根。

② 肥料管理。以"薄肥勤施"为准。生长季节约半个月左右施一次稀薄腐熟液肥或复合化肥，宜随水施肥，肥液的 pH 值在 5.5~6.0，开花前增施 1~2 次 0.2％磷酸二氢钾，水塔花肥料氮、磷、钾的比例一般为 2:1:2。

(5) 花期的控制　水塔花自然花期为 7~9 月份，为使水塔花能在元旦或春节开花，可人工控制花期。一般用 0.1％~0.4％乙烯利或乙炔水溶液或 0.5％~5％电石（碳化钙）除去残渣的水溶液灌入已排干水的叶丛凹槽内。7 天后倒出，换清水倒入凹槽内，一般处理后 2~4 个月即可开花。

人工催花应注意以下几点。①要选完成营养生长阶段的植株，至少有 12 片充分发育的叶片（包括已枯死的老叶）和 6 片先端的叶片，积累足够的营养物质。如叶数太少，营养不足，即使催花成功，花开也达不到观赏标准。②药剂的浓度因品种不同而不同，一般根据叶片的厚薄确定，叶薄品种浓度低些，叶厚品种浓度高些。浓度不足催花迟误，浓度过高则叶片易干枯；乙烯利或乙炔浓度超过 0.4％对有些种有毒害作用。③催花一般要在室温 20℃左右进行，温度越高，催花时间越短；温度越低，催花时间越长，但日温在 15℃以下催花难以成功。

(6) 病虫害防治　水塔花的主要病害有根腐病和心腐病，防治方法是及时清除病株，并在肥水中加入 0.1％多菌灵药液浇施防治。用 75％的代森锰锌 700 倍液灌心，每隔 10~15 天灌一次，连灌 2~3 次即可有效防治。平时要加强通风，定期消毒，经常用清水冲洗心叶。

虫害主要是介壳虫、红蜘蛛和蚜虫，可用乐果 1000 倍液或三氯杀螨醇 2000 倍液喷施防治。

第三节　设施果树栽培技术

设施果树栽培又叫保护地果树栽培，是指利用温室、塑料大棚或其他设施在人工控制条件下进行的反季节、超时令果品生产。它可以根据果树生长发育的需要人为调节环境生态因子如温度、湿度、光照、二氧化碳，从而调控果树成熟期，达到四季结果、周年供应，显著提高果树的经济效益。设施果树栽培是整个果树业的一个重要分支,已成为加快发展高效农业的新的增长点,被认为是21世纪农业的高新技术产业。

一、葡萄

葡萄美味可口,营养价值高,富含矿物质、维生素、氨基酸,其中含有人体必需的8种氨基酸,这是任何水果和饮料都无法比拟的,所以人们把葡萄称为天然氨基酸食品,有降低胆固醇含量、预防心血管疾病的作用。因此葡萄树已成为具有良好市场前景的优势树种之一。

目前葡萄设施栽培集中向促成栽培、延迟栽培、避雨栽培、观赏栽培四个方向发展。下面以促成栽培为例介绍葡萄设施栽培技术。

(一) 品种选择

1. 品种选择的原则

宜选择花粉量大,自花结实力强,连续结果能力强,丰产性好的品种;选择需冷量低,休眠期短,果实生育期短的早熟或特早熟优良品种;选择耐高温、高湿、弱光、适应性强的品种;选择果穗、颗粒大、穗形、果形美观、色泽红艳、品质优、耐贮运的品种。

2. 优良品种

(1) 乍娜 欧亚种,二倍体。我国于1975年由阿尔巴尼亚引栽成功。果穗长圆锥形,平均穗重850g,最大的1000g。果粒大,平均单粒重9.7g,最大的17g。果粒着生紧凑,粒色粉红色,肉脆,多汁、味甜,具清淡的香味,果皮果肉较易剥离。丰产性强,但易裂果。露地条件下4月初萌芽,5月中上旬开花,7月中下旬成熟,是优良的早熟品种。

(2) 凤凰51 欧亚种,二倍体。大连市农业科学研究所以白玫瑰香×绯红杂交育成。果穗圆锥形,平均穗重347.4g,最大穗重达1000g以上。果粒近圆形或扁圆形,部分果粒在成熟前出现3~4浅瓣(沟),形似小南瓜,平均粒重7.1g。果皮紫玫瑰红色至紫红色,果肉稍脆,有玫瑰香味,可溶性固形物含量为13%~18%,品质上等。

(3) 京秀 欧亚种,二倍体。中国科学院植物研究所北京植物园于1981年育成。果穗较大,平均穗重521.2g;果粒中大,平均粒重6g左右,椭圆形;果皮鲜紫红色,外观美丽。果肉脆甜可口,可溶性固形物含量16%~18%,香味浓,品质优。在我国北方,露地栽培成熟期为7月上旬,保护地栽培为"五一"前后。

(4) 巨峰 欧美杂交种四倍体。原产于日本。巨峰是目前我国栽培面积最大的中熟生食品种。是设施栽培的主栽品种。果穗圆锥形,平均穗重400g,最大穗重1000g以上。果粒椭圆形,平均粒重9~12g,最大粒重15g,紫黑色,可溶性固形物含量15%~17%。味酸甜。树势强,芽眼萌发率高,可进行两次结果。巨峰抗病力强,特别抗黑痘病和霜霉病。果柄短粗,运输时易脱粒。在日光温室中,2月上旬萌芽,4月上旬开花,5月下旬开始着色,6月下旬成熟,比露地栽培提前成熟50天以上。

(二) 日光温室葡萄栽培技术要点

1. 定植

(1) 苗木的选择 健壮无病的苗木是温室葡萄丰产的基础。一般选用加温催根的一年生扦插苗或当年扦插的营养钵苗,壮苗标准为根系分布均匀、不卷曲、须根多,20cm以上的侧根数在6~7条以上,侧根粗度在0.3~0.4cm以上;枝条充实,节间短,芽饱满,直径达1~1.5cm最适宜。一般冬季空闲的温室或准备新建的温室可用一年生扦插苗。

(2) 苗木定植及整形 一般葡萄于春季或秋季定植,株行距要依据品种、整形方式、设施类型而定。采用篱架、"Y"字形或单臂独龙干整形。小棚架应采用0.5～1.0m的株距、3～4m的行距；篱架采用等行距或大小行定植，株行距1m×0.5m左右。日光温室栽培以篱架和单臂独龙干整形为主，南方大棚及避雨栽培以"Y"字形或单臂独龙干整形的较多。

2. 扣棚时间的确定

葡萄从霜降落叶后至12月中下旬即可完成自然休眠。自然休眠期结束方可开始扣棚加温。但应根据各地区气候条件决定扣棚的早晚，因葡萄通过自休眠需要1100～1200h低温期才能正常生长发芽，所以落叶后监测夜间温度在7.2℃以下时可及时扣棚，并盖上草帘。

具体方法：白天盖草帘遮光，夜间打开放风口降温；白天关闭所有风口以保持低温，满足其需冷量。覆盖材料宜选用透光率高，抗污染能力和保温性强，耐性良好的无滴膜，保证采光和保温性能。

生产上为打破休眠，促进发芽可采用石灰氮处理葡萄枝芽。处理时间可在升温前15～20天进行。将1kg石灰氮放入盛有40～50℃温水的塑料桶中，搅拌1～2h使其均匀呈糊状，使用前，加少量黏着剂。采用涂抹法，即用海绵、棉球等蘸药涂抹枝蔓芽体，涂抹后，将枝蔓顺行向贴于地面，并盖塑料薄膜保湿。葡萄经石灰氮处理后，可提前20～25天发芽。

3. 扣棚后的管理

(1) 温度管理　扣膜后3～5d是全盖帘期，待地面完全解冻后，葡萄经过自然预备、短暂适应后，开始白天揭帘升温。升温按生长阶段的不同，大致分为三个阶段管理。

① 前期。萌芽到开花前，棚内白天温度可迅速提高到23～25℃，采光好、保温佳的温室可提高到27～28℃。要注意超过25℃时应及时放风、控制温度。前期温度过高，往往生长发育不整齐。夜间应注意保温，使温度维持在7～8℃。

② 中期。开花前后，由于开花授粉对光照的要求极为敏感，白天要尽量增加日照、升温，同时及时换气。温度控制以25～28℃为宜。超过30℃应及时通风。夜间做好保温，使温度维持在14℃以上，以利授粉受精，提高坐果率。

③ 后期。浆果膨大至成熟，自然温度开始回升，棚内外温差小，可维持棚内白天28～32℃，夜间15～17℃。昼夜温差控制在10℃以上，利于浆果上色。

(2) 湿度管理与灌水　芽萌动到开花前，室内相对湿度可高些。花期适当的干燥利于花药开放和花粉散发。花期湿度过大，坐果率明显下降。花期的相对湿度宜控制在60%～65%，这与自然条件下同一物候期的大气相对湿度基本一致。在越冬前浇透水的基础上，可在扣棚解冻后浇第一水，芽萌动时浇第二水，花前浇一次小水。浇水后，随即全园覆盖地膜，即可提高地温，又可降低空气湿度，利于开花坐果。等到全园95%的花凋谢后，可浇花后第一次水，隔20天左右浇第二水，其后在浆果变软前再浇一水。揭棚后露地栽培期，按常规管理进行浇灌，秋施基肥，结合施肥浇水，越冬前灌封冻水。

(3) 施肥与气体调节　温室葡萄在露地栽培时，9月下旬至10月上旬要集中施一次基肥。基肥以充分腐熟的有机肥为主，配合速效性氮、磷、钾和适量的微肥。每亩施用有机肥5000kg、硫酸钾50kg。芽萌动期，每亩追施三元复合肥50kg，尿素50kg。花前进行叶面补肥2～3次（尿素、叶面复合肥和光合微肥等）。花后，结合浇水追施尿素50kg。4月下旬至5月上旬，每亩追施硫酸钾50kg。浆果膨大至成熟，叶面喷施2～3次稀土微肥和光合微肥。

(4) 光照管理　葡萄是喜光植物，对光照敏感。光照不足，节间细长，叶片大而薄，光合效能低，还易引起落花落果，致使果实着色差，酸度高，品质降低。而设施内的光照通常只有自然条件下光强的60%～70%。若覆膜污染严重，尘埃多，附有水滴，透入室内的光线更弱。为了增加光照强度，每季最好使用新的棚膜；及时清除棚膜灰尘污染；尽量减少支柱等附属物的遮光；加强夏季修剪，减少无效梢叶的数量；阴天，尤其是连续阴天可使用人工光源补光。

4. 花果管理

(1) 提高坐果率　设施条件下由于营养失调和气候条件不适宜等原因，常会出现比露地栽培严重的落花落果现象。因此，结合环境调控，在加强肥水管理、整形修剪等综合管理的基础上，应采取必要的保花保果措施，以提高坐果率。

① 及时摘心。花前一周，对结果新梢在花序以上留5～7片叶摘心，防止养分向新梢顶端输送，有利于提高坐果率。新梢摘心后，对其副梢也需及时摘心，也可只留顶端1～2个副梢摘心，而疏去其他副梢。

② 喷施硼肥。花前对叶片、花序喷施一次0.2%～0.3%的硼酸或0.2%硼砂溶液，每隔5天左右喷1次，连续喷施2～3次。

③ 喷施植物生长调节剂。在花期或开花前喷施250μl/L矮壮素，在盛花期以25～40μl/L赤霉素溶液浸沾花序或喷雾，不仅提高坐果率，而且可以提早15天左右成熟。

(2) 疏穗、疏粒、合理负荷　设施条件下，对葡萄进行疏穗、疏粒等工作可以起到调节产量、美化果穗和提高品质的作用。

① 负载量指标。温室葡萄的产量不要求太高，一般要求亩产2000～2500kg，株产葡萄3～4穗，平均穗重0.5～0.8kg。因此，为了节约养分，应在花前尽早疏除过多花序，疏花序时本着弱梢不留、中梢留一个、强梢留两个的原则进行。疏除时注意，先疏去弱小花序和特大花序，尽量保留大小基本一致的花序。

② 疏穗及果穗整理。谢花后10～15天，根据坐果情况进行疏穗。对留下的果穗进行整理，即对大型果穗先疏剪去副穗和穗尖，再掐去一、二分枝的尖部，掐去穗尖的1/5～1/4。

③ 疏果粒。落花后15～20天，疏剪去一个果穗上过多的果粒及病虫果粒。疏粒后，不但增加果穗的美观程度，还可减轻病害的发生。设施栽培的品种如玫瑰香、泽香等，其中的大型果穗可留90～100粒，穗重500～600g；中型穗可留60～80粒，穗重400～500g。对巨峰系列的大粒品种，每穗可留30～50粒，穗重300～500g。

(3) 促进果实着色和成熟

① 环割、摘叶与疏梢。浆果着色前，在结果母枝基部或结果枝基部进行环割，可促进浆果着色，提前7～10天成熟。浆果开始着色时，摘掉新梢基部老叶，疏除遮盖果穗的无效新梢，改善通风透光条件，促进浆果着色。

② 喷施脱落酸（ABA）。脱落酸对促进浆果着色效果非常明显。使用浓度为100～200mg/kg，处理时间和方法同乙烯利。

③ 喷稀土元素。商品稀土微肥称为农业益植素，简称"农乐"。在葡萄开花前、盛花期及浆果膨大期，各喷一次500～1000mg/kg的稀土元素，产量可增加10%～30%，含糖量可增加1个百分点，成熟期约提前7天。稀土肥料只能溶于微酸性溶液中，在硬水和碱性溶液中易形成沉淀而不能溶解，所以在配制时应先将水调成微酸性（pH值5～6），再加入稀土微肥，充分搅拌，待其完全溶解时再配成所需浓度使用。叶面喷施稀土微肥浓度不可超过1%，否则容易产生药害。

5. 生长期修剪

(1) 抹梢　在生长前期抹去多余的新梢，改善通风透光条件，节约养分。

(2) 结果枝摘心　在花序上部留4～6片叶摘去结果枝的顶端，控制加长生长，提高坐果率。

(3) 副梢处理　将结果枝下部的副梢及时抹去，花序以上的副梢保留1片叶摘心，结果枝顶端的副梢每次留2片叶摘心。

(4) 除卷须和引缚新梢　卷须消耗营养，要及时去掉。当新梢长至40cm左右时要进行绑缚，有利于通风透光。

(5) 揭棚后修剪　棚内光照强度弱，光质差，温度高，营养消耗大，积累少，因此棚内形成的新梢难以形成花芽，修剪上要采取与露地不同的方法，以保证连年丰产。当温室葡萄采收（5月中旬至6月上旬）后，将所有新梢进行1~3芽的重短截修剪，刺激冬芽在当年萌发，不留果穗，而是培养新枝作为下年的结果母枝。这种特殊修剪方法，具体到每一个品种时应灵活运用。

6. 病虫害防治

葡萄主要病害有灰霉病、霜霉病、白腐病等，虫害有白粉虱和介壳虫等。可利用冬季彻底清园、剪除病虫枝、刮树皮、烧毁残枝落叶等措施预防病虫害的发生。灰霉病在花前喷50%多菌灵500~800倍液或50%甲基托布津500~800倍液防治；霜霉病用40%乙磷铝（或霉疫净）200~300倍液或40%瑞毒霉800~1200倍液防治，也可用瑞毒霉药液灌根，借助根系吸收运输到枝蔓，能达到长期预防的效果；白腐病发病时用福美双600~800倍液或百菌清500倍液防治。白粉虱的成虫采用80%敌敌畏乳油或40%氧化乐果乳油100倍液防治，若虫及蛹可每周喷1次25%扑虱灵可湿性粉剂2500倍液防治；介壳虫可在发芽前枝蔓全面喷5°Bé石硫合剂预防，若虫用2.5%溴氰菊酯4000倍液或20%灭扫利5000倍液等防治。

7. 采收、包装与运销

设施葡萄主要供鲜食，当果实达到固有风味和色泽时采收，注意轻拿轻放，整穗后包装，以1kg/盒的包装为宜。如果不能立即销售，可置于冷藏条件下。在运销过程中，装车、卸车一定要避免摔、压、碰、挤。

二、桃

与露地栽培相比，设施栽培具有以下特点。一是成熟早，促早栽培4月初即可上市，调节鲜果供应。二是便于密植和整形。三是结果早，早丰产。四是桃果不耐贮运，以鲜果为主，季节性差价大，经济效益极佳。

(一) 品种选择

应选择极早熟、早熟的优良品种；选择需冷量少的品种；选择综合性状优良的品种如果大、味浓、色泽、丰产的优良品种配置授粉树。目前栽培的主要优良品种有以下几种。

1. 曙光

中国农业科学院郑州果树研究所选育，极早熟黄肉甜油桃。果实近圆形，全面浓红，外观艳丽，平均果重100g，大果150g。果肉硬溶质，风味甜，有香气，品质中上，耐贮运。华北地区6月初成熟。该品种花粉量大，但自花坐果率稍低，需配置授粉树。

2. 华光

极早熟白肉甜油桃。果实近圆形，大部分果面着玫瑰红色，外观美。单果重80g，大的120g，软溶质，风味浓甜，有香气，品质优良。华北地区5月底、6月初成熟。该品种花粉量大，能自花结实，极丰产，是一个优质的极早熟品种。

3. 丹墨

全红型极早熟黄肉甜油桃。果实圆正，美观亮泽，全面着深红色或紫红色；单果重

80g，大果130g。硬溶质，风味浓甜，香味中等，品质优，耐贮运性好。华北地区6月10日左右成熟。

4. 早红宝石

中国农业科学院郑州果树研究所选育。果实圆形，平均单果重103g，最大156g；果实全面着宝石红色，风味浓甜，汁液多，有香气；可溶性固形物含量为12%。黏核，果实在常温下可贮藏7～10天。无裂果，日光温室栽培一般4月上旬成熟上市。

5. 五月火

山东省果树研究所于1991年从美国引进。果实中大，平均单果重80g，最大165g；果实长圆形；果面呈明亮鲜红色，底色黄；质地细嫩，酸甜爽口，香气浓郁。果实生育期55～60天，属特早熟品种。树势强健，分枝多，易成花。自花结实能力强，早实丰产性好。可当年定植，当年成形，当年扣棚，翌年春天果实成熟上市，需冷量400～500h，是上市较早的保护地油桃之一。

此外，比较适宜设施栽培的优良品种还有砂子早生、早露蟠桃、超五月火、NJ72、早红珠、瑞光2号、雨花露等。

（二）适用的设施

栽培桃常用的设施主要有塑料大棚、日光温室、防雨棚，生产上多进行促成栽培。防雨棚是在树冠上搭建简易防护设施，用塑料薄膜和各种遮雨物覆盖，达到增温、避雨、防病、提前或延迟果实成熟等目的。塑料大棚和日光温室是桃设施栽培的主要设施。

（三）栽培技术要点

1. 栽植和控冠促花

为达到一年栽树、年底罩棚、来年丰产的目标，一般采用株行距为(0.7～1.2)m×(1.3～2)m的高密度栽植，以增加单位面积株数，提高产量。为控制树冠，促进成花，一般于6月底至7月上中旬叶面喷施15%的多效唑100～300倍液，10～15天后再喷一次。

2. 整形修剪

（1）树形培养　设施桃的树形根据设施结构、株行距确定。日光温室前端和大棚两侧空间小，树体不能太高，一般采用"Y"形；中后部位置高，有效空间大，可采用主干形、棕榈叶扇形。

因为棚内株行距较小，常采用两个主枝的开心形，即"Y"形，主干高30～40cm。桃苗生长到40～50cm时摘心，选留生长健壮相近的两个新梢作主枝培养，主枝50cm时摘心，促发二次枝。第一年冬剪时在长约50cm处选饱满芽短截，使延长头能旺盛生长。距树干30～35cm处选一健壮枝作为第一侧枝或第一个结果枝组，留4～5芽重短截促发旺枝。其余枝轻剪使其结果。第一侧枝的伸展方向要和另一主枝上的侧枝错开，即一个向南，一个向北。第二侧枝距第一侧枝30～35cm，方位与第一侧枝相对。具体操作时，第一侧枝距主干和第二侧枝的距离，根据以后间伐计划确定，如原定植为1m×1.5m，如隔行间伐，行距即成3m，这时侧枝间距离就可按40～50cm培养，间伐后株行距一般为2m×3m，以后的枝组配备基本同露地生产。

（2）修剪方法

① 早培养，早成形，早结果，以果压冠。露地生产时，一般采用较大的株行距如3m×4m、4m×5m等，而大棚栽培的密度比露地高出8～20倍，一般444～700株/亩，甚至更密。密度不同就决定了管理技术的不同。露地前两年以长树为主，尽可能扩大树冠，注意培养永久性骨干枝；而大棚桃密度大，要获得早期较高收入，就必须以培养结果枝为主，3年

的工作要在1年完成。所以，前期猛促生长，早成形，后期控制生长，多成花。

在整形时，无论是主干型、"Y"形、棕榈叶扇形等都要把增加枝量放在首位。要在肥水充足供应的前提下多次摘心，促发更多的二次枝、三次枝，但在增加枝量的同时，要考虑永久性结果母枝的培养，就是不打头，使其保持旺盛生长势。如果忽略了这一点，桃萌芽力、成枝力很强，枝叶生长量很大，下部枝条迅速被上部枝叶遮光，以后再培养就很困难。所以，在主干40cm左右要尽早选好骨架枝。对影响骨架枝生长的枝条，施行拉、扭改变位置。结果后，以果压冠，削弱顶端生长优势，采果后缩剪恢复枝量。

② 打开光路，理顺水路。大棚栽培本身属于密集型栽植，加上前期使用多效唑，尤其是土施多效唑，枝条向侧下方生长。光线不足，致使中、下部、内膛枝细弱甚至枯死，产量低。所以，要在采用叶面喷施多效唑的情况下，对上部密枝进行疏剪，打开光路。

由于密植导致光线不足，出现上强下弱、外旺内虚现象，除了打开光路外，还要疏通水路，对旺枝进行"堵"，使下部枝得到更多的养分、水分，调节上下平衡、立体结果，延长经济寿命。

③ 不断改形，适时间伐。整形修剪以在单位空间获得最高的有效叶面积为目的。随着树体的不断增大，光照条件越来越恶化。这就需要通过疏、截、缩的方法，改变树体结构，改善光照条件。

④ 重（勤）夏剪，精（细）冬剪。桃生长季修剪占整个修剪量的70%以上，大棚桃更要重视。夏剪以控制枝条旺长，解决通风透光，促进花芽分化和果实成熟为主要目的。从抹芽开始，不该要的枝条，如背上直立枝、并生枝，尽早抹掉；枝条角度和方位不合适时，通过拉枝，调整角度；有空间需留枝，但新梢过旺时，可通过摘心、扭枝等手法控制和培养；枝条过多、树冠荫蔽部位，要及时疏除过密枝，以利通风透光，节约养分。尤其在果实采收后，对结果枝组要进行重回缩、强短截，促其形成新的树冠。在果实着色期，还要对果枝进行吊枝、拉枝、少量摘叶，让果实见到更多的直射光，增进着色，提高品质。

冬季修剪重点是维持树形，选留预备枝，精细修剪各类结果枝。在了解品种的坐果率、果实大小，保证光、温、水的前提下，以产定枝，以枝定果，以果定芽。一般长果枝结3~4个果，留4~8对花芽；中果枝结2~3个果，留3~5对花芽；短果枝结1个果或不结，不剪或疏除；花束状结果枝根据位置，结果母枝长度、粗度，回缩修剪。注意枝组的培养与更新，留好预备枝，否则衰弱很快，最后枝干形成光秃（俗称光腿）。

3. 扣棚及以后管理

桃树需冷量满足后，即可升温解除休眠。大部分品种可在1月上旬扣棚升温。

(1) 萌芽期 1月中旬至2月中旬，前期温度由白天5~10℃、夜间3~5℃逐渐升温至白天10~28℃、夜间3~6℃，湿度保持在70%~80%。到萌芽时温度白天维持在10~25℃，夜间5℃左右，湿度仍为70%~80%。

(2) 开花期 2月中下旬，温度控制在白天10~22℃、夜间5~10℃，湿度50%~60%，不要超过60%。遇连阴天时，注意加温增光，温度不要超过23℃。同时注意疏蕾、人工授粉和放蜂等。

(3) 幼果期 2月下旬到3月中旬，白天温度控制在15~25℃，夜间控制在8~15℃，湿度维持在50%~60%。此时新梢也开始生长，叶片展开。

(4) 果实膨大期 3月中旬至4月上中旬，白天温度维持在15~28℃，夜温控制在10℃左右，湿度维持在60%以内。

(5) 着色期和采收期 4月中、下旬，白天温度控制在15~30℃，夜间10~15℃，其中着色期白天温度和采收期的夜温可稍低。湿度同露地。

另外在草苫的揭放上，开始 4~5 天升温时，先揭 1/3，再揭 1/2，最后揭完，以逐渐提高温度。萌芽期和开花期，外界温度偏低，因此要日出后 0.5~1.5h 揭苫，日落前 0.5h 放苫。幼果期，太阳升起时揭苫，落下时放苫。以后可根据情况不放苫，后期去掉顶端棚膜，并注意改善光照，增进着色。

4. 病虫害防治

设施栽培桃的主要病害有细菌性穿孔病、炭疽病和流胶病等。可在发芽前喷石硫合剂、花后喷代森锌、果实成熟期喷甲基托布津等进行防治；流胶病用 70% 的甲基托布津 1000 倍液防治。

虫害主要有蚜虫、红蜘蛛、潜叶蛾等。桃蚜可在芽萌动初期喷速灭杀丁 2000 倍液防治，红蜘蛛和潜叶蛾用蛾螨灵 2000 倍液防治。

5. 采收、分级、包装

(1) 采收

① 采收时期。桃不耐贮运，需要成熟度达 8 成时采收。具体标准是：果实底色由绿转白或变黄，果核及种皮变成褐色，具有本品种固有的色泽和风味时采收。

② 采收方法。桃是肉质果，含水量高，稍有损伤极易腐烂，因此采收时应全掌握桃，均匀用力，稍微扭转，顺果枝侧上方摘下。对果柄短、梗洼深、果肩高的品种，摘取时不能扭取，而是全掌握果顺枝向下拔取。采收的顺序应从上往下，由外向里，逐枝采摘，以免漏采和减少枝芽与果实的擦碰损伤。采摘时，动作要轻，不能损伤果枝，对果实要轻拿轻放，避免刺伤、捏伤、挤伤，所用的筐、箱要用软质材料衬垫。保护地桃可分 2~3 次采摘。

(2) 分级、包装　采收的果实集中后，就地分级包装。分级时，先捡出病残果、畸形果，然后按大小、色泽和成熟度分成不同等级。

保护地栽培的桃是高档水果，商品价值高，可采用特制的透明塑料盒或泡沫塑料制品的包装盒，每盒以 0.5~1.0kg 为宜。包装好以后，迅速运往销售地点或冷库贮藏待销。

三、草莓

草莓的果实营养丰富，具有较高的食用和药用价值。它植株矮小，结果较早，病虫害少，且喜冷凉湿润气候，适合设施栽培。通过日光温室，大、中、小棚等多种设施栽培延长了草莓鲜果的市场供应期（从 11 月份开始到翌年的 6 月份），同时也增加了生产者和经营者的经济效益，成为许多地区高效农业的主导产业。

(一) 优良品种选择

选择品种应根据上市早晚而定。如元旦至春节成熟上市，可选用休眠期短的早熟品种，如丰香、明宝、弗吉尼亚等；若在春节前后成熟，可选用果个大、耐贮运的中晚熟品种，如全明星。栽培的优良品种有以下几种。

1. 丰香

丰香为日本品种，由绯美香与春香杂交育成。植株直立、健壮，分枝力中等。花序低于叶面。坐果率高，果实圆锥形，畸形果少。第一级序果平均单果重 42g，最大 65g。果面鲜红，有光泽；果肉淡红色，果肉硬，耐贮运。含糖量高，酸度适中，香味浓，是鲜食、加工兼备的优良品种。休眠浅，打破休眠在 5℃ 以下低温只需 50~100h。是目前设施栽培应用最广的优良品种。

2. 弗吉尼亚

又名 TODLA。该品种果形长平楔形或长圆锥形，鲜红色，一级序果平均果重 42g，最大 65g，果肉粉红色，质地细腻，味浓甜，耐贮运。日光温室促成栽培 1～3 月份采收的果实可存放 7～10 天。需冷量低，气温 5～17℃ 时 1～2 周通过休眠。丰产性强，温室栽培可陆续抽生花序 5～6 次，每亩产量 3500kg 左右，经济效益可观。

适合设施栽培的还有宝交早生、女峰、静香、春香、安娜、长虹草莓、米赛尔等。适于大、小棚半促成栽培的有卡尔特 1 号、红衣、绿色种子等品种。

（二）日光温室草莓促成栽培技术

1. 培育壮苗

选择土壤肥沃、排灌方便的地块做育苗畦。先将育苗地块深耕 25cm 以上，同时每亩施入腐熟有机圈肥 4000～5000kg，三元复合肥 30～50kg。然后做成宽 2m 左右的平畦，于 5 月下旬，取当年春季结过果的无病虫害的植株，按株行距 50cm×50cm 的密度栽入育苗畦中，栽后灌一遍大水，夏季要注意中耕、浇水、排涝、防治病虫。当匍匐茎苗伸长后，要在偶数节上压土，以促进生根，提早形成匍匐茎苗，每个匍匐茎上留 2 株匍匐茎苗，以后把头打去（摘心），并使匍匐茎苗均匀分布在育苗畦中。于匍匐茎发生期，可追施 1～2 次速效氮肥。一般繁殖系数保持 1：10 为宜。

2. 整地施肥

定植前，将大棚内深翻 30cm 左右，每亩施腐熟有机肥 5000～6000kg，三元复合肥 80～100kg，磷酸二铵 20～30kg，其中 2/3 随深翻整地均匀施入土壤内，另 1/3 于起垄时集中施。起垄为南北向，垄距 80cm 左右，垄面宽 60cm，高 15～20cm。

3. 适时定植

定植最佳时间为 9 月中下旬。定植时，选取具有 6～8 片叶、根茎粗 1.0cm 以上的大苗。定植时每垄栽 2 行，株距 15～20cm。定植后在垄沟内灌大水，直到将垄顶土渗透为止。定植时，每株留 3～4 片功能叶，其他老叶摘除，并将花序抽生方向朝向垄外，以利于果实发育、上色和采收。

4. 扣棚及环境控制

（1）扣棚时期　草莓的促成栽培，一般于 7 月上旬育苗，9 月中下旬定植，10 月中下旬气温下降到 15～16℃ 时，扣棚增温。对有些休眠稍深的品种，如宝交早生、丽红、红衣、玛利亚等，只能在早春采用大棚、简易覆盖等增温措施，达到早熟栽培的目的。由于这种栽培提前成熟的时间较少，因此称半促成栽培。若要达到较早成熟的目的，除需采用增温效果较好的日光温室和能覆盖保温草苫的大棚外，还需特殊处理以提前打破休眠方可。

（2）人工补光及赤霉素处理　一般在扣棚增温后进行人工补光，通过人工补光增加光照时间，这样不仅能使顶花序分化良好，而且侧花序的分化也不受影响。常用的方法是日落后补光或凌晨补光。具体操作是每 3m×3m，在高 1.3～1.5m 的半空挂一个 60W 白炽灯泡，使灯下叶面光强达 50～80lx，外围 20～30lx。

赤霉素处理具有打破休眠，提早现蕾开花，促进叶柄、果柄伸长的作用，尤其在电照条件下效果更加明显。一般在扣棚保温后的 4～5 天内使用，用浓度为 10mg/L 的赤霉素喷布植株，每株喷施 5～7ml，并保持棚温在 25～30℃，温度过高过低效果都不好。

（3）温、湿度管理　扣棚后，棚内温度白天保持在 28～35℃，夜间 8～10℃。保温 10 天左右进入现蕾期，棚温降至 25～30℃，夜温 8℃，经 10～15 天，进入开花期，白天要加强通风换气，棚内温度保持在 20～25℃，夜温 5～7℃，地温 18～22℃，此时温度高于 30℃

或低于 3℃ 都会造成授粉受精不良，产生畸形果。以后进入果实肥大成熟期，棚内白天保持 18～22℃，夜温 4～5℃。如果此期夜温高于 8℃，虽然果实着色快，但果个增大慢，小果率高，因此要加强通风换气，使夜间温度保持在 4～5℃，不高于 6℃。

在扣棚前期的高温管理中，应注意白天喷水 2～3 次，以提高棚内湿度，造成高温多湿的环境，以防叶片受害。另外，现蕾后由高温转变为适温，要通过 2～3 天逐渐进行，湿度也随之下降，当过于干燥时，可往植株上喷水。开花结实期以相对湿度在 70% 左右较为适宜。

5. 肥水管理

为确保丰产，保温以后的追肥至关重要。追肥至少要进行 4～5 次，即盖地膜前、果实膨大期、开始采收期、盛收期、植株恢复期等。一般生长前期每 20 天追肥 1 次，后期每月 1 次。草莓开花结果期需较多磷、钾肥，故追肥以氮、磷、钾复合肥为好。每次每亩施肥量以 8～10kg 为宜。为提高肥效最好将肥溶于水中配成液肥追施，采用滴灌结合追液效果更好。从草莓定植到开花前，灌水对根系生长极为重要。因为草莓根系 80% 分布于地表下 15cm 的土壤中，因此灌水宜少量多次。保温前、保温后、盖地膜前各浇一次水，以后每次追肥时浇水。

6. 辅助授粉

草莓花虽为两性花，但花处在深冬寒冷季节，常因授粉不良出现大量的畸形果，降低商品价值，因此可采用放蜂辅助授粉和人工授粉，达到提高坐果率的目的。其方法是在草莓开花 3～4 天前把蜂箱放入室内，蜂箱出口应朝向阳光射入的方向，离地面 15cm 高处。放蜂期内加强棚内通风换气，严禁施用杀虫农药。人工辅助授粉是用一个软鸡毛串的刷子，每天中午前后轻轻刷动花朵，相互授粉。

7. 植株管理

草莓在生长发育中，叶、花、茎不断进行更新，腋芽也不断发生。为了保证合理的花茎数和田间的通风透光，要及时做好植株的整理工作，如掰除不用的腋芽，定期摘除老叶、黄叶、病叶及匍匐茎，以减少养分消耗，促使结果。

8. 病虫害防治

促成栽培的草莓主要病害有灰霉病、白粉病、炭疽病等。防治病害的基本方针是以预防为主，设法克服容易造成发病的环境条件。如采用地膜覆盖，注意通风换气，避免施氮过多，及时去除病叶、病果等。药剂防治应把握在发病初期，尽量避免在开花期喷药，以免造成过多的畸形果。

虫害主要有叶螨、金龟甲、蚜虫等。特别在露地繁苗期间应加强蚜虫防治，以免脱毒苗染毒。棚内喷施杀虫剂宜掌握在果实膨大期之前，花期喷药需将蜂箱暂时移至棚外。果实采收期严禁喷施农药。

9. 采收、分级、包装

（1）采收　草莓是极不耐贮存和运输的果品，成熟后必须及时采收。其果面着色达 90% 左右时，采收最好。应安排在能够当天或第二天清早上市销售的时间内采收。从开花至顶果采收约需 1 个月的时间，以后每茬果成熟随即分次采收，一般每亩的大棚总产量 3000～4000kg。

（2）分级、包装　采收后按果个的大小分级，一级果 20g 以上，二级果 15～19g，三级果 10～14g，其余为等外果。设施草莓属高档果品，因此应以小包装为主。每盒可装 500g、1000g 或 1500g 等。

本 章 小 结

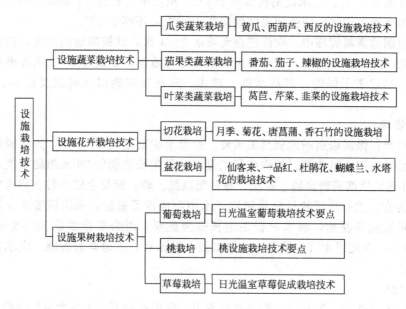

复习思考题

1. 黄瓜塑料大棚春提早栽培的田间管理技术关键是什么？
2. 试述西葫芦日光温室（冬暖大棚）越冬茬嫁接栽培技术要点。
3. 西瓜爬地栽培、吊蔓栽培应分别采用什么整枝方式？试述其技术要点。
4. 成熟西瓜的判断标准有哪些？如何进行塑料大棚春茬西瓜的割蔓再生栽培？
5. 简述番茄日光温室越冬茬栽培技术要点。
6. 塑料大棚春早熟栽培番茄应注意那些问题？
7. 简述日光温室辣椒越冬茬栽培技术要点。
8. 茄子嫁接的意义是什么？简述嫁接程序、步骤和注意事项。
9. 日光温室越冬茬茄子田间管理的重点是什么？如何高产？
10. 塑料大棚春早熟栽培茄子重点抓好哪些工作才能提高效益？
11. 如何区分蔷薇、玫瑰和月季？切花月季和庭园月季有何区别？
12. 切花月季花梗向下弯曲不直的原因有哪些？如何防止？
13. 切花月季常用的繁殖方法有哪些？
14. 简述切花菊常用的繁殖方法。
15. 简述唐菖蒲适宜的采收时期及保鲜方法。
16. 香石竹常用的摘心方法及其要点有哪些？
17. 香石竹裂萼原因有哪些？应如何防止？
18. 简述蝴蝶兰上盆的技术要点。
19. 凤梨如何催花？如何进行湿度管理？
20. 仙客来如何进行越夏管理？
21. 简述葡萄的设施栽培技术要点。
22. 设施草莓田间管理的措施有哪些？
23. 简述设施桃的整形修剪技术。

实 训 指 导

实训一　园艺设施类型的调查和结构观察

一、实训目的

通过对几类园艺设施的实地调查、结构观察、测量、分析，了解当地主要园艺设施的规格、结构特点及在本地区的应用；通过观看录像、多媒体、幻灯片等影像资料，了解我国主要园艺设施的类型及其结构特点；加深对园艺设施类型和结构部件的理解，学会结构测量方法并应用。

二、材料与用具

皮尺、钢卷尺、测角仪（坡度仪），现场三种以上的园艺设施实物，或园艺设施类型和结构录像片、放像机，或园艺设施类型和结构多媒体图片和多媒体投影仪幻灯片、幻灯机。

三、实训内容与方法

1. 实地调查、测量

全班划分成若干小组，每小组按下列实验内容要求到校实验农场或附近生产单位，进行实地调查、访问、测量，将测量结果和调查资料整理成报告，调查要点如下。

（1）调查当地温室、大棚、阳畦（风障或温床）等几种园艺设施的方位、形状、结构、场地选择和整体布局的特点。分析各种不同类型的园艺设施的结构、性能的优劣和节能的措施。

（2）测量记载几种园艺设施的规格、结构参数及配套设备。

① 测量记载日光温室和现代化温室的方位，规格：包括长度、跨度、脊高的尺寸；透明屋面及后屋面的角度、长度；墙体厚度和高度；门的位置和规格；建筑材料和覆盖材料的种类和规格；配套设备类型和配置方式等。

② 测量记载塑料大棚（装配式钢管大棚和竹木结构的拱架大棚）的方位，规格：包括长度、跨度、脊高的尺寸，骨架材料和覆盖材料的种类等。

③ 测量记载塑料小棚的方位，规格：包括长度、跨度、脊高的尺寸，骨架材料和覆盖材料种类规格等。

④ 测量记载温床、阳畦的方位，规格，苗床布局及风障设置等。

⑤ 调查记载不同类型的园艺设施在本地区的应用：包括主要栽培季节、栽培作物种类、周年利用情况、效益等。

2. 观看录像、幻灯、多媒体等影像资料

观看简易园艺设施（风障畦、阳畦、电热温床、地膜覆盖、简易覆盖）、塑料拱棚（塑料大棚、中棚、小棚）、温室（日光温室、连栋温室）等各种类型的园艺设施，了解其结构、性能特点和应用情况。

四、要求

1. 园艺设施的规格和结构是各类型之间相互区别的依据，同时也决定其性能。要想了解园艺设施的应用，必须首先掌握其规格和结构，然后了解该结构的性能。由于我国园艺设施类型较多，不可能在一次实验课中全部掌握各种类型的园艺设施结构特点，因此，本次应重点掌握温室、塑料大棚、小拱棚、阳畦等设施的结构、性能和应用。

2. 我国幅员辽阔，各地自然环境条件不同，各种园艺设施调控环境的方式也不同，因此应根据不同地区的特点，在充分了解园艺设施特性的基础上，从充分利用太阳能和人工加温、遮光降温、通风换气等环境调控措施方面出发，学习园艺设施在生产中的应用情况。

3. 掌握当地主要作物常用的几种园艺设施及栽培制度。

4. 了解当地设施园艺存在的问题及发展趋势。

五、实训报告

1. 写出园艺设施类型、结构、性能及其应用的调查报告。

2. 绘制日光温室、大型连栋温室、塑料大棚、小拱棚、阳畦等设施的横、纵断面示意图，并注明各部位构件名称和尺寸。

3. 评价当地园艺设施的优缺点。

4. 提出对当地园艺设施发展趋势的思路。

实训二　电热温床的铺设

一、实训目的

通过实训，掌握电热温床铺设的方法步骤及注意事项。

二、材料与用具

电热线、农用控温仪、继电器（交流接触器）、磁插开关、胶布、铁锹、耙子等。

三、实训内容与方法

1. 用 DV810 电热线铺设 16m^2 的苗床，电热线的额定长度为 100m，额定功率 800W，每平方米用 80W 功率，计算电热线的根数和每根往返次数和铺线间距。

2. 电热温床一般在保温较好的日光温室（或大棚）内，以缩小床内外气温差和土温差。具体铺设方法如下。

① 清理床面。床面要平整，无石头瓦块，要踏实。

② 加隔热层（又叫保温层）。为节电一般在床底和四周床壁设置隔热层，装入 5～10cm 厚的碎草或锯末，上边再铺一层薄膜或 3cm 的细砂做布线层。

③ 布线。按计算好的布线间距进行布线，为了布线均匀，可用同床宽等长木板两条，按线距宽度定上钉子，木板两头打两个孔。布线时，将两根木板分别固定在床两端，再将电热线绕过钉子按计划间距布线。一般 3 人布线，其中 2 人在两端拉线，中间一人往返放线。布完线后，逐条拉紧。为使床温均匀，床的两侧线距窄些，床中间线距宽些。

④ 铺床土和接电源。电热线拉紧后盖床土，播种床一般盖土 8～10cm；移植床盖土 13～15cm。用营养钵育苗的，为有利于提高钵内温度，电热线上只盖 2cm 厚的床土。床土盖好后去掉两端木板，接好控温仪通电试用。

3. 注意事项

① 每根电热线的功率是额定的，使用时不得剪短或连接。
② 电热线严禁整盘试线，以免烧线。
③ 电热线之间不得交叉、重叠、扎结，以免烧线断路。
④ 需温高和需温低的蔬菜作物育苗时，不能用同一个控温仪。
⑤ 导电温度计（感温头）插置部位对床温有一定影响。东西床，插置在床东边 3m 处，深度插入被控部位，播种时在种子处，出苗后移植时，深度应在根尖部为宜。
⑥ 送电前应浇透水，如果电热线处有干土层，热量散失慢，容易造成塑料皮老化或损坏。

四、实训报告

1. 简述电热温床的铺设方法。
2. 绘出电热线布线图。

实训三　地膜覆盖技术

一、实训目的

通过实训，了解地膜的特性，掌握地膜覆盖的方法、步骤和技术要领。

二、材料与用具

地膜、铁锹、耙子等。

三、实训内容与方法

1. 精细整地

可使土壤疏松、细碎，畦面平整，无砖头、瓦块，无大的土块，使地膜紧贴畦面，防止透气、漏风，充分发挥保温、保水的作用。

2. 施足底肥

地膜覆盖的地块因温湿度适宜，土壤中有机肥分解快，并且不易追肥，结合整地须施足充分腐熟的有机肥，防止出现生育后期脱肥现象。

3. 保证底墒

保证底墒是覆膜条件下夺取苗全、苗齐、苗壮的重要措施。底墒足时可以在较长时间内不必灌水。底墒不足时可以先灌水后覆膜，底墒足时整地后立即覆膜，防止土壤水分蒸发。

4. 化学除草

覆膜质量差或地膜出现破损时，会造成杂草丛生，争夺土壤中的养分，并且覆膜后，田间除草困难，因此，应选用除草剂。

5. 覆膜方式

① 采用先覆膜后播种或定植方法时，可同时完成做畦、喷除草剂、铺膜、压膜四个

环节。

② 采用先播种后覆膜的方式，覆膜后要经常检查幼苗出土情况，发现幼苗出土时，及时破膜使幼苗露出地膜外，防止烤苗。

③ 采用先定植后覆膜的方式，边覆膜边掏苗，膜全部铺完后用土把定植孔压严，否则覆膜的效果会降低。

6. 覆膜

覆膜时 3 人一组，其中一人拉膜，其余二人在畦（或垄）的两侧压膜，压膜时，要压严、压实，防止透风。

四、实训报告

1. 简述地膜覆膜技术要点。
2. 分析几种覆膜方式的优缺点。

实训四 扣棚技术

一、实训目的

通过实训，了解扣棚的过程，能完成扣棚前的各项准备工作，在扣棚过程中能很好地相互协作。

二、材料与用具

1. 实训材料

各种棚膜、压膜线或压杆、光滑而直的圆木棍、布条、草绳等。

2. 实训用具

皮尺或测绳、钢卷尺、木架、电熨斗、导线、插座、锤子、钳子、剪刀、锹、凳子或梯子及长木板。

三、实训内容与方法

（一）扣棚前的准备

1. 大棚的清理与检修

扣棚前应清除大棚内的枯枝落叶、杂物及积雪，对棚架已损坏的部位进行维修，对不牢固的地方进行加固；对竹木大棚所有的接头、钢架棚的锐角等可能刮破薄膜的地方进行包缠；检查地锚是否完好。

2. 棚膜用量的计算与剪裁

（1）计算棚膜的用量　计算出能够完全覆盖大棚表面所需棚膜的长和宽，再将扣大棚时四周埋入土中的部分算在内，据所使用塑料膜单位面积的质量，计算出所要扣的大棚应需多少棚膜。（经验算法：所需棚膜的宽度等于跨度加两个棚高，长度等于大棚长度加两个棚高再加 2m。）

（2）棚膜的剪裁　确定应裁棚膜的长度，考虑热胀冷缩的因素和不同薄膜的延展性；确定应裁棚膜的宽度，以及根据选用薄膜的宽度来确定应裁几幅等长的薄膜进行焊接。

3. 棚膜的焊接

(1) 焊接方法 把电熨斗通电加热，一般 PE 膜不低于 110℃，PVC 膜不低于 130℃。然后将要粘在一起的两块薄膜的两个边重叠于木架上，重叠的宽度比木架立板的厚度略宽，应以薄膜上下两层的边分别在木架板的两侧露出 0.5cm 为准。相接触的两个面要清洁，不能有灰尘或水滴。把事先准备好的纸条铺在重合的薄膜上，手持加热好的电熨斗平稳、匀速地在铺好的纸条上，从木架一端移向另一端。熨烫后，将纸条揭起，如果焊的部分略有变色，而且气泡分布均匀，说明焊接好了。如此一段接一段的重复，就将两幅薄膜焊接到了一起。

(2) 焊接操作注意事项
① 在焊接之前，最好是先用电熨斗在木架上空走一遍，使木架充分预热。
② 无滴膜有正反面，在焊接时注意各幅要一致，防止弄颠倒。
③ 电熨斗只能从一端向另一端单向移动，不能在上面来回重复熨烫。如果电熨斗移动得太快而没有焊接好，可以铺上纸再走一遍。
④ 如果在焊接过程中，把薄膜的某处烫破了，可以剪一块新薄膜，铺在破洞处，再铺上纸如同前面焊接方法一样将其补上。

(二) 扣棚步骤

1. 扣棚时先将已焊接好、捆好的大棚膜，顺着大棚延长方向，放在上风头一侧。将棚膜解开后，确定好应哪面向上，哪面向下。

2. 确定好正反面后，先把棚膜一侧的底边压住，把棚膜的另一边向上拉，如果棚架太高可以事先把棚膜边内衬布团、鹅卵石用绳子系住，向大棚另一侧拉，下面用工具向上托。要求进度一致，速度不要太快，避免弄破棚膜。

3. 棚膜完全覆盖棚架后，将棚膜校正，使大棚四周所留的棚膜边宽窄均匀。

4. 首先用土将棚膜的一端边缘在事先挖好的棚沟里埋好，把棚膜纵向充分拉紧，再把另一端埋好。然后再把棚膜横向拉紧、用土埋好。将四周所埋的土都要踩实。

5. 在两个拱架之间上一拱杆或压膜线，充分压实或拉紧后，将其固定在大棚两侧的地锚上。如果在将棚膜刚刚扣在棚架上展平时突然起风，这时不要急于拉紧棚膜，应及时上压膜线或压杆，防止棚膜被风刮起，待风停后或以后选择好天，再重新将压膜线松开拉紧棚膜。

四、实训报告

1. 总结扣棚的技术要点。
2. 根据操作过程简述扣棚应注意的事项。

实训五 设施内小气候观测与调控

一、实训目的

通过实训，掌握园艺设施环境观测与调控的一般方法，熟悉小气候观测仪器的使用方法，了解园艺设施内的小气候环境特征及环境调控的措施。

二、材料与用具

通风干湿球温度表、最高温度表、最低温度表、套管地温表、照度计、光量子仪、便携式红外 CO_2 分析仪、小气候观测支架等。

三、实训内容与方法

1. 设施内环境的观测

(1) 观测点的布置　温室或大棚内的水平测点，可根据设施的面积大小而定，如一个面积为 300~600 m^2 的日光温室可布置 9 个测点。其中 5 个测点位于设施的中央，称之为中央测点。其余各测点以中央测点为中心均匀分布。

测点高度以设施高度、作物状况、设施内气象要素垂直分布状况而定，在无作物时，可设 0.2m、0.5m、1.5m 三个高度；有作物时可设在作物冠层上方 0.2m，作物层内 1~3 个高度；土壤中温度观测应包括地面和地中根系活动层若干深度，如 0.1m、0.2m、0.3m 等几个深度。一般来说，在人力、物力允许时光照度测定，CO_2 浓度、空气温湿度测定，土壤温度测定可按上述测点布置，如条件不允许，可适当减少测点，但中央测点必须保留。

(2) 观测时间　宜选择典型的晴天（或阴天）进行观测。最好观测各个位点光照度、CO_2 浓度、空气温湿度及土壤温度的日变化，间隔 2h 观测一次。最好从温室揭草帘时间开始观测，直至盖草帘观测停止。

(3) 观测方法与顺序　在某一点上按光照→空气温湿度→CO_2 浓度→土壤温度的顺序进行观测，在同一点上取自上而下、再自下而上进行往返两次观测，取两次观测的平均值。

2. 设施内环境的调控

(1) 温度、湿度的调控　自然状态下，在某一时刻，观测完设施内各位点的温度、湿度后，可以通过通风口的开启和关闭或通过设置多层覆盖等措施来实现对温度、湿度的调节。观测并记录通风（或关闭风口）后不同时间如 10min、30min、1h 等（不同季节时间长短不同），各观测点温度、湿度的变化。

(2) 光照环境的调控　观测完设施内各位点的光照强度后，可以通过擦拭棚膜等透明覆盖物、温室后墙张挂反光膜、温室内设置二层保温幕、温室外（内）设置遮阳网（苇帘、竹帘）等任何一种措施实现对光照的调节。用照度计测定并记录各测点光照度在采取措施前后的变化情况。

3. 注意事项

① 观测内容和测点视具体条件而定。

② 观测及进行环境调控前必须进行充分准备，精心设计，精心组织，明确分工。

③ 仪器使用前必须进行校准，然后再进行安装，每次观测前及时检查各测点仪器是否完好，发现问题及时更正；每次观测后必须及时检查数据是否合理，如发现不合理者必须查明原因并及时更正。

④ 观测前必须设计好记录数据的表格，要填写观测者、记录校对者、数据处理者的名字。

⑤ 观测数据一律用 HB 铅笔填写，如发现错误记录，应用铅笔划去再在右上角写上正确数据，严禁用橡皮涂擦。

⑥ 仪器的使用必须按气象观测要求进行，如测温、湿度仪器必须有防辐射罩，测光照仪器（照度计等）必须保持水平等。

四、实训报告

1. 设计测量数据填写表格，并将观测所得的数据填入表中。
2. 根据数据分析温度、光照和湿度的变化。
3. 结合实际提出园艺设施内小气候调控的建议。

实训六　设施苗床的准备和播种技术

一、实训目的

通过实训，学习并掌握苗床制作的全过程、苗床播种的方法及基本技术。

二、材料与用具

1. 实训场地

日光温室或塑料大棚内。

2. 实训材料

黄瓜、番茄、甘蓝等经过播前处理的蔬菜种子，或矮牵牛、鸡冠花、一串红等花卉种子，适量园土、腐熟的有机肥、疏松物（锯末、草炭等）、化肥（尿素、过磷酸钙、硫酸钾等）、铁锹、平耙、营养钵、皮尺、撒壶、塑料薄膜等。

三、实训内容与方法

1. 苗床制作

（1）床底制作　选择适宜的地方，按需要确定床底大小，整平床底，作好床埂。

（2）营养土配制　将园土、有机肥、疏松物分别过筛后，取园土6份、有机肥4份，并加入适量疏松物和化肥，充分搅拌混匀，并用药剂喷洒消毒。

（3）铺床　将配好的营养土按8～10cm的厚度铺在苗床上，或装入营养钵，并将营养钵摆放在苗床上。

2. 播种

（1）浇足底水　在准备好的苗床上浇透水，苗床是否浇透水可用一细树枝插入来判定，如果细树枝可以很顺利插入，说明苗床已浇透水。

（2）播种　等水渗下去后，根据种子大小选用适宜的播种方法：一般极小粒种子和小粒种子采用撒播或条播；中粒种子采用条播；大粒种子采用点播。

（3）覆土　播种以后立即覆土，覆土要按园艺作物种类、种子大小、土壤质地决定适宜的覆土厚度：小粒种子覆土0.5～1cm；中粒种子覆土1～2cm；大粒种子覆土3～4cm。覆土时一定要均匀，薄厚一致。

（4）覆盖塑料薄膜　覆土后用地膜覆盖床面保温保湿，出苗后及时揭去薄膜。

四、实训报告

1. 简述苗床制作过程。
2. 苗床播种的关键环节有哪些？影响出苗的因素有哪些？

实训七　设施花卉的扦插繁殖

一、实训目的

通过实训，掌握设施花卉扦插繁殖中绿枝扦插、叶插和根插的操作技术和管理方法。

二、材料与用具

1. 植物材料

菊花、朱槿、彩叶草、宿根福禄考等（材料可根据实际情况选取）。

2. 用具

扦插床、扦插基质、枝剪或小刀等。

3. 实训场地

温室内。

三、实训内容与方法

1. 嫩枝扦插

（1）菊花嫩枝扦插

① 选合适的菊花母株，用小刀或剪刀截取长 5～10cm 的枝梢部分为插穗；上端切口距节 0.5cm 或用顶梢，下端紧靠近节斜剪，切口平剪且光滑。

② 去掉插穗部分叶片，保留枝顶 2～4 片叶子。

③ 整理繁殖床，要求平整、无杂质、土壤含水量 50%～60%。

④ 将插穗的 1/2～2/3 插入沙床中。

⑤ 用间歇喷雾法或加盖塑料膜保证其空气及土壤湿度。

（2）彩叶草嫩枝扦插

① 扦插时间。根据需要确定扦插时间。保护地扦插从 1 月份开始陆续进行，露地扦插于地温 15℃以上时进行。

② 插穗的准备。剪取健壮的嫩枝，剪成 5～7cm 带 2 个腋芽，叶片剪去一半，剪好后浸入清水中，保持湿润即可。

③ 基质。干净的河沙或草炭与珍珠岩按照体积 3∶1 配制，也可以直接用栽培基质。

④ 扦插。扦插距离以叶片互不遮盖，不影响光合作用为宜，一般苗距为 4cm 左右，或在 7cm 口径的栽培钵中插 3 株。扦插时用竹签或用同大多数插穗粗细相同的筷子打孔，扦插深度 2cm 左右。

⑤ 扦插后管理。扦插后遮光 70%左右，控制温度在 15～20℃，保持基质湿润，7 天左右可生根。

2. 朱槿半硬枝扦插

（1）插穗 春季在新梢萌发前，用上年的秋梢枝条作插穗。秋季扦插在春梢停止生长、秋梢还没有萌发前进行，用树冠中上部向阳的当年生半木质化嫩枝作插穗，剪成 8～10cm，一般 3～5 个节，直径 0.3～0.5cm，上端留 2～3 片叶，剪去 2/3 叶片，在 200mg/kg NAA 溶液中浸泡插穗基部 2h。

（2）扦插 用河沙或蛭石作扦插基质。用打孔法扦插，深度 6cm，按行距 5～10cm，间距 2～3cm 用塑膜覆盖保温，上面覆盖 90%遮阳网，每隔 2～3 天进行通风。地温 25～28℃，空气湿度 75%～85%，30 天左右可以生根，生根后撤掉塑膜。

3. 宿根福禄考根插

在宿根福禄考分株时，将挖断的根剪成 3～4cm 长的小段作插穗，平放在沙中，摆好后上面覆盖 1cm 细沙，保持空气湿度 80%～90%、土壤含量 50%～60%，保持温度 20℃左右，1 个月可以生根。

4. 要求

进行操作训练，每人完成菊花嫩枝、彩叶草嫩枝、朱槿半硬枝等各10株的扦插。

四、实训报告

1. 简述操作的扦插方法和技术要点。
2. 简述影响扦插苗成活的因素。

实训八　设施果树的扦插繁殖

一、实训目的

通过实训，掌握设施果树扦插繁殖中绿枝扦插、硬枝扦插的操作技术和管理方法。

二、材料与用具

1. 材料

猕猴桃（或根据当地情况选材）

2. 用具

全光喷雾设施、塑膜薄膜、繁殖床、枝剪等。

三、实训内容与方法

1. 猕猴桃硬枝扦插

（1）扦插时间　一般在落叶后到翌春萌发前的时期内进行。多数情况下，我国中部地区在2月中旬至3月中旬，如有保温设施可提前到1月份进行。

（2）苗床准备　苗床要求背风向阳的地方，可分为冷床和温床。

冷床：在选定的位置平整地面，插床面积大小依插条多少而定，一般宽1~1.5m，高25~30cm，长度自定。选用疏松肥沃、透气良好的沙壤土并掺加适量细沙、蛭石、珍珠岩等的混合物基质做基质，用1%~2%的福尔马林溶液均匀喷洒消毒，并用多菌灵杀菌，用塑料薄膜密闭1周左右，用前3~4天揭膜翻动平整后备用。

温床详见第一章。

（3）插条准备　冬季选生长健壮、无病虫害、性状良好的枝条，按品种、雌雄株分别打成小捆，挂上标签埋于地窖湿沙中备用（操作同种子层积处理），注意保温防冻。

扦插前取出插条，剪成10~15cm长的枝段，每枝约3个节，下端45°斜剪，上端距节1cm处平剪。用5000mg/L的IBA快浸3~4s。

（4）扦插　按行距15~20cm，间距10~15cm，扦插深度为插穗的2/3，随后喷透水。

（5）插后管理　扦插前期，气温低，插条尚未萌发，需水量少，一般7~10天浇一次水，萌芽抽梢后，晴天2~3天浇一次水，同时提高床内空气湿度，常用覆盖薄膜或塑料拱棚的方法保湿。晴天遮荫避免阳光曝晒，其他时间适当光照。当新梢长到2~3cm时及时摘心，保留2~3片叶；当幼苗大部分根系达到10cm以上时即可移栽。

2. 猕猴桃绿枝扦插

（1）扦插时间　在新梢的第一次生长高峰过后（我国中部地区一般在6~7月份）。

（2）插条准备　在阴天或晴天的早上，选生长充实、叶色浓绿或叶片较厚、无病虫害的半木质化枝条。插条一般2~3个节，长10~12cm，下端近节45°斜剪，上端距节1~1.5cm处平剪；并留1~2片叶片，基部用200~500mg/L的IBA浸3h，500~800mg/L的IBA浸5~10s后立即扦插（方法同硬枝扦插）。

（3）扦插后管理　插后遮荫，塑膜覆盖，保持湿度90%以上，基质温度25℃，雾化喷水每天一次。

四、实训报告

1. 简述猕猴桃扦插的方法和技术要点。
2. 试用绿枝扦插法扦插葡萄，用根插法扦插山楂或枣等。

实训九　设施花卉嫁接育苗技术

一、实训目的

通过实训，了解花卉嫁接的目的，掌握设施花卉枝接、芽接、仙人掌类等嫁接繁殖的基本技术。

二、材料与用具

可供嫁接的砧木、接穗、修枝剪、芽接刀、切接刀、绑扎材料（塑料薄膜条）、标签等。

三、实训内容与方法

1. 选择适宜的嫁接方法

根据实习基地现有的繁殖材料（最好结合生产）选择嫁接方法。如木本花卉一般用切接法或芽接法嫁接，仙人掌类一般用平接法或插接法嫁接。

2. 砧木与接穗的处理

根据嫁接方法选择砧木和接穗的处理方法。如枝接时应注意砧木和接穗削切面的平整，芽接时应注意砧木切口和芽片的齐合。嫁接数量大时，应注意接穗的保鲜。

3. 嫁接

（1）切接　切接是枝接中最常用的方法，是嫁接的基本技术。选直径1~2cm的砧木，在距地面5~10cm处截断，选光滑的一侧，略带木质部垂直下切2~3cm；接穗长5~8cm，带2~3个芽，在接穗下部自上向下削一长度与砧木切口相当的切口，深度达木质部，再在切口对侧基部削一斜面；将接穗插入砧木切口内，使二者至少有一侧的形成层对齐，并绑扎固定。

（2）平接　此法简单方便，易于成活，适合在柱类和球形种类仙人掌上的嫁接。先把砧木的顶部削平，再把四周的肉质茎呈30°角向外向下削掉，然后把接穗下部平整地切掉1/3，并按削砧木的方法将接穗边缘向上向外斜削一圈，随即平放在砧木的切口上，将髓部对准，然后用线绳连同花盆一起绑扎固定，放置阴处养护。

（3）芽接　切取优良品种植株的侧芽做接穗，带少量木质部或不带木质部，将砧木的皮切口剥开，将侧芽嵌入。芽接最常用的是"T"形芽接，还有嵌芽接等方法。"T"形芽接法先在砧木光滑一侧距地面3~5cm处横切一刀，长1cm左右，深达木质部，再在切口中间向下划一刀，使成T形；在接穗的枝条上，用二刀法切取宽0.8cm、长1.5cm左右的盾形芽片；将芽片放入砧木切口内，使二者切口对齐，绑缚固定。

四、实训报告

1. 记载设施花卉常用的嫁接方法和基本操作技术。
2. 统计嫁接成活率，并总结出影响嫁接成活率的因素。

实训十　设施蔬菜嫁接育苗技术

一、实训目的

学习瓜类蔬菜常用的嫁接方法，掌握靠接法和插接法嫁接的技术环节。

二、材料与用具

符合靠接、插接要求的黄瓜苗（接穗）和黑籽南瓜苗（砧木），双面刀片、竹签、嫁接夹、作好的苗床或装好土的营养钵。

三、实训内容与方法

1. 靠接技术

按以下顺序进行操作，并注意各环节的技术要求。

去砧木生长点→砧木的切削→接穗的切削→嫁接→栽苗

2. 插接技术

按以下顺序进行操作，并注意各环节的技术要求。

去砧木生长点→砧木茎插孔→接穗的削切→斜面插入→嫁接苗摆放入苗床

3. 嫁接苗床的管理

根据嫁接苗床管理要求，控制好苗床温度、湿度和光照等环境条件，一周后检查嫁接苗接面愈合情况并调查嫁接苗成活情况。

四、实训报告

1. 记载瓜类蔬菜嫁接及管理要点，统计嫁接苗成活率。
2. 根据个人嫁接操作体会以及嫁接成活情况，总结两种嫁接方法的优缺点，并总结出影响瓜类蔬菜嫁接苗成活率的因素。

实训十一　设施容器育苗技术

一、实训目的

了解容器育苗的过程，熟悉营养土的配制方法，识别各种育苗容器，掌握容器育苗技术。

二、材料与用具

1. 营养土原料

充分腐熟的有机肥、过磷酸钙、田土、腐叶土、草炭、炉渣、河沙、珍珠岩等。

2. 药剂

准备土壤消毒用药（福尔马林、硫酸亚铁、敌克松、生石灰），准备种子消毒用药（福尔马林、硫酸铜、高锰酸钾）。

3. 育苗容器

营养钵、营养袋、穴盘、蜂窝状容器等各种育苗容器。

4. 工具

锄头、铁铲、土筐、筛子、喷壶等。

三、实训内容与方法

1. 营养土配制

（1）混合原料　按营养土配方〔一两年生花卉，如报春花、瓜叶菊、蒲苞花、蝴蝶草等，其幼苗期营养土的配方为腐叶土∶园土∶河沙＝5∶3.5∶1.5。植苗用营养配方为腐叶土∶园土∶河沙＝(2～3)∶(5～6)∶(1～2)〕将所需材料按比例混合均匀过筛。

（2）营养土消毒　将混匀后的营养土一边喷洒消毒剂，一边搅拌营养土，并筑土堆放，盖严薄膜放置4～5天，一方面利于彻底消毒，一方面使土肥进一步腐熟。

（3）营养土酸碱度的测定　取少量营养土，放入玻璃杯中，按土∶水＝1∶2的比例加水充分搅拌，而后用石蕊试纸或广泛pH试纸蘸取澄清液，根据试纸颜色的变化判定其酸碱度。

（4）营养土酸碱度的调节　按园艺作物种类对土壤酸碱度的要求进行调试，如果过酸，可在培养土中掺入一定比例的石灰粉或增加草木灰（砻糠灰也可）；如果过碱，可加入适量的硫酸铝（白矾）、硫酸亚铁（绿矾）或硫磺粉。

2. 容器装土和摆床

（1）装土　把配制好的营养土装入容器中，要边填边震实。装土不宜过满，一般距离袋口1～2cm。

（2）摆床　先将苗床整平，然后将已盛土的容器排放于苗床上。容器排放时：一要求整齐划一，成行成列，直立；二要求容器间要用细土填实，便于保水；三要求苗床四周培土，以防容器歪倒。

3. 播种和植苗

（1）播种　将经过精选、消毒和催芽的种子播入容器，每个容器播种粒数视种子发芽率高低而定。播种时，营养土以不干不湿为宜。若过干，应提前1～2天淋水。播种后在容器内覆盖营养土，并苗床上覆盖一层稻草或遮阳网。若空气温度低、干燥，最好在覆盖物上再盖塑料薄膜，待幼苗出土后撤掉，亦可搭建拱棚。

（2）植苗　稀有珍贵、发芽困难及幼苗期发病的种子，可先在种床上密集播种，精心管理，待幼苗长出1～2片真叶后，再移入容器培育。容器内的营养土必须湿润。若过干，则在移植前1～2天淋水。移植时，先用竹签将幼苗从种床上挑起，幼苗要尽量多带宿土，然后用木棍在容器中央打孔，将幼苗放入孔内压实。栽植深度以刚好埋过幼苗在种床时的埋痕为宜。栽后淋透定根水，若太阳光强烈则要遮阳。

四、实训报告

1. 总结容器育苗的特点及其育苗中应注意的问题。

2. 简述配制营养土的步骤。

实训十二 营养液的配制

一、实训目的

通过实训，掌握无土栽培营养液配制的方法与技术。

二、材料与用具

1. 用具

电子天平（百分之一和万分之一）、烧杯（100ml、200ml 各一个）、玻璃棒、1000ml 容量瓶、pH5.4~7.0 精密试纸、1000ml 棕色贮液瓶、塑料筒、电导仪、贮液池（桶）、标签纸、记号笔等。

2. 试剂

以日本园试通用配方为例：$Ca(NO_3)_2 \cdot 4H_2O$、KNO_3、$NH_4H_2PO_4$、$MgSO_4 \cdot 7H_2O$、$Na_2Fe\text{-}EDTA$、H_3BO_3、$MnSO_4 \cdot 4H_2O$、$ZnSO_4 \cdot 7H_2O$、$CuSO_4 \cdot 5H_2O$、$(NH_4)_6Mo_7O_{24} \cdot 4H_2O$。

三、实训内容与方法

1. 母液（浓缩液）的组成

分成 A、B、C 三个母液，A 液包括 $Ca(NO_3)_2 \cdot 4H_2O$ 和 KNO_3，浓缩 200 倍；B 液包括 $NH_4H_2PO_4$ 和 $MgSO_4 \cdot 7H_2O$，浓缩 200 倍；C 液包括 $Na_2Fe\text{-}EDTA$ 和各微量元素，浓缩 1000 倍。

2. 根据园试配方要求和浓缩倍数计算母液中各化合物的用量

按上述要求配制 1000ml 母液，计算各化合物的用量分别为：

① A 液。$Ca(NO_3)_2 \cdot 4H_2O$ 189.00g，KNO_3 161.80g。

② B 液。$NH_4H_2PO_4$ 30.60g，$MgSO_4 \cdot 7H_2O$ 98.60g。

③ C 液。$Na_2Fe\text{-}EDTA$ 20.0g，H_3BO_3 2.86g，$MnSO_4 \cdot 4H_2O$ 2.13g，$ZnSO_4 \cdot 7H_2O$ 0.22g，$CuSO_4 \cdot 5H_2O$ 0.08g，$(NH_4)_6Mo_7O_{24} \cdot 4H_2O$ 0.02g。

$Na_2Fe\text{-}EDTA$ 也可以用 $FeSO_4 \cdot 7H_2O$ 和 $Na_2\text{-}EDTA$ 自制代替。方法是按 1000 倍母液取 $FeSO_4 \cdot 7H_2O$ 13.9g 与 $Na_2\text{-}EDTA$ 18.6g 混匀即可。

3. 母液的配制

根据上述计算结果，准确称取各化合物的用量，按 A、B、C 液分别溶解于三个容器中，并注意一种一种化合物加入，前一种溶解后再加入下一种。待全部溶解后，定容至 1000ml，然后装入棕色贮液瓶，贴上标签，注明 A、B、C 母液和配制日期。

4. 工作营养液的配制

用上述母液配制 10L 的工作液。分别量取 A 母液和 B 母液各 0.05L，C 母液 0.01L。在加入各母液的过程中，需防止出现沉淀，方法如下。

① 在贮液池中先加入预配工作营养液体积 40% 的水，即 4L 水。

② 将量取好的 A 母液倒入其中，并搅拌均匀。

③ 将量取好的 B 母液慢慢倒入其中，并加水稀释至预配工作营养液体积的 80%，

即 8L。

④ 将量取好的 C 母液加入其中并搅拌，然后加水至 10L。

5. 营养液 pH 值和 EC 值的测定

试纸测定法测定 pH 值，取一条试纸浸入营养液样品中，半秒钟后取出与标准色板比较，即可知营养液的 pH 值。用电导仪测定 EC 值。

四、实训报告

1. 根据操作简述营养液的配制操作技术要点。
2. 配制母液时为什么等前一种化合物溶解后再加入下一种？

实训十三　设施蔬菜的植株调整

一、实训目的

通过实训，掌握插架、绑蔓、整枝、打杈、摘心、疏花、疏果等几种主要设施蔬菜植株调整的方法。

二、材料与用具

1. 材料

① 大棚黄瓜：蔓长 25cm 以上。
② 大棚西瓜：蔓长 25cm 以上。
③ 大棚番茄：定植后已经开花的植株。

2. 用具

架条（木制或竹制）、塑料条、麻绳、尼龙绳、聚丙烯绳、剪刀等。

三、实训内容与方法

1. 番茄（西红柿）

（1）插架与吊蔓　设施栽培西红柿主要采用四角架或吊绳。四角架适用于早熟栽培，此架型支撑力强，一般留 2~3 穗果，架高 1.0~1.3m，可防倒架。架材主要是竹竿和树枝，插架前浇水，在每株旁插一根杆，杆入地下 8~10cm，四根杆一组绑在一起。要求架杆直径为 1.0cm 以上，架杆过细支撑力小，果膨大后易发生塌架。

（2）绑蔓　绑绳主要是塑料条、麻绳、尼龙绳、聚丙烯绳等，在第一穗花序开花后开始绑蔓，以后每开一穗花绑一次蔓，最后一次绑蔓在最顶花序上位。绑绳扎得不要过紧或过松，蔓与架杆相互绑住即可。

（3）整枝、打杈　目前生产上有单干整枝和双干整枝。单干整枝，除留主干以外，其他侧枝一律摘除。当侧枝长到 10cm 左右开始去杈，以后结合绑蔓去杈，随出随去，不要使侧枝长得过长，以免损失养分。双干整枝，除留主干外，再选留一条健壮侧枝。一般留第一果穗下部的一个侧枝作为第二干。第二干确定后其余侧枝一律摘除。打杈方法同单干整枝。不论单干整枝还是双干整枝，达到计划要留的果穗后，在顶端果穗上留 1~2 片叶，摘除生长点一次。

（4）疏花疏果　为提高果重和果实大小整齐度，进行疏花疏果很重要。首先去掉畸形花和较小的花,每穗保留5~6个花,过8~10天,已现小果时再进行一次疏果,每穗保留3~4个正常果,去掉畸形和较小的果。

2. 黄瓜

(1) 插架与吊蔓　一般用篱架(层架)。篱架优点在于植株受光性好。架材主要是竹竿,架杆长1.8~2.0m,直径1.5cm左右。如果地干不便架时,提前一天浇水;插架按平均株距均匀垂直地将杆插在植株同一侧,架杆插入地下不少于10cm。在架杆离地面40cm左右绑一根横杆,上部距架顶20~30cm再绑一道横杆,这样把一行架杆连为一体,架要垂直地面,架杆间距分布均匀,横杆平直。

吊绳(吊蔓)需利用温室或大棚的骨架。在定植行上部设置拉丝(铁丝),吊绳上端固定在拉丝上,下端绑在一段短竹竿上,然后将此杆插入蔓基部土壤中,使吊绳拉直,然后将绳绕在瓜蔓上。

(2) 绑蔓、引蔓和落蔓　黄瓜植株甩蔓不能起立时开始绑蔓,间隔2~3层叶绑一次,绑蔓时对个别长得快的植株适当进行曲蔓绑,使同行植株生长点几乎在一个水平线上。采用吊蔓的,秧长到棚顶不想闷顶时,可以放绳降蔓,将下部蔓盘在地面上。

(3) 打杈闷顶　一般黄瓜品种,第一条瓜(根瓜)下面的杈子一律摘除。瓜秧长到架顶后绑一次蔓并摘除生长点。

3. 西瓜

(1) 整枝压蔓　爬地栽培一般采取双蔓整枝法或三蔓整枝法;吊蔓栽培多采取单蔓整枝法。双蔓整枝法保留主蔓和基部的一条粗壮侧蔓,多用于早熟品种,每株留1个瓜。三蔓整枝法保留主蔓和基部的两条粗壮侧蔓,多用于中熟品种,每株留1个瓜。要求在晴暖天上午进行。

嫁接西瓜应明压瓜蔓,严禁暗压,否则西瓜茎蔓入土生根后,将使嫁接失去意义。瓜蔓长到50cm左右长时,选晴暖天下午,将瓜蔓跨越沟面引到相邻高畦上,并用细枝条卡住,使瓜秧按要求的方向伸长。主蔓和侧蔓可同向引蔓,也可反向引蔓。瓜蔓分布要均匀。

(2) 人工授粉　宜在开花结瓜期每天上午6时至10时,当雄花开放后,摘下雄花,去掉花瓣,露出花蕊,把花药对准雌花的柱头轻轻摩擦几下,使花粉均匀抹到柱头上即可。1朵雄花一般可给3朵雌花授粉。

四、实训报告

1. 根据操作简述番茄、黄瓜、西瓜植株调整的操作技术要点。
2. 试分析果菜类蔬菜插架与吊蔓各有何优缺点。

实训十四　设施蔬菜的整地定植技术

一、实训目的

通过实训,掌握设施蔬菜栽培中的整地作畦技术和定植的方法。

二、材料与用具

1. 材料

适龄的黄瓜、西瓜、番茄等蔬菜秧苗,有机肥料、化肥等。

2. 用具

铁锹、锄头、铁耙、小推车、尼龙绳、皮尺、水桶、水瓢等。

三、实训内容与方法

1. 整地作畦

（1）整地、施基肥　平整地面，将腐熟的有机肥均匀地撒施在地表。

（2）翻耕、耙地　每茬蔬菜定植前或收获后进行耕翻，深度一般为25～35cm。耕翻后，为将土壤整细弄平，一般用铁耙耧平地面。

（3）作畦　根据定植蔬菜的要求对菜地进行规划，划出畦沟和畦面，然后作畦。

2. 起苗定植

（1）起苗　定植前一天为了便于起苗，苗床应浇水；必要时定植前3天喷药保护，做到带药移栽。起苗时应尽量使根系完整，并剔除弱苗、病苗、重伤苗和过旺苗。

（2）挖穴　依据蔬菜种类确定株距，按株距挖穴，穴的深度和大小根据秧苗土坨的大小而定。

（3）摆苗　挑选生长健壮、大小一致的秧苗逐穴摆放，并扶正秧苗。

（4）浇水　浇足穴水（定植水）。

（5）覆土封穴　等水渗下后，覆土封穴。

四、实训报告

根据操作简述设施内整地定植的技术要点。

实训十五　设施花卉的上盆、换盆技术

一、实训目的

通过实训，熟练掌握盆花管理中的上盆与换盆的基本操作技术。

二、材料与用具

1. 材料

三色堇、孔雀草、一串红等草本花卉的播种苗或扦插苗；变叶木、鹅掌柴、橡皮树、长寿花等盆栽花卉（或任选）。

2. 用具

枝剪、铁锹、铁铲、喷水壶，各种规格的花盆、营养钵等。

三、实训内容与方法

1. 上盆

① 选2～3种播种苗或扦插苗，用小铁铲从播种或扦插苗床挖起。

② 选择与幼苗规格相应的瓦盆，用一块碎片盖于盆底的排水孔上，将凹面朝下，盆底可垫粗粒或碎盆片、碎砖块等，以利排水，上面再填入一层培养土，以待植苗；或直接选用与苗大小相应的营养钵，直接装上一层培养土。

③ 用左手拿苗放于盆口中央深浅适当位置，使根舒展，填培养土于苗根周围，用手指

沿盆边轻压，土面与盆口留有适当高度（2～3cm）。

④ 栽植完毕，浇足水，置荫处数日缓苗。待苗恢复生长后，转入正常养护。

2. 换盆

① 选变叶木、鹅掌柴、橡皮树、长寿花等盆栽花卉。

② 分开左手手指，按置于盆面植株基部，将盆提起倒置，并以右手轻扣盆边，土球即可取出（不易取出时，将盆边向他物轻扣）；或一只手倒置瓦盆，另一只手的大拇指顶瓦盆底孔，将土球顶出；如植物较大、花盆土球较大，侧可用小铁铲从周围将盆边的培养土挖出，取出土球。

③ 土球取出后，对部分老根、枯根、卷曲根进行修剪。宿根花卉可结合分株，并刮去部分旧土；木本花卉可依种类不同将土球周围适当切除一部分；一二年生草花按原土球栽植。

④ 换盆后第一次浇足水，置荫处缓苗数日，保持土壤湿润；直至新根长出后，再逐渐增加浇水量。

四、实训报告

1. 简述上盆与换盆的操作技术。
2. 试述上盆与换盆操作中应注意哪些事项？

实训十六　设施花卉培养土的配制技术

一、实训目的

通过实训，了解各类花卉栽培的培养土类型，掌握一般培养土的配制方法。

二、材料与用具

1. 材料

园土、落叶、厩肥、人粪尿、河沙、堆肥土、泥炭、蛭石、骨粉、针叶土、甲醛、高锰酸钾、塑料薄膜、各类化肥、pH试纸等。

2. 用具

铁锹、筐、筛子等。

三、实训内容与方法

1. 培养土的配制

培养盆花的土壤必须是营养物质丰富、疏松、多次浇水不板结，并有一定保水能力的，最好是酸性或微酸性土壤，盆花才能生长良好。培养土配制的方法很多，主要依花卉培育的要求和材料的特性、来源而定。其基本步骤是先将各种材料分别粉碎，过筛后备用。按种植植物对培养土的不同要求，将所需材料按比例混合，分别配制成不同的培养土。

（1）腐叶土的配制　先在地面铺一层30cm落叶厩肥，上撒一层骨粉或过磷酸钙、硫酸铵、尿素等化肥，然后再在其上铺15cm左右的园土，分层堆积，用水或人粪尿将其浇透，然后重复堆积成1.5～2m的中央凹形塔状，从塔顶中央凹形倒入人粪尿后，以塑膜或塘泥密封。半月至二十多天左右翻动一次，3～6个月即可制成腐熟的腐叶土。将腐叶土与河沙按不同比例混合，可制成各种用途的栽培用土。

（2）按下列配比配制各类花卉培养土 以1~2cm网孔的筛子分别筛出园土、腐叶土，除去杂物粗块后，按下列比例进行充分混合备用，材料以容积作为百分率计算。

① 一般草花类：腐叶土或堆肥土2份＋园土3份＋砻糠灰1份；

② 月季类：堆肥土1份＋园土1份；

③ 一般宿根类：堆肥土2份＋园土2份＋草木灰1份＋细沙1份；

④ 多浆植物类：腐叶土2份＋园土1份＋黄沙1份；

⑤ 茶类、杜鹃类、秋海棠类、地生兰类：腐叶土9份＋黄沙土1份，或壤土1份＋腐叶土（或泥炭）3份＋砂1份。

（3）按不同用途配制基质

① 扦插基质：珍珠岩＋蛭石＋黄沙比例为1∶1∶1（上海），或壤土＋泥炭＋砂为2∶1∶1。

② 育苗基质：泥炭＋砻糠灰比例为1∶2，或泥炭＋珍珠岩＋蛭石比例为1∶1∶1（上海）。

③ 假植及定植用土：腐叶土＋河砂＋园土比例为4∶2∶4或4∶1∶5。

2. 测定培养土pH，根据栽培花卉的需要调节pH

3. 培养土的消毒

用50倍甲醛液喷洒培养土，堆制后覆盖塑料薄膜薰蒸消毒；或用高锰酸钾拌培养土进行消毒。注意施药安全，防止刺伤眼睛。

四、实训报告

1. 简述培养土的配制方法。
2. 根据所学知识，设计配制观赏蕨类植物的培养土。

实训十七　设施葡萄的整形修剪

一、实训目的

通过实训，掌握葡萄的夏季修剪方法和冬季修剪方法，能进行葡萄的夏季、冬季修剪。

二、材料与用具

1. 材料

温室内开花前一周左右的葡萄。

2. 用具

修枝剪、绑绳等。

三、实训内容与方法

1. 夏季修剪技术

（1）抹芽与定梢

① 抹芽。在嫩梢长至5cm之前抹去称为抹芽。主要抹除过密的芽以及弱芽。抹芽原则是：留稀不留密，留强不留弱。

②定梢。待新梢长到10～20cm、展出4～5片叶时，再进行一次定梢。单立架新梢垂直引缚时每隔10～15cm留一个新梢，小棚架每平方米架面保留15～20个新梢。留梢时注意，结果枝与营养枝的比例以2∶1为宜。

(2) 除卷须与新梢引绑

①除卷须。卷须如不及时摘除，会给新梢引缚、采收、冬剪、上下架等操作带来不便，而且浪费营养，所以要定期除卷须。

②绑缚。当新梢长到40cm左右时，需引缚在架面上。并通过改变新梢伸展方位，调整新梢的生长势，弱梢可直立绑缚，以增强其生长势。生长势中庸的新梢可倾斜引绑，过强新梢应尽可能水平引绑。

(3) 疏花序和掐花序尖

①疏花序。结果枝长度达20cm左右一直到开花前均可进行。根据树势和结果枝强弱疏去过多的花序。一般每个结果枝留1穗，少数壮枝可留2穗，弱枝不留果穗。

②掐花序尖。在花前一周将花序顶端用手指掐去其全长的1/4或1/5。

(4) 摘心

①结果枝摘心。结果枝摘心的时期通常在开花前5～7天至始花期之间较为适宜。一般的品种有5%的花蕾开放即可对结果新梢进行摘心，在花序以上留4～7片叶摘心为宜。

②发育枝摘心。对准备培养成主侧蔓的发育枝，当其长度达到需要分枝的部位时，即可进行摘心，加速整形。作为第二年结果母枝的可留8～12片叶摘心。作为延长枝的摘心可适当长放，但摘心时间最迟不得晚于8月底至9月上旬，以免贪青徒长，枝条不成熟。

(5) 副梢处理　将果穗以下的副梢抹去，果穗以上的副梢，除最顶端一个副梢留4～6片叶摘心外，其余副梢留1～2片叶摘心，以后再抽的副梢均留1～2片叶反复摘心。

(6) 采收后修剪　在葡萄采收后（五月底至六月中旬前），将所有新梢进行1～3芽的重短截修剪，刺激冬芽在当年萌发，但不留果穗，而是培养新枝作为第二年的结果母枝。

2. 冬季修剪

落叶后进行，视新梢发育程度进行短截，拉枝留副梢的枝条一般留2～5芽短截，架面空间大、粗度0.7cm以上的可偏长点，细弱的一般偏短点（2～3芽），通过重短截培养的结果母蔓，冬剪时可视情况适当留长点（5～7芽）。

四、实训报告

1. 根据操作简述葡萄夏季和冬季修剪的技术措施。
2. 说明葡萄修剪的作用。

实训十八　设施桃的整形修剪

一、实训目的

通过实训，掌握桃的整形修剪方法，能进行桃的夏季、冬季修剪。

二、材料与用具

1. 材料

温室内开花前一周左右的桃。

2. 用具

修枝剪、绑绳。

三、实训内容与方法

以自然开心形树形为例。

1. 定干

采取南低北高,定干高度分别为30cm、40cm、50cm。选取3个健壮主枝,主枝上留2~3个侧枝和8~10个结果枝,生长期树冠控制在1.2~2m,使树冠低于棚膜30~50cm。

2. 抹芽

抹除主干以下的低位芽及结果枝上的过密芽、背上芽。

3. 摘心

主枝长至50cm左右进行摘心。

4. 疏花疏果

疏除过密花朵,双花去一,疏去畸形花、过晚花。花后3周及时疏果,长果枝留3~4果,中果枝留2~3果,短果枝留1~2果。

5. 副梢处理

生长期抹去密集的副梢,一般20cm留一个。

6. 扭梢、短截

较强或直立的新梢进行扭梢或留10~15片叶短截。

7. 冬剪

以轻剪为主,疏除过密枝、细弱枝、背上枝,一般不短截,对中长果枝轻剪长放,多留中上部的花芽结果。

四、实训报告

1. 总结设施桃整形修剪的时期、方法及作用。
2. 观察记录修剪后的反应。

实训十九 设施果树人工辅助授粉技术

一、实训目的

通过实训,掌握草莓的人工辅助授粉技术。

二、材料与用具

1. 材料

温室内正值花期的草莓植株、花粉。

2. 用具

恒温箱、小玻璃瓶、白纸、授粉器(毛笔、带橡皮头铅笔、鸡毛掸等)、蜜蜂或熊蜂。

三、实训内容与方法

1. 人工点授法

(1) 采集花粉　授粉前 2~3 天开始采集鲜花，应选择含苞待放的花，将采下的花带回室内，制出花粉，筛除花丝、花瓣等杂物，然后将花药集中在一起，摊在光滑纸上，放在室内自然温度下干燥或放在 20~25℃ 的恒温箱中阴干。注意在阴干过程中要随时搅拌，经过一昼夜花粉囊破裂，花粉粒散出，可放出黄色花粉，装入瓶中备用。若花粉量少，可适当加入填充物如淀粉等。

(2) 人工点授　授粉时，用毛笔、铅笔的橡皮头或其他授粉器蘸取花粉，点抹到刚开放的花朵柱头上，每蘸一次可点授 5~6 朵花。整个花期可授粉 2~3 遍。

2. 鸡毛掸滚授法

草莓开花后 1~2 天，棚室内没有水滴时，用鸡毛掸在授粉品种树的花上震动几下，再往主栽品种树的花上滚动几下，再到授粉品种树的花上滚动，使其花粉相互传播，在整个花期滚动 2~3 次，滚动时要有分寸，避免伤及花朵。此法简便易行，省工省事，但效果不及人工点授法。

3. 室内放蜂

在棚室内草莓花开放前 3~4 天，放养蜜蜂或熊蜂。一般每亩棚室放蜜蜂 1~2 箱，或熊蜂 100~200 只，应注意在放风口处罩上纱网，防止蜜蜂或熊蜂从放风口处飞失。对于授粉效果，实践证明；熊蜂强于蜜蜂。注意花期放蜂辅助授粉时不要喷药，防止药剂毒伤蜜蜂和熊蜂。

四、实训报告

1. 说明人工辅助授粉的操作技术要点。
2. 调查当地其他果树人工辅助授粉的做法和经验。

实训二十　植物生长调节剂的应用

一、实训目的

了解植物生长调节剂的常用种类和使用效果，掌握其使用方法，提高实践操作技能。

二、材料与用具

乙烯利、细胞分裂素、赤霉素、2,4-D、吲哚丁酸、萘乙酸；小型喷雾器、721 分光光度计、台式天平、培养皿、量筒、容量瓶、小漏斗、剪刀、研钵、0.1mol/L 氯化氢、花盆、滴管、标签牌子、毛笔、滑石粉等。

三、实训内容与方法

1. 乙烯利对果实的催熟作用

摘取成熟度一致、果皮由绿转白的番茄 30 个。10 个一组分为三组。第一组、第二组分别在不同浓度（500mg/kg、200mg/kg）乙烯利溶液中浸 1min，溶液中加入 0.1% 吐温-80 作润湿剂；第三组浸于蒸馏水中 1min。将处理过的番茄分别放在 3 只层析缸中，加盖，或置于塑料袋中，缚紧袋口，置于 25~30℃ 阴暗处。逐日观察番茄变色和成熟过程，记下成熟的个数，直至全部番茄成熟为止。

2. 乙烯利对雌花的诱导

培养黄瓜幼苗，当出现两片真叶时，选择长势一致的幼苗，每盆各留3株，于晴天下午4时左右分别在每盆作如下处理：第一株用200mg/kg乙烯利溶液3滴滴生长点；第二株用100mg/kg乙烯利溶液3滴滴生长点；第三株用蒸馏水3滴滴生长点。在进行以上各处理时，注意液滴必须保留在生长点上，使之慢慢被吸收。然后挂上标签作记号，至黄瓜主蔓长到10个节位时，实验便可结束。亦可到结果时计算黄瓜产量。

3. 细胞分裂素对萝卜子叶的保绿作用

取4套培养皿分别加入蒸馏水和5mg/kg、10mg/kg、20mg/kg的6-苄基氨基腺嘌呤溶液各20ml，每种浓度处理重复两次。各培养皿中放入苗龄和长势相同的萝卜子叶1g，加盖后放在25～30℃的黑暗地方培养，一到两天后取出材料，用吸水纸吸干子叶上的溶液，然后测定各处理中子叶所含的总叶绿素含量（mg/g）。

4. 赤霉素的促进生长作用

用20～50mg/L浓度的赤霉素溶液喷洒在黄瓜或芹菜的生长点。各选择20株与对照进行比较，观察并记录植株的生长快慢。

5. 2,4-D的保花作用

选用浓度为15～25mg/L的2,4-D溶液，加少量的滑石粉点抹西红柿的花梗或西葫芦的雌花柱头。处理20朵，统计坐果率，并与对照进行比较。

6. 吲哚丁酸、萘乙酸分别处理与二者混合处理促进生根

选用西红柿、黄杨、葡萄等的插枝，分别经3000mg/L的吲哚丁酸和2000mg/L的萘乙酸或两种药剂的混合溶液处理，然后与对照一起扦插。观察处理后的插枝生根快慢、生根量，比较两种化控剂单独使用与混合使用后对生根及多少的影响。

以上内容可根据实际情况选作一项或几项。

四、实训报告

1. 汇总观察记载的数据及处理后的试验结果。
2. 根据实验结果进行分析讨论，总结常用植物生长调节剂的使用要点。
3. 请列举出其他植物生长调节剂在设施园艺作物上应用的例子。

参 考 文 献

[1] 吴国兴. 保护地设施类型与建造. 北京：金盾出版社，2001.
[2] 王耀林. 设施园艺工程技术. 郑州：河南科学技术出版社，2000.
[3] 冯广和，齐飞. 设施农业技术. 北京：气象出版社，1998.
[4] 张福墁. 设施园艺学. 北京：中国农业大学出版社，2001.
[5] 胡繁荣. 设施园艺学. 上海：上海交通大学出版社，2003.
[6] 李式军. 设施园艺学. 北京：中国农业出版社，2002.
[7] 李志强. 设施园艺. 北京：高等教育出版社，2006.
[8] 孙毅. 温室大棚防灾减灾技术手册. 沈阳：辽宁科学技术出版社，2007.
[9] 周长吉. 温室工程设计手册. 北京：中国农业出版社，2007.
[10] 穆天民. 保护地设施学. 北京：中国林业出版社，2004.
[11] 周长吉. 温室灌溉. 北京：化学工业出版社，2005.
[12] 邹志荣，饶景萍，陈红武. 设施园艺学. 西安：西安地图出版社，1997.
[13] 李光晨等. 园艺通论. 北京：科学技术文献出版社，1992.
[14] 张彦萍. 设施园艺. 北京：中国农业出版社，2002.
[15] 陈贵林，边兰春. 蔬菜嫁接栽培实用技术. 北京：金盾出版社，2004.
[16] 刘金海. 观赏植物栽培. 北京：高等教育出版社，2005.
[17] 许贵民等. 设施栽培技术. 北京：中国农业科学技术出版社，1998.
[18] 蒋卫杰等. 蔬菜无土栽培新技术. 北京：金盾出版社，1998.
[19] 郑光华等. 蔬菜花卉无土栽培技术. 上海：上海科学技术出版社，1990.
[20] 邢禹贤. 无土栽培原理与技术. 北京：中国农业出版社，1990.
[21] 徐凤珍. 蔬菜栽培学. 北京：中国科学文化出版社，2003.
[22] 韩世栋. 蔬菜栽培. 北京：中国农业出版社，2001.
[23] 中国农业百科全书：蔬菜卷. 北京：中国农业出版社，1990.
[24] 周克强. 蔬菜栽培. 北京：中国农业大学出版社，2007.
[25] 北京农业大学. 蔬菜栽培学：保护地栽培. 北京：中国农业出版社，1980.
[26] 刘宜生. 蔬菜生产技术大全. 北京：中国农业出版社，2001.
[27] 浙江农业大学. 蔬菜栽培学各论：南方本. 北京：中国农业出版社，1985.
[28] 杨暹，张华. 南方特色蔬菜栽培新技术. 中国农业出版社，1999.
[29] 葛晓光. 蔬菜学概论：北方本. 北京：中国农业出版社. 1992.
[30] 北京农业大学. 蔬菜栽培学：保护地栽培. 第2版. 北京：中国农业出版社. 1978.
[31] 陕西省农林学校. 蔬菜栽培学. 北京：中国农业出版社. 1987.
[32] 张清华. 蔬菜栽培：北方本. 北京：中国农业出版社. 2001.
[33] 胡繁荣. 蔬菜栽培学. 上海：上海交通大学出版社. 2002
[34] 陈杏禹. 蔬菜栽培. 北京：高等教育出版社. 2005.
[35] 刘燕. 园林花卉学. 北京：中国林业出版社. 2003.
[36] 曹春英. 花卉栽培. 北京：中国农业出版社. 2006.
[37] 刘景祥，朱静启，邵作真. 日光温室唐菖蒲栽培技术. 北方园艺，2006，(3)：59.
[38] 龙雅宜. 几种主要切花的生产技术. 西南园艺，2001，29(4).
[39] 高松花，戴继明. 科技信息. 农业科学苑，2007，18：491.
[40] 赵庚义，车力华. 花卉商品苗育苗技术. 北京：化学工业出版社，2008.
[41] 彭东辉. 园林景观花卉学. 北京：机械工业出版社，2007.
[42] 王亚荣. 观赏凤梨温室栽培技术要点. 陕西林业：科技之窗，2007，6：38.

[43] 王嘉祥. 观赏凤梨的栽培. 特种经济动植物：园林与花卉版, 2005, 12：31.
[44] 刘忠丽. 蝴蝶兰的栽培管理与病虫害防治. 园林科技, 2007, 4：14-15.
[45] 赵玉安. 蝴蝶兰换钵及换钵后管理. 南方农业：园林花卉版. 2007. 4.
[46] 冯春. 蝴蝶兰试管苗的温室栽培技术. 安徽农学报, 2007, 13 (23)：100-101.
[47] 崔守刚. 仙客来盆花培育技术. 中国花卉园艺, 2005, 12：38-39.
[48] 师立. 一品红常见病虫害的发生与防治. 甘肃农业, 2005, 4 (225)：88.
[49] 房伟民. 一品红温室标准化栽培的技术要点. 江苏农业科学, 2002, 4：56-58.
[50] 严大义. 大棚葡萄. 北京：中国农业科学技术出版社, 1999.
[51] 徐小利, 史宣杰. 葡萄优质高效栽培新技术. 郑州：中原农民出版社, 2000.
[52] 朱更瑞. 大棚桃. 北京：中国农业科学技术出版社, 1999.
[53] 李倩. 桃优质高效栽培新技术. 郑州：中原农民出版社. 2000.
[54] 张寿宁. 草莓优良品种与高效栽培. 第3版. 郑州：河南科学技术出版社. 1999.
[55] 刘红旗. 草莓周年生产配套技术. 北京：中国农业出版社. 2000.
[56] 杨祖衡等. 设施园艺技能训练及综合实习. 北京：高等教育出版社, 2000.
[57] 高丽红, 李良俊. 蔬菜设施育苗技术问答. 北京：中国农业大学出版社, 1998.
[58] 李振陆. 植物生产综合实训教程. 北京：中国农业大学出版社, 2003.
[59] 陈国元. 园艺设施. 北京：高等教育出版社, 1998.
[60] 辜松. 蔬菜工厂化嫁接育苗生产装备与技术. 北京：中国农业出版社, 2006.
[61] 陈景长, 张秀环等. 蔬菜育苗手册. 北京：中国农业大学出版社, 2008.
[62] 杨先芬. 花卉工厂化生产. 北京：中国农业出版社, 2002.
[63] 苏金乐. 园林苗圃学. 北京：中国农业出版社, 2003.
[64] 李意颖. 仙人掌的嫁接. 湖南农业, 2003, (11)：13.
[65] 王玉珍, 王海华. 果树栽培技术与原理. 北京：中国农业科学技术出版社, 2002.